石油化工职业技能培训教材

# 延迟焦化装置操作工

中国石油化工集团公司人事部
中国石油天然气集团公司人事服务中心 编

中国石化出版社

## 内 容 提 要

《延迟焦化装置操作工》为《石油化工职业技能培训教材》系列之一，涵盖石油化工生产人员《国家职业标准》中对该工种初级工、中级工、高级工、技师、高级技师五个级别的专业理论知识和操作技能的要求。主要内容包括：延迟焦化装置的发展概况、工艺原理、工艺操作、设备使用与维护、生产异常和事故的判断与处理、与延迟焦化生产操作相关的设备、仪表、基本计算以及安全环保基本知识等。

本书是延迟焦化装置操作人员进行职业技能培训的必备教材，也是专业技术人员指导延迟焦化装置生产操作必备的参考书。

**图书在版编目(CIP)数据**

延迟焦化装置操作工／中国石油化工集团公司人事部，中国石油天然气公司人事服务中心编.—北京：中国石化出版社，2008(2020.5 重印)
石油化工职业技能培训教材
ISBN 978-7-80229-503-2

Ⅰ.延… Ⅱ.①中… ②中… Ⅲ.石油炼制-延迟焦化-装置-操作-技术培训-教材 Ⅳ.TE624.3

中国版本图书馆 CIP 数据核字(2008)第 017908 号



**中国石化出版社出版发行**
地址：北京市东城区安定门外大街 58 号
邮编：100011 电话：(010)57512500
发行部电话：(010)57512575
http://www.sinopec-press.com
E-mail：press@sinopec.com
北京柏力行彩印有限公司印刷
全国各地新华书店经销
*
787×1092 毫米 16 开本 15 印张 363 千字
2020 年 5 月第 1 版第 4 次印刷
定价：32.00 元

# 《石油化工职业技能培训教材》

## 开发工作领导小组

组　长：周　原

成　员：（按姓氏笔画顺序）

于洪涛　王子康　王玉霖　王妙云　王者顺　王　彪
付　建　向守源　孙伟君　何敏君　余小余　冷胜军
吴　耘　张　凯　张继田　李　刚　杨继钢　邹建华
陆伟群　周赢冠　苟连杰　赵日峰　唐成建　钱衡格
蒋　凡

## 编审专家组

（按姓氏笔画顺序）

王　强　史瑞生　孙宝慈　李兆斌　李志英　岑奇顺
杨　徐　郑世桂　姜殿虹　唐　杰　黎宗坚

## 编审委员会

主　任：王者顺

副主任：向守源　周志明

成　员：（按姓氏笔画顺序）

王力健　王凤维　叶方军　任　伟　刘文玉　刘忠华
刘保书　刘瑞善　朱长根　朱家成　江毅平　许　坚
余立辉　吴　云　张云燕　张月娥　张全胜　肖铁岩
陆正伟　罗锡庆　倪春志　贾铁成　高　原　崔　昶
曹宗祥　职丽枫　黄义贤　彭干明　谢　东　谢学民
韩　伟　雷建忠　谭忠阁　潘　慧　穆晓秋

# 前言

为了进一步加强石油化工行业技能人才队伍建设，满足职业技能培训和鉴定的需要，中国石油化工集团公司人事部、中国石油天然气集团公司人事服务中心联合组织编写了《石油化工职业技能培训教材》。本套教材的编写依照劳动和社会保障部制定的石油化工生产人员《国家职业标准》及中国石油化工集团公司人事部编制的《石油化工职业技能培训考核大纲》，坚持以职业活动为导向，以职业技能为核心，以“实用、管用、够用”为编写原则，结合石油化工行业生产实际，以适应技术进步、技术创新、新工艺、新设备、新材料、新方法等要求，突出实用性、先进性、通用性，力求为石油化工行业生产人员职业技能培训提供一套高质量的教材。

根据国家职业分类和石油化工行业各工种的特点，本套教材采用共性知识集中编写、各工种特有知识单独分册编写的模式。全套教材共分为三个层次，涵盖石油化工生产人员《国家职业标准》各职业（工种）对初级、中级、高级、技师和高级技师各级别的要求。

第一层次《石油化工通用知识》为石油化工行业通用基础知识，涵盖石油化工生产人员《国家职业标准》对各职业（工种）共性知识的要求。主要内容包括：职业道德，相关法律法规知识，安全生产与环境保护，生产管理，质量管理，生产记录、公文和技术文件，制图与识图，计算机基础，职业培训与职业技能鉴定等方面的基本知识。

第二层次为专业基础知识，分为《炼油基础知识》和《化工化纤基础知识》两册。其中《炼油基础知识》涵盖燃料油生产工、润滑油（脂）生产工等职业（工种）的专业基础及相关知识，《化工化纤基础知识》涵盖脂肪烃生产工、烃类衍生物生产工等职业（工种）的专业基础及相关知识。

第三层次为各工种专业理论知识和操作技能，涵盖石油化工生产人员《国家职业标准》对各工种操作技能和相关知识的要求，包括工艺原理、工艺操作、设备使用与维护、事故判断与处理等内容。

《延迟焦化装置操作工》为第三层次教材，在编写时采用传统教材模式，不分级别，在编写顺序上遵循由浅到深、先基础理论知识后技能操作的编写原则，在章节安排上打破了常规操作法按操作顺序编写的惯例，先以延迟焦化装置的发展概况、工艺过程及焦化产品等基本理论及概念为铺垫，着重介绍了工艺操作知识、设备使用与维护知识以及焦化装置中生产异常和事故处理要点，最后介绍了设备、仪表、生产操作、基本计算以及安全环保等焦化操作人员需要了解和掌握的基本知识，使得技能人员通过从理论到技能的学习后，达到掌握并自觉把所学知识应用到操作中去的目的。

《延迟焦化装置操作工》教材由镇海炼化负责组织编写，主编杨云峰（镇海炼化），参加编写的人员有蒋宇华、邓新军、康华、江亚伦、王超、杨春亮（镇海炼化）；本教材已经中国石油化工集团公司人事部、中国石油天然气集团公司人事服务中心组织的职业技能培训教材审定委员会审定通过，主审郑世桂，参加审定的人员有赵广虎、于克非、李长江、邓镨以及徐成裕、佘水龙、瞿滨、郑伟达、陈国标、傅刚强、王世东、张志勇、胡建凯等，审定工作得到了沧州石化、石家庄炼化、长岭石化、荆门石化等单位的大力支持；中国石化出版社对教材的编写和出版工作给予了通力协作和配合，在此一并表示感谢。

由于石油化工职业技能培训教材涵盖的职业（工种）较多，同工种不同企业的生产装置之间也存在着差别，编写难度较大，加之编写时间紧迫，不足之处在所难免，敬请各使用单位及个人对教材提出宝贵意见和建议，以便教材修订时补充更正。

# 目 录

## 第一章 概 述



## 第二章 工艺过程

## 第三章 产品分布和质量



## 第四章 工艺操作

## 第五章 生产异常及事故处理

## 第六章 设　备



## 第七章 自动控制及联锁

## 第八章 腐蚀与防护

## 第九章　化工原材料



## 第十章　生产技术管理

## 第十一章 安全与环保

# 第一章　概　　述

## 1.1　延迟焦化技术的发展

### 1.1.1　延迟焦化在炼油工业中的地位

炼油工业主要是从原油中提炼出各种发动机燃料、润滑油、化工原料等石油产品，以满足其他工业和人们日常生活的需要。随着原油价格的不断攀升及原油资源的重质化、劣质化，加工高硫、高酸、高金属劣质原油已成为石油化工的一种必然趋势，因而重质油深度加工已成为国内外各炼油厂需要迫切解决的问题。在炼油厂加工工艺中，延迟焦化是将重油轻质化的主要加工过程，它可以将重油经热加工转化为气体、轻质、中质馏分油及焦炭。它具有装置投资低、原料选择范围广等特点，除加工减压渣油外，还可以加工高沥青质的稠油和油砂。延迟焦化装置生产灵活性较强，各炼油厂可通过调整原料和工况来改变产品收率。例如，可采用多产汽油、柴油，少产蜡油的高装置轻油收率方案；也可采用多产蜡油等重质馏分油少产焦炭的高装置液体收率方案等。延迟焦化的产品经加氢脱硫后，可成为炼油厂较好的产品组分，其中，焦化汽油经过加氢后可以成为较好的乙烯裂解原料；焦化柴油经加氢后具有较高的十六烷值，是很好的柴油资源；焦化蜡油经加氢后是很好的催化裂化原料；焦化干气或富气经脱硫后是制氢的好原料；焦化液化气经脱硫后可直接出厂；石油焦可与 CFB 锅炉联动发电，有的还可制成针状焦满足其他工业的特殊需要。因此，延迟焦化装置自 1930 年在美国怀亭炼油厂投入工业化生产来，发展很快；我国也于 1963 年在抚顺石油二厂首次实现延迟焦化工艺的工业化，被誉为我国石油炼制工业的"五朵金花"之一。延迟焦化工艺以其独特的工艺特点和作用，成为炼油工业加工渣油的重要工艺之一。

从生产工艺特点来看，延迟焦化是采用深度热裂化工艺使高温渣油转化为气体、汽油、柴油、蜡油和焦炭的过程。它与其他焦化方法的不同点在于渣油以高的流速快速经过加热炉的炉管，并使渣油加热到反应所需的温度（490 ~ 505℃）进入焦炭塔，在焦炭塔内渣油靠自身带入的热量进行裂解、缩合等反应。渣油虽然在炉管里已经达到反应所需的温度，但由于在炉管中流速快、停留时间短，裂解和缩合反应还来不及发生就离开了加热炉，从而把反应推迟到焦炭塔中，所以这种工艺被称为延迟焦化。目前，延迟焦化流程上普遍采用的是一台加热炉配两座焦炭塔，热渣油进入其中一个焦炭塔进行反应、生焦，焦炭塔内焦层达到一定高度后，再将热渣油切换到另一个焦炭塔进行生产，已完成生焦的焦炭塔经过冷却、除焦、预热等过程后，再次投入运行，这样双塔交替进料，保持装置的连续生产。

自 20 世纪 90 年代以来，焦化装置加工能力一直以较快的速度增长，见图 1 - 1 所示。

从世界范围来看，美国是世界上焦化能力最大的国家，延迟焦化是美国渣油加工最主要的手段之一。由于原油不断重质化，为了提高原油深度加工的经济效益，充分利用石油资源，90 年代以来，美国新建、改扩建了大量的延迟焦化装置，延迟焦化加工能力由 1996 年的 9844.6 万吨/年增加到

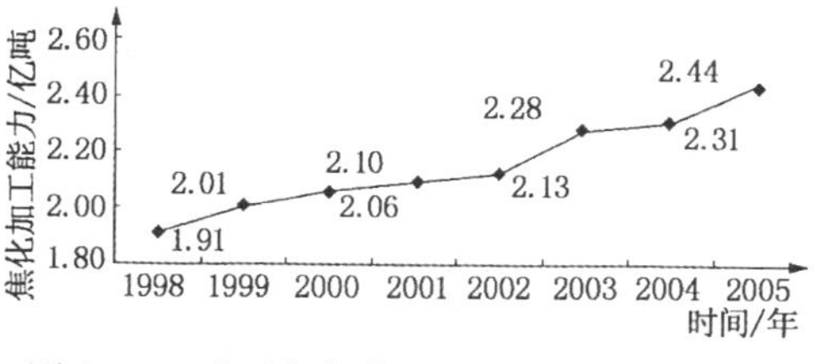


图 1 - 1　世界焦化装置加工能力增长情况

2006 年的 13047 万吨/年，10 年间净增了 3202.4 万吨，焦化能力已占到原油加工能力的 15.34%，新增加的焦化能力全部为延迟焦化装置。

我国从 20 世纪 60 年代开始建设延迟焦化装置，生产技术和装置建设能力都得到了较快的发展，成为世界上延迟焦化能力排名第二的国家。特别是 90 年代以来，延迟焦化更是得到了飞速的发展，在 1996～2005 年的 9 年间，延迟焦化能力净增了 2637 万吨。到 2005 年底，仅中国石化和中国石油两家延迟焦化的加工能力已达 4245 万吨/年，延迟焦化能力占我国原油加工能力的比例达到了 10% 以上。

我国近几年延迟焦化装置能力的增加，主要是通过对已有装置进行大型化改造和新建大型化装置来实现的（见表 1－1）。这些装置加工能力都在 100 万吨/年以上，有的单套加工能力已达 160 万吨/年，并且采用了一些当代较先进的技术，如双面辐射式加热炉、改进型水力除焦、大型化焦炭塔、低循环比工艺以及冷焦水密闭处理环境保护措施等。

**表 1－1　我国焦化处理能力**

| 序号 | 装置名称 | 能力/（万吨/年） | 主要特征 | | 投产年份/年 |
|---|---|---|---|---|---|
| | | | 焦炭塔配置 | 加热炉形式 | |
| 1 | 中国石化上海石化公司 | 100 | 一炉两塔 | 双面辐射 | 2000 |
| 2 | 中国石化长岭分公司 | 120 | 一炉两塔 | 双面辐射 | 2001 |
| 3 | 中国石化高桥分公司 | 140 | 一炉两塔 | 双面辐射 | 2002 |
| 4 | 中国石油吉林石化公司 | 100 | 一炉两塔 | 双面辐射 | 2002 |
| 5 | 中国石化齐鲁分公司 | 140 | 一炉两塔 | 双面辐射 | 2004 |
| 6 | 中国石化茂名分公司 | 100 | 一炉两塔 | 双面辐射 | 2004 |
| 7 | 中国石化金陵分公司 | 160 | 一炉两塔 | 双面辐射 | 2004 |
| 8 | 中国石油辽河石化公司 | 100 | 一炉两塔 | 双面辐射 | 2004 |
| 9 | 中国石化扬子分公司 | 160 | 一炉两塔 | 双面辐射 | 2004 |
| 10 | 中国石化塔河分公司 | 120 | 两炉四塔 | 双面辐射 | 2004 |
| 11 | 中国石油克拉玛依石化分公司 | 120 | 一炉两塔 | 单面辐射 | 2004 |
| 12 | 中国石化镇海炼化分公司 | 100 | 一炉两塔 | 双面辐射 | 2005 |
| 13 | 中国石油大港石化分公司 | 100 | 一炉两塔 | 双面辐射 | 2005 |
| 14 | 中国石油兰州石化分公司 | 120 | 一炉两塔 | 双面辐射 | 2005 |

### 1.1.2　焦化技术的发展过程

发展焦化装置的最初目的是提高轻质油收率，但随着生产工艺的不断发展以及市场对优质石油焦需求的不断增长，生产优质石油焦也成为焦化过程的重要目的之一。这种情况一方面是由于焦化技术的不断改进，另一方面源自市场对石油焦的需求，尤其是对优质石油焦的需求。几十年来各国炼油工业中采用的焦化方法主要有釜式焦化、平炉焦化、延迟焦化、接触焦化、流化焦化和灵活焦化等方法。

釜式焦化是焦化反应在焦化釜中间歇进行的工艺。原料装入焦化釜后逐渐加温，当温度升到 300℃左右时开始有馏出物从釜中逸出，当温度升到 400℃左右时，馏出量最多，温度达到 400℃以上后馏出油的生成速度很快降低，这时生成焦炭的缩合反应非常激烈，温度升到 450～500℃时，馏出的是最重的馏分。为控制焦炭中挥发分的含量，在生成焦炭后还要经过煅烧和均热阶段，然后冷却到 200～250℃，采用人工或机械方法出焦。

平炉焦化和釜式焦化相似，是在耐火砖砌成的平炉中间歇地进行焦化反应。平炉焦化和釜式焦化方法简单，容易建设，但由于技术落后、间歇生产、劳动条件差、耗钢材多以及占地面积大等诸多缺点已被淘汰。

接触焦化和流化焦化与催化裂化中的移动床和流化床裂化过程相似，它们利用焦粒作热载体在两器之间循环。接触焦化因设备结构复杂、投资及维修费用高、技术不成熟而没有得到进一步的发展。

灵活焦化作为一种能加工硫、氮、重金属含量高的重质油加工手段而在工业上获得应用，见图1－2所示。1976年在日本川崎炼油厂建成了第一套110万吨/年的灵活焦化装置。但是灵活焦化工业化中尚有一个重要的问题未很好解决，即副产的大量空气煤气热值较低，炼油厂自身消耗不了，又没有合适的销路，因此，灵活焦化在工业上尚未被广泛采用。近年来有关专家对灵活焦化工艺进行了改进，增加了一个气化器，即除了可产生部分空气煤气外，焦炭的一部分还可在新增的气化器中与水蒸气反应产生热值较高的水煤气。

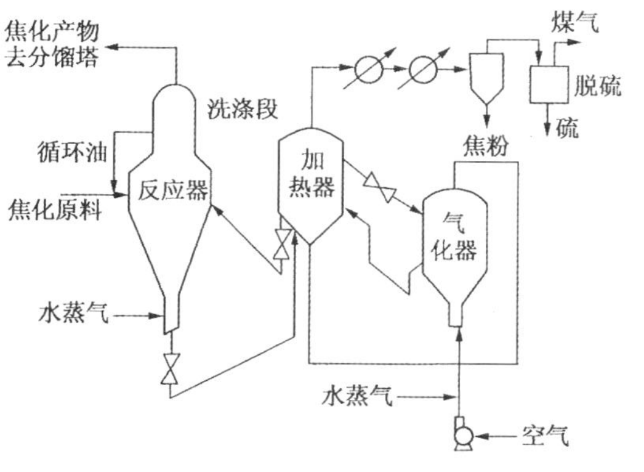


图1－2　灵活焦化原理流程图

延迟焦化装置已占全世界的焦化装置总数的85%以上，是最主要的渣油加工手段之一。经过半个多世纪的发展，延迟焦化工艺在工艺技术、设备和生产操作等方面都有很大的发展。它不仅是重要的渣油转化过程和增产汽油、柴油的方法，而且也是生产优质石油焦的重要手段。现在，利用优质石油焦生产炭素材料也是较为热门的工艺。

### 1.1.3　延迟焦化技术的发展

世界上第一套延迟焦化工业装置于1930年投产，经过几十年来的快速发展，技术上日臻成熟，在装置大型化、降低投资、减少消耗、降低操作费用、提高经济效益等方面取得了明显进展。

我国自延迟焦化装置投产以来，也对该工艺做了许多改进，以适应不同的需求。主要的改进方向有：通过掺炼催化油浆、沙特及伊朗重油等高残炭、高沥青质渣油扩大原料的范围；通过降低操作压力和循环比提高液体产品收率；通过缩短生焦周期提高加工能力；优化焦化工艺与其他工艺的组合工艺；提高高硫石油焦的综合利用水平；提高焦化加热炉的效率、延长操作周期；提高装置及除焦自动化水平，实现安全平稳操作，减少环境污染等。

在优化包括延迟焦化工艺在内的组合工艺中，目前国内主要有：减压渣油先进行减粘裂化，减粘渣油再用作延迟焦化的原料油以提高液体产品收率，降低焦炭产率；焦化蜡油经过加氢处理后再用作催化裂化的原料，提高催化处理量，催化裂化油浆也可用作焦化掺和料。

在高硫石油焦的综合利用方面，近年来的主要发展是：焦炭造气联合发电技术和以石油焦为主要原料的循环流化床（CFB）锅炉及汽电联产技术。1999年我国已建成、投产了两台220t/h以石油焦作为主要原料的CFB锅炉。

在装置生产能力方面，我国延迟焦化生产能力自1993年突破1000万吨以来，一直保持高速增长，1999年突破2000万吨，2005年达到4245万吨，6年间处理量翻了1倍（以中国石化和中国石油延迟焦化装置为例，见表1－2）。

**表1－2　我国延迟焦化能力增长情况**

| 年份 | 原油加工能力 | 焦化加工能力 | | 占原油一次加工能力比例/% | 焦化能力年增长率/% |
|---|---|---|---|---|---|
| | | 万吨/年 | 套数 | | |
| 1996 | 21252 | 1608 | 26 | 7.57 | 21.08 |
| 1997 | 22888 | 1828 | 27 | 7.99 | 13.68 |
| 1998 | 24455 | 1853 | 28 | 7.58 | 1.37 |
| 1999 | 26923 | 2063 | 29 | 7.66 | 11.33 |
| 2000 | 27713 | 2114 | 29 | 7.63 | 2.47 |
| 2001 | 28099 | 2164 | 29 | 7.70 | 2.36 |
| 2002 | 28951 | 2465 | 30 | 8.51 | 13.91 |
| 2003 | 30439 | 2765 | 31 | 9.08 | 12.17 |
| 2004 | 31846 | 3725 | 38 | 11.70 | 34.72 |
| 2005 | 32072 | 4245 | 40 | 12.63 | 13.98 |

在生产能力不断扩大的同时，装置规模也在不断扩大，我国延迟焦化装置平均规模已由1995年的60万吨/年提高到2005年的101.25万吨/年，提高了68.75%，中国石化集团公司的延迟焦化平均规模由1998年的65.0万吨/年，提高到了2005年的98.75万吨/年，提高了51.92%，见表1－3。

**表1－3　我国延迟焦化装置平均规模变化情况**

| 年份 | 全国 | | | 中国石化 | | |
|---|---|---|---|---|---|---|
| | 加工能力/（万吨/年） | 套数 | 平均规模/（万吨/年） | 加工能力/（万吨/年） | 套数 | 平均规模/（万吨/年） |
| 1996 | 1608 | 26 | 61.85 | — | — | — |
| 1997 | 1828 | 27 | 67.70 | — | — | — |
| 1998 | 1853 | 28 | 66.18 | 1040 | 16 | 65.0 |
| 1999 | 2063 | 29 | 71.14 | 1245 | 18 | 69.17 |
| 2000 | 2114 | 29 | 72.90 | 1385 | 19 | 72.89 |
| 2001 | 2164 | 29 | 74.62 | 1435 | 19 | 75.53 |
| 2002 | 2465 | 30 | 82.65 | 1695 | 20 | 84.75 |
| 2003 | 2765 | 31 | 89.19 | 1695 | 20 | 84.75 |
| 2004 | 3725 | 38 | 98.03 | 2245 | 24 | 93.54 |
| 2005 | 4245 | 40 | 106.25 | 2370 | 24 | 98.75 |

在生产水平方面，装置的平均负荷率和加热炉效率明显提高。中国石化集团公司装置平均负荷率1998年为86.07%，2005年已达到97.78%，有一半企业以上的延迟焦化装置负荷率已达到或超过100%。2006年中国石化集团公司焦化装置加热炉平均效率为89.32%，有一半以上的加热炉（15台）热效率超过了90%，装置综合能耗与1999年相比下降了14.01%。

目前，延迟焦化工艺技术发展的重点是提高装置处理能力、增加液体产品收率、降低焦炭产率以及优化产品结构等。近几年来，随着焦炭塔的大型化，缩短循环周期，可灵活调整循环比、超低循环比甚至零循环比和闪蒸区蜡油抽出等工艺的采用以及焦化污油回炼、大循环比处理劣质稠油、延长开工周期和冷焦水密闭处理等技术的开发与应用，使得延迟焦化工艺技术又有了新的发展。

## 1.2 典型延迟焦化装置简介

### 1.2.1 延迟焦化装置的传统流程

图 1－3 为延迟焦化装置传统工艺流程，原料先入缓冲罐，经原料泵抽出后，分别与柴油、中段油、蜡油等中间馏分油换热升温，然后进加热炉对流室进行预热。原料油预热到 300～350℃出对流室进入分馏塔下部，与来自焦炭塔顶部的高温油气换热，把原料中的轻质馏分蒸出来，同时加热原料。原料和高温油气中被冷凝下来的重组分循环油一起从分馏塔底抽出，由辐射泵增压送入加热炉的辐射炉管，渣油被快速加热到 490～505℃后，经四通阀进入焦炭塔底部。热渣油在焦炭塔内进行裂解、缩合等反应，最后生成焦炭聚结在焦炭塔内。反应生成的油气自焦炭塔顶逸出，进入分馏塔，高温油气在分馏塔中进行传热、传质，经过逐级分馏得到富气、汽油、柴油和蜡油等中间产品。焦炭塔是切换使用的，当一个塔内生焦达到一定高度后，就通过四通阀将原料切换到另一个预热好的空焦炭塔进行生产。焦炭塔的切换周期包括生焦以及冷焦、除焦、气密、预热等辅助操作所需的时间，生焦时间还与处理量、原料性质等有关。延迟焦化装置的生焦时间通常为 24h，但现在也有的采用 18h、20h 生焦的，国外有的装置已实行 16h 生焦。

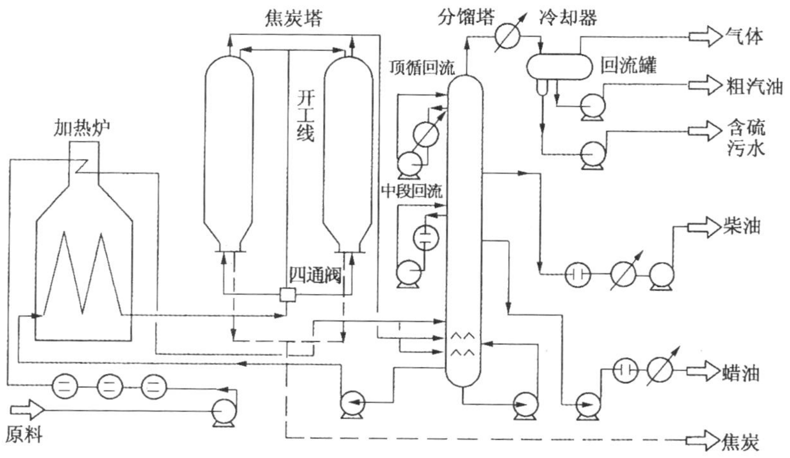


图 1－3 延迟焦化装置传统流程

### 1.2.2 延迟焦化装置的改进型流程

近年来新建的延迟焦化装置在消化吸收双面辐射加热炉、降低循环比操作等技术的基础上，对传统流程进行了部分改进。其基本流程为：原料进入原料罐后，经原料泵抽出与其他介质充分换热后，直接进入分馏塔下部，其中下进料直接插入分馏塔底，不与油气换热，渣油上进料与焦炭塔顶油气进行传热。分馏塔底辐射油由辐射泵送至加热炉对流段加热后直接转辐射段进行加热，达到规定的温度后，进入焦炭塔生焦。改进型流程利用渣油充分吸收分馏产品热量，有效地提高了装置的热利用效率；另外，改进型流程使渣油不进入加热炉对流段加热，直接进分馏塔，降低了分馏塔底的温度，降低了分馏塔底结焦的可能性，相对传统流程而言，改进型流程更容易调节循环比。具体流程如图 1－4 所示。

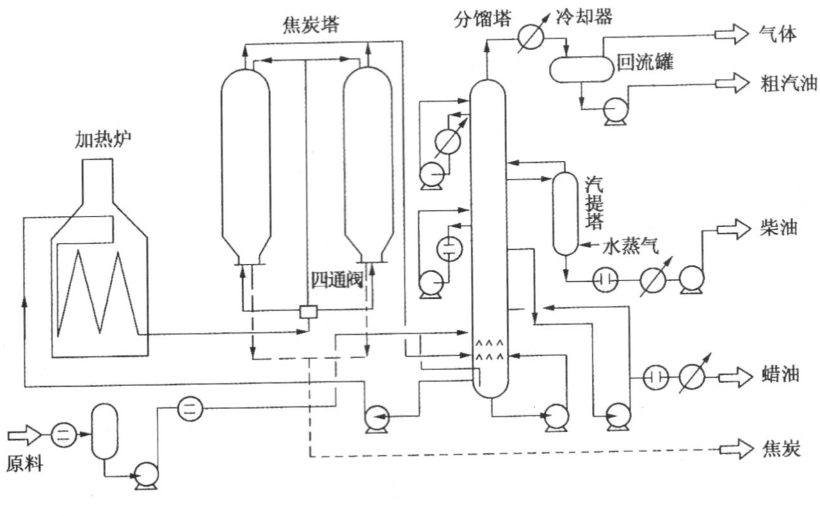


图 1－4 延迟焦化装置改进型流程示意图

### 1.2.3 延迟焦化装置的可灵活调节循环比工艺流程

因受渣油结焦温度的限制，传统流程循环比的调节范围不大，对此，国内外工程技术公司相继开发出了可灵活调节循环比流程。其主要流程为：原料先与柴油等介质换热后进入原料罐，经原料泵抽出与分馏各高温介质换热后，进入加热炉进料罐，再由辐射泵送入加热炉，加热至规定温度后进入焦炭塔，在焦炭塔中进行裂解、缩合反应，焦炭塔顶油气进入焦炭塔下部与分馏塔底循环油进行传质传热，其中油气中较重的组分（循环油）被冷凝洗涤下来参与循环，循环油中一部分可返回加热炉进料罐（作为辐射进料），另一部分也可出装置。这样，可以通过调整出装置量的大小来灵活调节循环比。当需要增大循环比时，可降低循环油出装置量，增加返回加热炉进料罐量；需要降低循环比时，可提高循环油出装置量，降低返回加热炉进料罐量。采用这种流程甚至可以实现零循环比，即全关循环油返加热炉进料罐阀门，使循环油不再返回装置。具体流程如图 1－5 所示。

由于循环油中胶质、沥青质等易结焦成分大大低于减压渣油，因此，采用循环油代替原料减压渣油在进料段与高温油气进行换热，其结焦倾向明显比减压渣油低，操作上分馏塔蒸发段温度可以相应提高，循环比有进一步降低的空间。同时，分馏塔底循环油还可以不进加热炉进料罐改直接出装置，实现真正的零循环比操作。该流程中循环油还可以根据不同的生产需要掺入重蜡油、轻蜡油或柴油等，实现馏分油循环；反应油气热量采用循环油回流与原料换热等取热方式取走，蒸发段和塔底温度可根据需要来调节；分馏塔底介质为循环油可以减少塔底结焦倾向；重质原料不进分馏塔，不与高温油气混合，有利于产品质量的提高；加热炉进料直接进对流室，有利于加热炉操作，也降低了辐射泵的操作苛刻度。

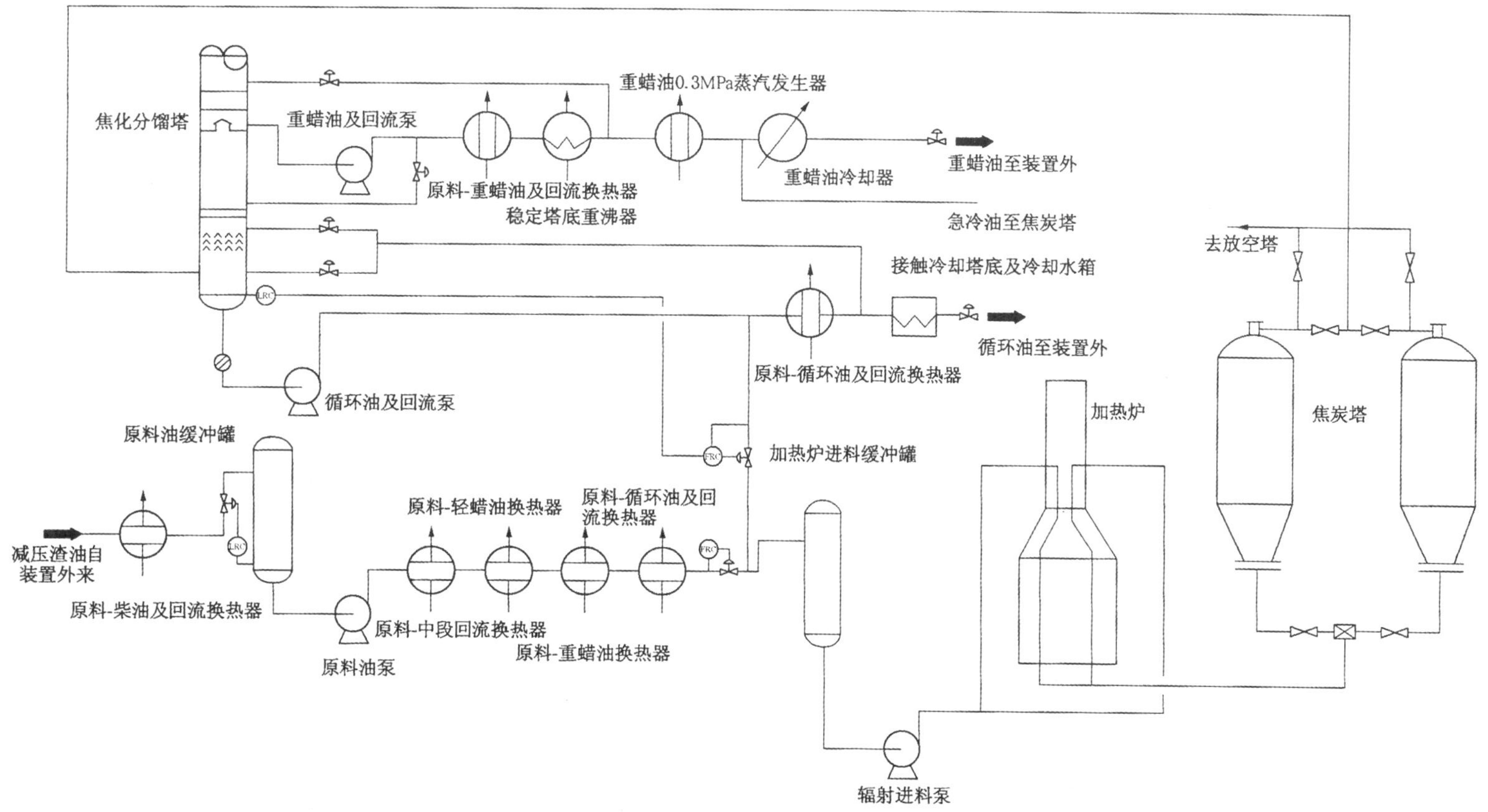


图 1-5　可灵活调节循环比工艺流程

# 第二章　工艺过程

## 2.1　工艺过程

延迟焦化的工艺流程有多种类型，但主体部分都是相同的，主要有一炉两塔、二炉四塔以及三炉六塔等流程。为减少设备投资，还有各种联合装置，如蒸馏－焦化联合装置、热裂化－焦化联合装置等。较为典型的延迟焦化工艺流程如图2－1所示。

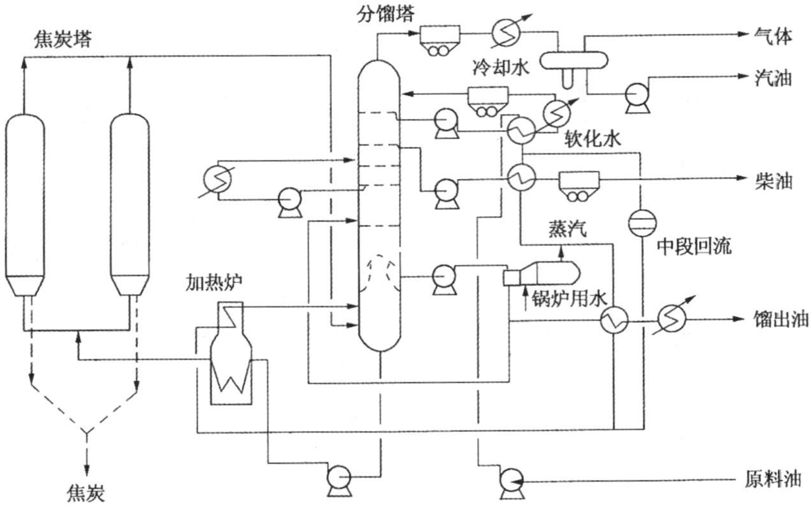


图2－1　延迟焦化典型工艺流程

原料通过热裂化反应生成气体、汽油、柴油、蜡油及石油焦等多种产品。反应需要大量热量，这些热量全部由加热炉供给。工艺要求加热炉出口温度在490～505℃，为了使高温原料油在炉管内不要过多的发生裂化反应以致炉管结焦，就要设法缩短原料在炉管里的停留时间，以提高其流速，采用的方法主要是向炉管内注水(汽)。

## 2.2　化学反应过程

延迟焦化、减粘裂化及热裂化等多种热加工工艺过程的反应机理基本相同，只是反应深度不同而已。热转化过程一般包括两种反应：大分子烃的链断裂生成小分子烃(裂解反应)；部分链断裂生成的活性分子又转化生成更大的分子(缩合反应)，前者为吸热反应，后者为放热反应。延迟焦化过程是渣油深度裂解和缩合反应的综合热过程。渣油的组成十分复杂，除了烃类之外，还有胶质、沥青质以及碱金属、重金属、氮化物等杂质，所以其热转化反应机理十分复杂。

烃分子转化是从高温下键能较弱的化学键断裂生成自由基开始的。H·、$CH_3$·和$C_2H_5$·等较小的自由基，可从其他烃分子中抽取一个氢自由基而生成氢气或甲烷及一个新的自由基。

较大的自由基不稳定，会很快再断裂成为烯烃和小的自由基，这一系列的连锁反应最终生成小分子的烯烃和烷烃。除了甲基自由基外，其他自由基虽然也能从烃类中抽取氢自由基(或甲基自由基)生成烷烃，但是速度很慢，只有约 10% 的自由基能互相结合生成烷烃。

### 2.2.1 烷烃的热转化

① 大烃分子的 C—C 键断裂生成两个自由基。

$$C_{16}H_{34} \longrightarrow 2C_8H_{17}\cdot$$

② 生成的大分子自由基在 $\beta$ 位的 C—C 键再继续分裂成更小的自由基和烯烃:

$$C_8H_{17}\cdot \longrightarrow C_4H_8 + C_4H_9\cdot$$
$$C_4H_9\cdot \longrightarrow C_2H_4 + C_2H_5\cdot$$
$$C_4H_9\cdot \longrightarrow C_3H_6 + CH_3\cdot$$
$$C_2H_5\cdot \longrightarrow C_2H_4 + H\cdot$$

③ 小的自由基(例如甲基自由基、氢自由基)与其他分子碰撞生成新的自由基和烃分子。

$$CH_3\cdot + C_{16}H_{34} \longrightarrow CH_4 + C_{16}H_{33}\cdot$$
$$H\cdot + C_{16}H_{34} \longrightarrow H_2 + C_{16}H_{33}\cdot$$

④ 大的自由基不稳定，再分裂生成小的自由基和烯烃。

$$C_{16}H_{33}\cdot \longrightarrow C_8H_{16} + C_8H_{17}\cdot$$

⑤ 自由基结合生成烷烃终止连锁反应。

$$H\cdot + H\cdot \longrightarrow H_2$$
$$CH_3\cdot + H\cdot \longrightarrow CH_4$$
$$C_8H_{17}\cdot + CH_3\cdot \longrightarrow C_9H_{20}$$

### 2.2.2 异构烷烃的热转化

反应机理与正构烷烃基本相同。

### 2.2.3 环烷烃的热转化

带侧链的环烷烃的热转化主要是在侧链上发生与烷烃相似的 C—C 键断裂反应，侧链越长，断裂的速度越快。只有在较高的反应温度下才可能发生环烷环断裂生成环烯烃、环二烯烃等化合物的反应。

### 2.2.4 芳烃的热转化

在热转化过程中，带侧链芳烃中的烷基侧链会发生和烷烃相似的键断裂，但芳环不会断裂，只能形成稳定的芳环自由基。芳环自由基可以互相结合或发生缩合反应生成多环芳烃和稠环芳烃。

① 芳烃的大分子侧链分裂。

$$C_6H_5C_{10}H_{21} \longrightarrow C_6H_5C_2H_4\cdot + C_8H_{17}\cdot$$

② 生成的自由基再分裂。

$$C_6H_5C_2H_4\cdot \longrightarrow C_2H_4 + C_6H_5\cdot$$

③ 芳环自由基缩合。

$$2\,C_6H_5\cdot \longrightarrow (C_6H_5)_2$$

两个或多个苯环(萘环、蒽环)缩合物，逐步转化为稠环芳烃。

### 2.2.5 沥青质的热裂化

沥青质在高温下的反应类型与稠环芳烃相似，即芳环的侧链断裂生成低分子烃类。液相中的自由基缩合，最后生成焦炭。

### 2.2.6 非烃分子的热裂化

非烃分子的 C—S 和 C—N 键不稳定，在反应条件下会发生分解和叠合反应。非烃分子的热转化反应中很少发生异构化反应和烯烃的叠合反应。

### 2.2.7 焦炭的生成机理

焦化过程中，渣油中的沥青质、胶质和芳烃分别按照以下两种情况生成焦炭。

① 沥青质和胶质的胶体悬浮物发生"歧变"形成交联结构的无定形焦炭。这些化合物会发生烷基断裂，这可以从原料的胶质－沥青质化合物与生成的焦炭在氢含量上的差别得到证实(胶质－沥青质的碳氢比为 8～10，而焦炭的碳氢比为 20～24)。胶质－沥青质生成的焦炭具有无定形性且杂质含量较高，这种焦炭不适合制造高质量的电极。

② 芳烃叠合和缩合。由芳烃发生叠合、缩合反应所生成的焦炭具有结晶的外观，交联很少。与由胶质－沥青质生成的焦炭不同，使用高芳烃、低杂质的原料，如热裂化焦油、催化裂化澄清油、催化油浆和含胶质－沥青质较少的直馏渣油所生成的焦炭，经过焙烧、石墨化后就可得到优质电极焦。因此，可以通过选择不同的原料，调整工艺条件，生产不同质量的石油焦，适应各种需求。

## 2.3 反应机理

延迟焦化过程的反应机理复杂，无法定量地确定所有化学反应。但是，根据目前的科研成果可以认为在延迟焦化过程中，渣油热转化反应大致分三步进行。

① 原料油在加热炉中很短时间内被加热至 490～505℃，少部分原料油气化发生轻度的缓和裂化。

② 从加热炉出来、已经部分裂化的原料油进入焦炭塔，气液相混合物在焦炭塔内继续发生裂化。

③ 焦炭塔内的液相重质烃，在温度、时间条件下持续发生裂化、缩合反应直至生成烃类蒸气和焦炭为止。

根据自由基反应机理和当前研究形成的中间相成焦机理，认为渣油进入焦化炉辐射室到被加热到 490～505℃出辐射室，期间经历了三个加热升温阶段即裂化加热阶段、缩合加热阶段、过热加热阶段。

### 2.3.1 裂化加热阶段

渣油进入辐射室后，随着温度升高，渣油中非沥青质烃类首先发生裂化反应，大分子烃裂化成小分子烃，长键断裂成短键，产生气体、汽油和中间馏分。在非沥青质烃类发生裂化反应的同时，也伴随有芳烃的缩合反应，但反应速度很慢，形成的缩合产物很少。随着温度的升高和裂化反应深度的增加，缩合反应速度迅速提高，当渣油温度升高到临界反应区温度下限时，缩合反应速度大于裂化反应速度，缩合反应在渣油热转化反应中由次要地位转变为主要地位，裂化反应则由主要地位转变为次要地位。所以，在渣油温度由 350℃升高到临界反应区温度下限这一加热阶段中，裂化反应在渣油热转化反应中占主要地位，缩合反应占次要地位，这一加热升温阶段称作裂化加热阶段。在此阶段焦化反应主要有以下几种。

(1) 烷烃的热反应

① 烷烃裂解反应：

如：$CH_3-CH_2-CH_2-CH_2-CH_3 \longrightarrow CH_3-CH=CH_2+CH_3-CH_3$

② 脱氢反应：一般来说烷烃脱氢反应比裂解困难，但对相对分子质量很大的烷烃脱氢反应却是比较容易进行的。从表 2－1 可见烷烃随相对分子质量的递增脱氢反应温度不断下降。

**表 2－1　烷烃的脱氢温度**

| 烷　烃 | 乙　烷 | 正丁烷 | 正戊烷 | 正二十烷 |
|---|---|---|---|---|
| 脱氢温度/℃ | 787 | 647 | 556 | 444 |

（2）烯烃的热反应

① 烯烃裂解：烯烃裂解多发生在单键，双键稳定不易断裂。

如：$CH_3-CH_2-CH_2-CH_2-CH=CH_2 \rightarrow CH_3-CH=CH-CH_3+CH_2=CH_2$

② 烯烃的缩合：

$$2C_2H_4 \longrightarrow CH_2=CH-CH-CH_2+H_2$$

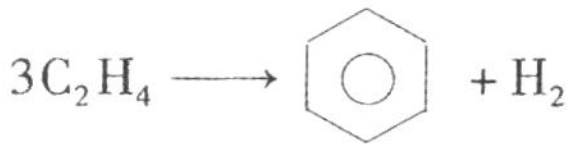

（3）环烷烃热反应

① 断裂反应。五圆环至六圆环的环烷烃在 500℃以上时发生断裂生成低分子的烷烃或烯烃。

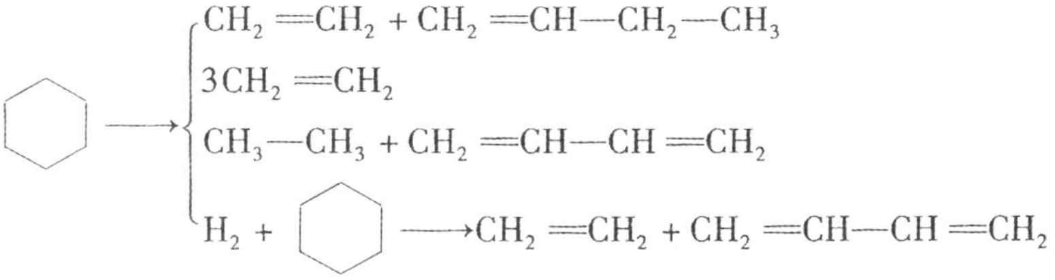

如果环上带有侧链，则脱链比较容易，随侧链增长，脱链速度加快。

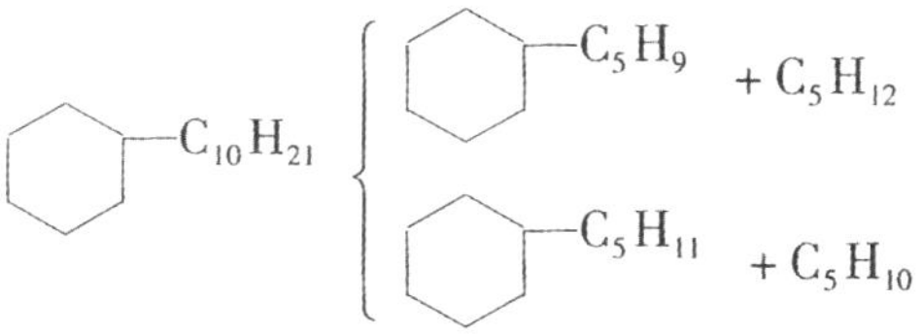

② 脱氢反应。双环的环烷烃在 500℃左右就开始脱氢。

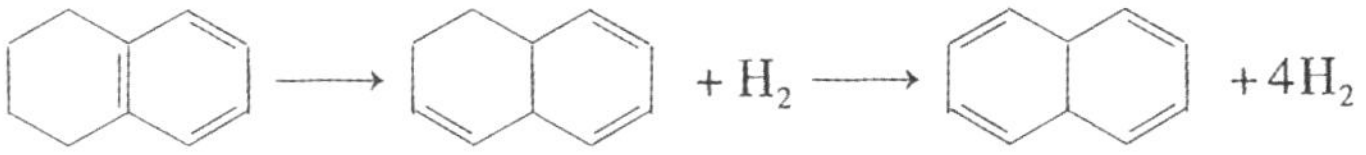

六个碳原子的环烷烃脱氢较困难，需在 600～700℃才能进行，五个碳原子的环烷烃脱氢生成环状烯烃或环状二烯烃。

（4）芳香烃的热反应

侧链断裂：芳香烃侧链较长时，侧链断链反应和环烷烃带侧链情况相似，侧链越长，越容易断裂，但短侧链的芳香烃就大不一样了，600～650℃下生成物与侧链的结构有关系：

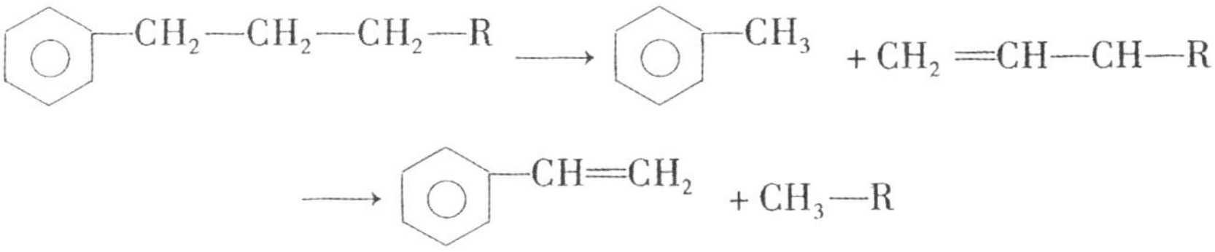

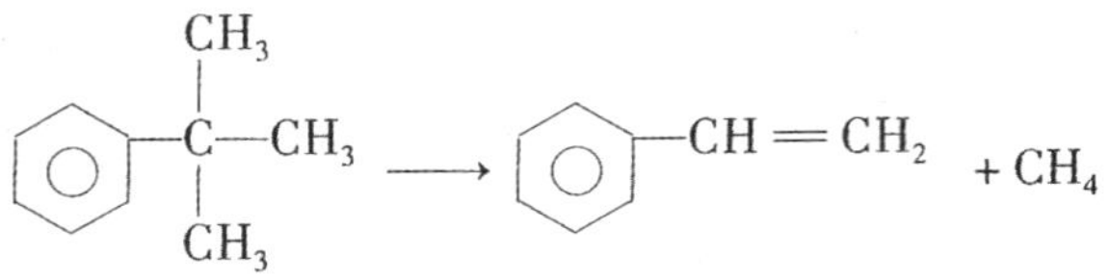

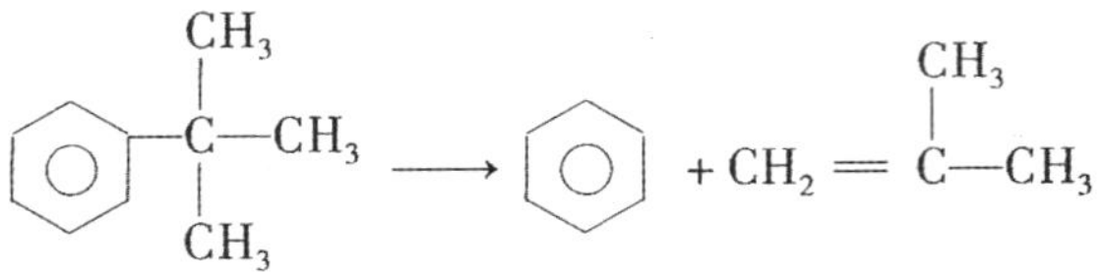

一般侧链都断裂到剩下一个碳原子或两个双键原子为止。

### 2.3.2 缩合加热阶段

渣油温度由临界反应温度下限升高到临界反应区温度上限，在这一加热阶段中，缩合反应速度大于裂化反应速度。渣油热转化反应主要是芳烃、胶质和沥青质的缩合反应，反应生成物基本上都为缩合产物。在渣油的临界反应区内，缩合反应在渣油热转化反应中占三要地位，裂化反应占次要地位，这一加热阶段称作缩合加热阶段。

（1）缩合反应

芳烃很难在芳环上发生断裂，这是由于芳环具有很高的热稳定性，但是，反应可以向相对分子质量更大的方向进行，这就是在550℃时苯能缩合生成联苯等多环芳烃的原因。

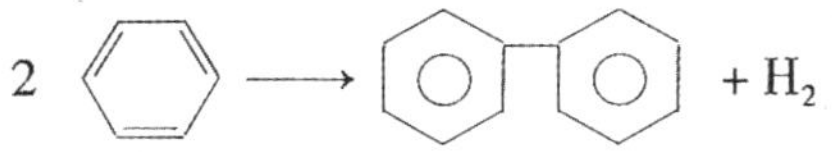

这有几种形式：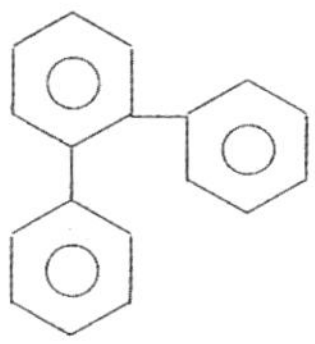 或 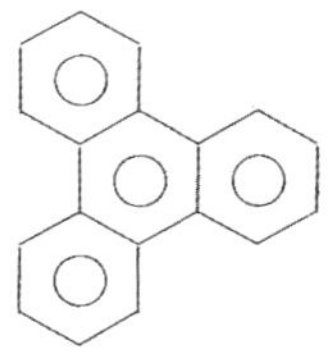 等

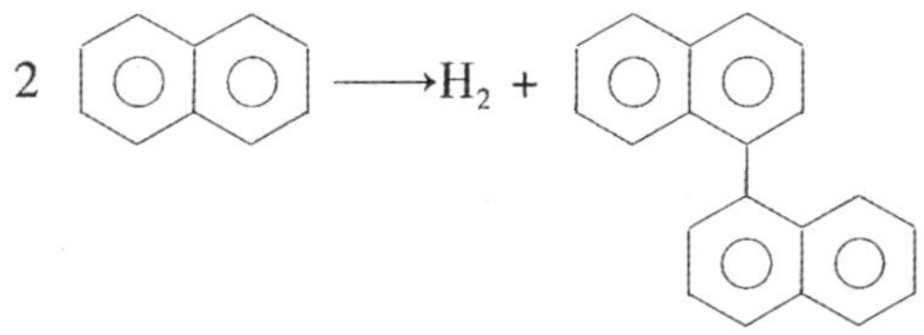

但这些反应因无侧链反应较慢，带有长侧链的反应较快，且并不停止在一个阶段，如甲苯缩合：

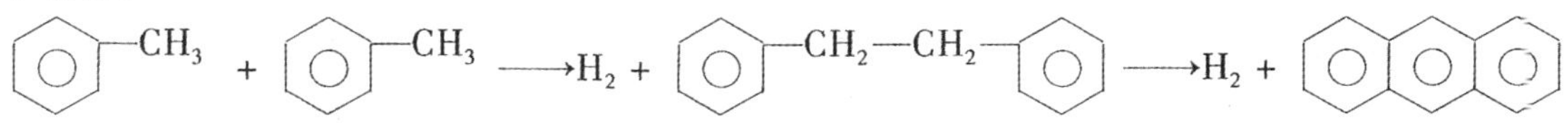

缩合反应继续加深，最后就生成具有石墨状结构的焦炭胶质和沥青质。

（2）石油焦的形成过程

① 渣油中芳烃、稠环芳烃缩合。

芳烃、稠环芳烃→高分子缩合物→胶质→沥青质→焦炭。

② 中间产物缩合。

烷烃、带长侧链环烷烃、带侧链芳烃→稠环芳烃→高分子缩合物→胶质→沥青质→焦炭。

③ 渣油中胶质沥青质缩合。

胶质→沥青质→焦炭。

### 2.3.3 过热加热阶段

当渣油温度升高到生产工艺规定的温度时，迅速离开辐射室进入焦炭塔。为了保证裂化产物的汽化速度和初级缩合反应产物的炭化反应速度和反应深度，生产工艺要求焦炭塔内的温度控制在渣油临界反应温度范围的上限。由于裂化产物迅速汽化形成油气并离开焦炭塔（裂化产物汽化形成油气要吸收大量的热量，油气离开焦炭塔又带走一部分热量）及焦炭塔外壁散热，会使焦炭塔内的温度迅速降低。因此，为了使焦炭塔内温度能够维持反应所需的温度，渣油出辐射室带入焦炭塔的热量除了满足初级缩合产物碳化反应用热外，还有一部分热量用来弥补油气离开焦炭塔和塔壁散热造成的热量损失。把渣油温度由临界反应温度上限加热升高到工艺规定的出口温度，这一加热阶段称作过热加热阶段。

## 2.4 单元操作原理

### 2.4.1 分馏系统

分馏系统的任务是把焦炭塔顶来的油气混合物按沸点范围分割为富气、汽油、柴油、蜡油等馏分，并保证各个馏分的质量符合规定的要求。此外，还要利用回流热和各馏分油的余热把原料油或其他低温介质预热到较高的温度，以回收热量。

分馏过程是把完全互溶而沸点不同的液体混合物分离开的一种物理过程，或者说分馏是利用液态或气态混合物中各组分挥发性或沸点的不同，来分离这些组分的一种方法。焦化油气的分离是在分馏塔内完成的，油气进入分馏塔的脱过热段（人字挡板下），与人字挡板上向下流的循环油和原料渣油逆流接触进行热交换，洗涤油气中夹带的焦粉，并使反应油气部分冷凝，冷凝下来的重瓦斯油即为循环油。在未冷凝的气相组分中，主要是沸点相对较低的蜡油、柴油和汽油及富气等组分。各油气组分在分馏塔中逐级分离，自下而上由各侧线分别可得到蜡油、柴油馏分，塔顶得到汽油和富气。

### 2.4.2 吸收稳定系统

工业上为了取得符合较高规格要求的产品，大多采用精馏的方法。精馏过程的实质是：一个不平衡的气液两相，经过热交换，气相多次部分冷凝、液相多次部分汽化进行传热传质，从而达到产品分离的目的。混合物中各组分间存在的汽化能力（挥发度）的差别，是使用精馏方法将各组分分离的根本条件。但是，没有一定的温度、压力、回流等必要的外部条件，这种分离也是不可能的。一个生产装置要做到高处理量、高收率、高质量和低消耗，除选择合理的工艺流程和先进的设备外，主要靠操作的优化调整。例如，在生产条件不变时，如何保持平稳操作，在生产条件改变时，如何在新的条件下，快速建立起新的操作平衡。

吸收稳定系统的任务是加工来自分馏塔顶油气分离器的粗汽油和来自压缩机的富气，分离出干气（$C_2$及$C_2$以下），得到稳定汽油和液化气。稳定汽油和液化气产率的高低，主要取决于焦化反应系统的工艺过程，但吸收稳定系统的回收程度与操作水平也对收率有很大的影响。焦化富气在吸收稳定中的组分分离就是多组分物理吸收过程，利用的是相似相溶原理。

焦化富气吸收分离的过程主要是在吸收解析塔内进行的，其目的是把干气和液化气分开，分离的关键组分是 $C_2$ 和 $C_3$。要求吸收后的干气中尽量少含 $C_3$，同时要求解吸后的脱乙烷汽油中尽可能不含 $C_2$。

在吸收塔内，贫吸收油（汽油）自塔顶入塔后下行，与由塔底进入的富气在塔板上进行多次气液逆向接触，完成吸收过程。富气中的关键组分 $C_3$ 在随气体上升过程中，逐渐被吸收油溶解而由气相转入液相之中，最终在塔板上达到气液平衡。$C_3$ 在气液两相中的浓度是由其平衡常数决定的。整个吸收过程基本处于相同的操作压力和操作温度，因此，可看作是等温吸收过程。当气体达到最上一层塔板时，其中的 $C_3$ 组分大部分已在下部各层塔板上被下行的吸收油所吸收，气体中 $C_3$ 含量已经不多了。由于操作中贫吸收油用量都比较大，在达到平衡时，$C_3$ 平衡常数不变，因而溶于吸收油中的 $C_3$ 组分浓度很低，贫气中剩余的 $C_3$ 组分含量也就更小了，从而达到分离的要求。

在充分地吸收 $C_3$ 及更重的 $C_4$、$C_5$ 等组分的同时，富吸收油中也会吸收相当数量的 $C_2$ 组分，这就需要在解吸塔内将富吸收油中的 $C_2$ 组分脱吸出来。在解吸时为了把 $C_2$ 组分脱净，部分 $C_3$、$C_4$ 组分也会被解吸出来，所以，解吸塔顶气要送回吸收塔进行再次吸收，如此循环进行。这样通过吸收与解吸操作，在吸收塔顶可得到基本不含 $C_3$ 组分的气体，在解吸塔底可得到基本不含 $C_2$ 的脱乙烷汽油。

将液化气（$C_3$、$C_4$）从脱乙烷汽油中分离出来的操作过程是在稳定塔中进行的。稳定操作是在一定压力下进行的精馏过程，脱乙烷汽油由塔中部进入，塔底由重沸器提供热量。塔顶由液化气作回流并控制塔顶温度，进行精馏操作，最终在塔顶得到液化气组分，塔底得到稳定汽油组分，达到液化气与稳定汽油分离的目的。

物理吸收与精馏过程有相似之处，它们都存在气液两相间的相平衡问题，在达到平衡时，其组分在气液两相中的分子浓度都服从相平衡关系。但它们之间又有本质的区别。吸收是利用混合气体中各组分在液体中的溶解度不同达到分离的目的；而精馏是利用液体混合物中各组分的挥发度不同而进行分离的。从过程来看，吸收过程中，通常吸收剂是较难挥发的液体，可以看作只有被吸收组分向液体中扩散而溶剂不向气体中扩散的单向扩散过程。而在精馏过程中，不仅有气相中的重组分部分冷凝转入液相中，还有液相中轻组分部分汽化进入气相中，是双向传质过程。从操作来看，吸收塔全塔温度较低，上下温差小；气相为过热气体，液相为过冷液体。吸收剂由塔顶进入后下行，逐渐吸收气体中的某些组分，越往下越轻。而精馏塔底温度较高，塔顶温度较低，塔顶、底温差较大，气液相都处于饱和状态。塔顶部打入回流，随着传热传质的进行，塔板上的内回流越往下越重，从而达到轻重组分分离的目的。

### 2.4.3 脱硫系统

脱硫系统的主要任务是脱除干气、液态烃中的硫化氢，采用的脱硫方式多为湿法脱硫，吸收剂多为乙醇胺类。原料干气、液态烃经分离罐，进入脱硫塔的下部与塔顶来的胺液（贫液）逆向接触脱硫，经过脱硫后的脱后干气和液态烃由脱硫塔顶出来。脱后干气进入高压瓦斯系统作为加热炉燃料或作制氢原料等，液态烃还需经过碱洗等步骤，产品合格后进入液态烃成品罐出厂。各脱硫塔底部出来的胺液（富液），经富液过滤器过滤，进入贫富液换热器与再生塔底来的胺液（贫液）换热升温，经富液闪蒸罐闪蒸出大部分溶解烃后，进入溶剂再生塔上部。在溶剂再生塔内，富液与塔底上升的气体逆流接触，塔底由重沸器提供热源。塔顶气体经再生塔顶空冷器冷却后进入酸性气分液罐，酸性气由酸性气管网送至硫磺回收装置，冷凝液经再生塔顶回流泵送回再生塔作回流。再生后的溶剂（贫液）由再生塔底贫液泵送至贫富液换热器换热降温，再经贫液空冷器、贫液冷却器冷却后，送至脱硫塔循环使用。

大多数脱硫装置使用的脱硫剂为二乙醇胺溶液，这种溶液能够与硫化氢发生可逆反应，在脱硫塔中吸收硫化氢，在再生塔中又可将硫化氢解吸出来，使脱硫剂得以循环使用。由于焦化过程的工艺特点，焦化干气中带有一定量的焦粉，并且硫化氢含量较高，因此，生产时要考虑胺液携带焦粉对操作的影响问题。胺液中焦粉过多会导致胺液发泡、跑胺，而干气中硫化氢含量高，又要求胺液浓度提高，这样就使得胺液更易发泡，通常要求脱硫的二乙醇胺溶液浓度应控制在20%～35%。

在脱硫塔中，温度是一个重要的控制指标。因为胺液与硫化氢的反应为放热反应，温度低有利于脱硫反应的进行，应控制贫液入脱硫塔的温度在25～40℃之间。此外，再生塔的塔底温度也是控制脱硫质量的重要因素，如果再生温度过低，就会导致再生效果变差、贫液中硫化氢未被充分解吸，影响贫液质量，进而影响贫液对硫化氢的吸收。如果再生温度过高，会引起乙醇胺溶液的降解，增加设备的腐蚀，增加脱硫能耗。正常情况下，再生塔底温度控制在115～120℃为宜。因为乙醇胺和$H_2S$的络合物较易分解，当原料气体中$H_2S/CO_2$的比值较高时，再生塔底温度在110～120℃时，绝大部分$H_2S$就已被解吸。过高再生温度不能继续减少溶液中残存的$H_2S$含量，反而增加设备的腐蚀和乙醇胺溶液的降解，并且也增加耗能，所以一般也不采用过高的再生温度。

## 2.5 影响焦化过程的主要因素

影响延迟焦化装置生产的因素有很多，主要可分为原料油和工艺操作条件两大类，具体有原料性质、循环比、温度、压力等。

### 2.5.1 原料性质

焦化原料是根据炼油厂的总流程，即上游装置可供的渣油、重油种类和数量，后续装置对焦化液体产品的质量要求和炼油厂对焦炭的质量要求综合确定的。常用的原料有：

① 减压渣油，有时也使用常压重油（主要原料）；

② 减黏裂化渣油；

③ 溶剂脱沥青装置的脱油沥青；

④ 炼油厂的废渣（如炼油厂重污油、污水处理的废渣等），也可送入焦化装置处理以解决环保问题，但会对焦化装置自身的长周期安全生产造成一定的影响。

不同的渣油具有不同的物理性质，但都具有以下特性：

① 硫、沥青质、重金属含量高；

② 黏度较大、流动性差；

③ 相对平均分子平均质量大、平均沸点较高；

④ 氢碳比较低。

选择焦化原料油时，应该仔细考察原料的性质，包括相对密度、特性因数、残炭值、硫及重金属含量等，以准确预测焦化产品的产率及质量，从而合理安排生产。

（1）密度

渣油的密度与其氢含量有关。表2-2中的几种国产原油减压渣油数据可以说明渣油的氢含量越高，其密度越小。

**表 2-2　几种国产原油的减压渣油数据**

| 渣油种类（>500℃减压渣油） | 密度（20℃）/（g/mL） | 元素分析/% | | 氢碳摩尔比 |
|---|---|---|---|---|
| | | H | C | |
| 胜利 | 0.9633 | 11.31 | 85.64 | 1.58 |
| 中原 | 0.9504 | 11.67 | 85.52 | 1.64 |
| 孤岛 | 1.0020 | 11.16 | 84.83 | 1.68 |
| 大港 | 0.9820 | 10.89 | 86.16 | 1.52 |
| 大庆 | 0.9166 | 11.52 | 86.69 | 1.73 |
| 辽河 | 0.9553 | 11.34 | 86.80 | 1.56 |
| 克拉玛依 | 0.9836 | 11.19 | 86.71 | 1.55 |

（2）黏度

黏度是衡量流体内部摩擦阻力的指标，与油品的族组成有关。一般说来，烷烃含量较高的重油，其黏度较低；芳烃、环烷烃含量较高的重油，黏度较高。胶质、沥青质含量高的渣油黏度较高，安定性较差。表 2-3 为几种常压重油和减压渣油的黏度数据。

**表 2-3　几种常压重油和减压渣油的恩氏黏度**

| 渣油名称（>350℃常压重油） | 黏度/（$mm^2/s$） | 渣油名称（>500℃减压渣油） | 黏度/（$mm^2/s$） |
|---|---|---|---|
| 大庆 | 28.9（100℃） | 大庆 | 106（100℃） |
| 胜利 | 139.7（100℃） | 胜利 | 861.7（100℃） |
| 辽河 | 38.94（100℃） | 辽河 | 549.9（100℃） |
| 中原 | 33.8（100℃） | 中原 | 256.6（100℃） |
| 科威特 | 404.6（50℃） | 科威特 | 506（99℃） |
| 米纳斯 | 26.8（75℃） | 米纳斯 | 216（99℃） |
| 孤岛 | 171.9（100℃） | 孤岛 | 1120（100℃） |
| 大港 | 24.9（100℃） | 大港 | 143.8（100℃） |
| 阿拉伯轻 | 160.2（50℃） | 阿拉伯轻 | 104（99℃） |

高黏度重油会造成输送困难，而且作燃料油使用时，由于分散性、雾化性差，会影响燃烧效率。

（3）凝点

凝点取决于重油的组成，烷烃含量多的重油，其凝点也较高；胶质、沥青质含量较多的重油其凝点较低，这是因为胶质、沥青质能阻止、破坏石蜡结晶结构的形成，使之不能形成网格式骨架结构，从而使凝点降低。表 2-4 为几种常压重油和减压渣油的凝点数据。

**表 2-4　几种常压重油和减压渣油的凝点**

| 渣油名称（>350℃常压重油） | 凝点/℃ | 渣油名称（>500℃减压渣油） | 凝点/℃ |
|---|---|---|---|
| 大庆 | 44 | 胜利 | >50 |
| 胜利 | 40 | 临盘 | <37 |
| 中原 | 48 | 辽河 | 41 |
| 辽河 | 30 | 中原 | 57 |
| 大港 | 37 | 克拉玛依 | 24 |
| 孤岛 | 20 | 江汉 | 47 |
| 阿拉伯轻 | 15 | 大港 | 39 |
| 科威特 | 17.5 | | |
| 江汉 | 41 | | |
| 伊朗卡奇萨兰 | 22.5 | | |
| 米纳斯 | 47.5 | | |

（4）残炭值

残炭值可以反映渣油加工过程中的生焦倾向。残炭值有微残炭值（MCR）、康氏残炭值（CCR）和兰氏残炭值（RCR）几种试验方法和表示值。对于重质燃料油、焦化原料等油料，生产上大都用康氏法测定残炭值。

渣油的残炭值与其化学组成、结构有密切联系，渣油按四组分法可分为饱和烃、芳烃、胶质和沥青质，每个组分的残炭值都不同。饱和烃的残炭值很低，仅为1%～2%，芳烃中以多环芳烃为主，其残炭值达12%～16%，胶质中的残炭值在20%～40%之间，沥青质中的残炭值一般均高达40%。根据各组分兰氏残炭值实测数据，计算几种我国减压渣油残炭值在各个组分中的分布，其结果如表2－5所示。

**表2－5　减压渣油兰氏残炭值在各组分中的分布**

| 原料品种 | 组分中残炭值占总残炭值的比例/% | | | | | |
|---|---|---|---|---|---|---|
| | 饱和烃 | 重芳烃 | 轻胶质 | 中胶质 | 重胶质 | $C_5$ 沥青质 |
| 中原渣油 | 2.18 | 7.94 | 16.77 | 12.4 | 26.29 | 34.42 |
| 任丘渣油 | 3.3 | 7.84 | 15.58 | 14.45 | 37.05 | 21.78 |
| 胜利渣油 | 2.52 | 10 | 20 | 12.82 | 24.95 | 29.71 |
| 孤岛渣油 | 4.93 | 11.54 | 19.2 | 12.07 | 22.14 | 30.12 |

由此可见，减压渣油中残炭值的80%～90%集中在胶质和沥青质之中。除饱和烃外，各组分的兰氏残炭值均与其氢碳比有关，其残炭值与氢碳比大致呈以下线性关系：

$$RCR = 172.3 - 98.9(H/C)$$

式中　RCR——兰氏残炭值，%；

H/C——组分的氢碳原子比。

康氏残炭值是预测生焦倾向的最主要数据。康氏残炭值与生焦量的相对关系如图2－2所示。实验室测得的残炭值就是渣油经蒸发和裂解后生成的含炭残渣，这种残渣在化学结构上与延迟焦化过程生成的焦炭相似。随着原料康氏残炭值的增大，由胶质－沥青质生成的无定形焦炭比例逐渐增大。例如对于康氏残炭值为8%的原料，无定形焦炭约占总生焦量的16%；对康氏残炭值为24%的原料，就可以达到40%。

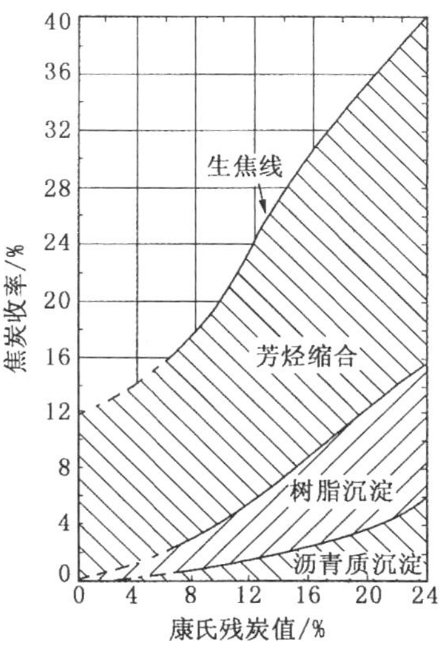

图2－2　焦炭产率与原料残炭值的关系

（5）灰分

原油的灰分较小，但是原油中的灰分在分馏过程中均富集到渣油之中，灰分含量及组成与原油的种类、性质和加工过程有关。重油、渣油中的灰分主要是无机盐和金属有机化合物以及一些加工过程中混入的杂质。

原料残炭是确定焦炭产率的主要因素，原料的结构直接影响焦炭的质量，因为原料中的杂质大部分会富集到焦炭之中，而作为焦化原料的减压渣油则几乎富集了原油中的全部杂质。减压渣油中含有原油中几乎全部的镍、钒、沥青质和灰分，还有约40%～60%的硫以及80%～90%的氮。表2－6为几种国内外减压渣油的性质。

**表 2-6　国内外减压渣油性质**

| | 大　庆 | 胜　利 | 任　丘 | 辽　河 | 新　疆 | 管　输 | 阿拉伯重 | 阿拉伯轻 | 伊朗重 | 伊朗轻 | 阿　曼 |
|---|---|---|---|---|---|---|---|---|---|---|---|
| 密度(20℃)/(g/cm³) | 0.9204 | 0.9869 | 0.9653 | 0.9816 | 0.9598 | 0.9783 | 1.019 | 1.0029 | 1.004 | 0.9867 | 0.9586 |
| 运动黏度/(mm²/s) | | | | | | | | | | | |
| 100℃ | 118.7 | 1687 | 958.6 | 1386.6 | 564.4 | 807.4 | 2723 | 406.5 | 983.6 | 357.6 | 298.3 |
| 80℃ | 265.4 | 6328 | 4851 | 5986 | 1894 | 2928 | 13741 | 1445 | 4397 | 1123 | 1021 |
| 康氏残炭/% | 6.91 | 14.42 | 17.5 | 17.31 | 12.4 | 13.86 | 25.7 | 18.2 | 18.8 | 15.2 | 12.0 |
| 灰分/% | 0.003 | 0.045 | 0.035 | 0.07 | 0.048 | 0.04 | 0.07 | 0.019 | 0.05 | 0.036 | 0.06 |
| 碳含量/% | 86.85 | 85.45 | 85.9 | 86.03 | 86.46 | 86.28 | 84.28 | 85.66 | 85.59 | 85.86 | 86.13 |
| 氢含量/% | 12.67 | 11.08 | 11.8 | 10.81 | 11.75 | 11.34 | 10.24 | 10.39 | 10.63 | 10.92 | 11.6 |
| 硫含量/% | 0.18 | 1.5 | 0.47 | 0.36 | 0.46 | 1.82 | 5.1 | 3.6 | 3.10 | 2.8 | 1.91 |
| 氮含量/% | 0.29 | 0.66 | 0.91 | 0.64 | 0.66 | 0.56 | 0.38 | 0.35 | 0.67 | 0.42 | 0.36 |
| Ni 含量/(μg/g) | 6.6 | 54.6 | 42 | 105 | 24.6 | 33.4 | 38.9 | 19.4 | 79.2 | 57.8 | 25.9 |
| V 含量/(μg/g) | 0.06 | 3.3 | 1.2 | 1.3 | 0.45 | 3.6 | 100 | 67.2 | 200 | 0.1 | 21.7 |
| Na 含量/(μg/g) | 7.6 | 12.6 | 2.5 | 2.6 | 3.1 | 6.4 | 200 | 1.0 | 2.0 | 4.3 | 3.4 |
| 饱和烃/% | 49.98 | 12.0 | 22.6 | 16.0 | 29.9 | 21.8 | 7.3 | 13.8 | 14.9 | 20.5 | 25.1 |
| 芳烃/% | 28.27 | 34.2 | 24.3 | 28.3 | 35.5 | 30.97 | 51.7 | 53.0 | 45.1 | 46.5 | 46.2 |
| 胶质/% | 21.75 | 52.3 | 53.0 | 54.7 | 33.5 | 46.17 | 31.1 | 27.1 | 33.5 | 27.8 | 25.8 |
| 沥青质/% | 0.0 | 1.5 | 0.1 | 1.0 | 1.1 | 1.06 | 9.9 | 6.1 | 6.5 | 5.2 | 2.9 |
| 占原油/% | 45.26 | 41.3 | 38.7 | 44.0 | 24.47 | 39.58 | 30.5 | 21.7 | | | 21.8 |

### 2.5.2　工艺操作条件

(1) 反应压力(焦炭塔顶压力)

反应压力对焦化的产品分布有一定的影响，反应压力高、反应深度大，气体和焦炭收率增加，汽、柴油收率增加，液体收率下降，焦炭的挥发分也会有所增加。反应压力低，蜡油产率增大，汽、柴油的收率、气体及焦炭的收率都会降低。但如果反应压力过低，则不能克服分馏塔和后路系统的阻力。因此，在操作上，为增加装置液体收率，降低焦炭收率，尽可能采用较低的反应压力。一般焦炭塔的操作压力在 0.13～0.24MPa。焦炭塔顶压力与蜡油产率的关系见图 2-3 所示。

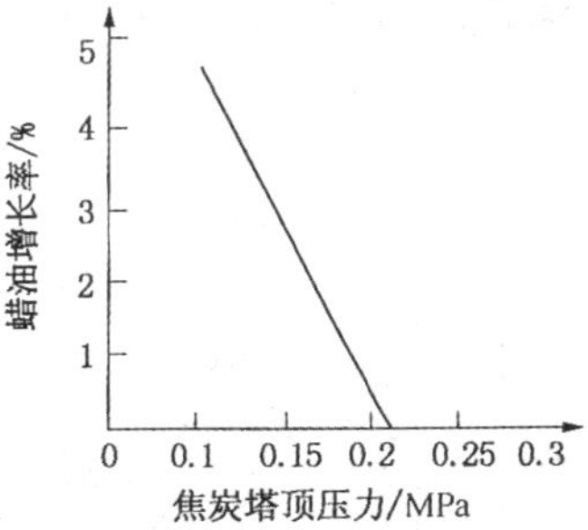


图 2-3　焦炭塔顶压力与蜡油产率的关系

(2) 反应温度(加热炉出口温度)

加热炉出口温度是焦化装置的重要操作指标，温度的变化直接影响渣油在焦炭塔内的反应深度，也会影响焦化产品的产率。对同一种原料，加热炉出口温度降低，反应深度和反应速度也降低，气体、汽油、柴油的产率随之下降。如果温度过低，焦化反应不完全会生成软焦，影响除焦和正常生产。加热炉出口温度升高，反应深度和反应速度增加，裂解反应充分，气体、汽油、柴油的产率增加，蜡油产率下降。但温度过高，反应深度过大，会导致汽油、柴油等组分二次裂解，使产品中汽油、柴油产率下降，焦炭和气体的产率上升，并且容易造成泡沫夹带，焦炭硬度增大，造成操作和除焦困难。温度过高还会使加热炉炉管和转油线的结焦倾向增大，影响加热炉操作周期。另外，加热炉出口温度对石油焦质量的影响也很大，如其他条件不变，随着炉出口温度的升高，焦炭中挥发分含量降低，质量得到改善。炉出口温度对焦炭挥发分的影响如图 2-4 所示。

炉出口温度对焦炭塔内泡沫层高度影响也较大。一般来说，泡沫层的高低除与原料的起泡性能有关外还与加热炉的出口温度有直接关系，泡沫层本身是反应不彻底的产物。加热炉出口温度越低，焦炭塔内泡沫层越高。如果炉出口温度增高，泡沫层在高温下充分反应，生成焦炭，泡沫层就下降。炉出口温度与泡沫层高度的关系见图2－5所示。

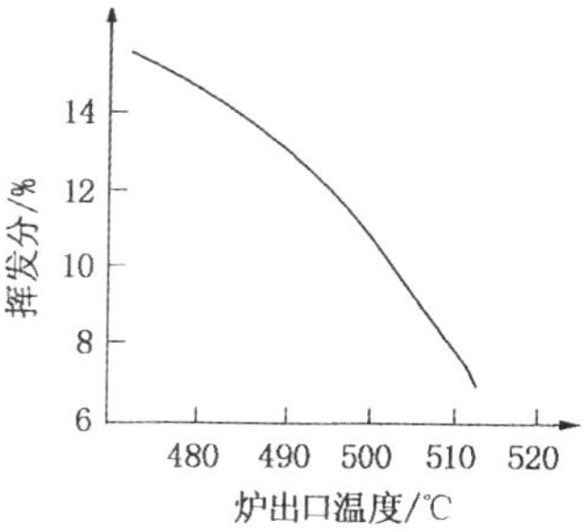


图2－4　炉出口温度对焦炭挥发分的影响

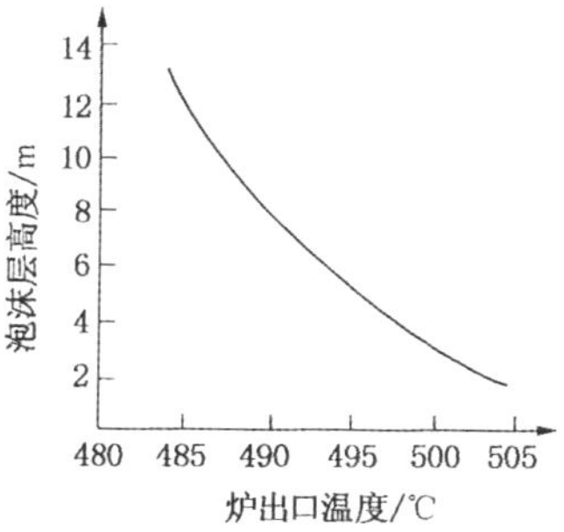


图2－5　炉出口温度与泡沫层高度的关系

由于受设备材质等条件的影响，加热炉出口温度的可调节范围很窄，大多控制在490～505℃之间。

（3）循环比

循环比是对装置的处理能力、产品性质及其分布都有影响的重要操作参数。循环比有两种定义：①循环比＝循环油量/新鲜原料油量。②联合循环比＝（新鲜原料油量＋循环油量）/新鲜原料油量＝1＋循环比。操作上循环比增大，汽、柴油收率增加，蜡油收率减少，焦炭和气体的收率增加。在焦化加热炉能力一定的情况下，循环比增大，装置的处理量将减小；循环比降低，与以上情况相反，蜡油收率增加，汽、柴油收率降低，液体收率提高，同样情况下，装置处理量提高。为了提高装置的处理量，降低焦炭收率，提高装置液收率，低循环比操作已经成为一种操作趋势。

以上所提及的温度、压力、原料性质、循环比等因素并不是孤立存在的，在调整操作时要全面考虑调整的结果。

## 2.6　工艺流程简介

### 2.6.1　反应分馏单元

反应分馏单元的主要设备有加热炉、焦炭塔、分馏塔和辐射泵等，目前在运行装置这部分流程主要有三种。

第一种为传统型流程。原料渣油经原料油泵从原料缓冲罐抽出，分别与柴油、蜡油等中间馏分油换热后进入加热炉对流段加热。从对流段出来后分上下二路，进入分馏塔下段换热区与来自焦炭塔顶逸出的高温油气直接接触换热，通过调节原料油的上、下进料控制循环比。原料油与高温油气中被冷凝的循环油一起进入分馏塔底，经辐射泵送入加热炉辐射段。辐射油经辐射段加热到规定温度后，由四通阀进入焦炭塔底部。

第二种为传统改进型流程，流程相对简洁。原料渣油经原料泵从原料缓冲罐抽出，分别与柴油、中段油、蜡油等馏分充分换热升温后分上、下二路直接进入分馏塔底，与来自焦炭塔顶逸出的高温油气直接接触换热，原料油与高温油气中被冷凝的循环油一起进入分馏塔底，经辐射泵送入加热炉对流、辐射段。辐射油经加热到规定温度后，由四通阀进入焦炭塔底部。

第三种为灵活调节循环比流程。原料经原料泵抽出，分别与柴油、中段回流、蜡油、循环油等馏分充分换热后进加热炉进料缓冲罐，原料渣油不与焦炭塔顶油气直接换热。再由辐射泵送到加热炉对流、辐射段加热，经加热到规定温度由四通阀进入焦炭塔底。焦炭塔顶油气进入分馏塔下部，与塔底循环油进行传质传热，油气中被冷凝下来的循环油一部分返回加热炉进料罐成为循环进料，另一部分作为产品送出装置，通过控制返回加热炉进料罐的循环油量来调节装置循环比。

进入分馏塔下段换热区的高温油气与原料油或循环油接触换热后，冷凝下来的循环油流入分馏塔底，其余的大量油气经过洗涤板后进入重蜡油集油箱以上进行分馏，从下往上分别切割出重蜡油、蜡油、柴油及油气等馏分，有的装置不设重蜡油抽出，直接出蜡油。

重蜡油自分馏塔重蜡油集油箱抽出，经重蜡油泵升压后分成两路，一路进入集油箱下的洗涤板，作为洗涤油；另一路一部分经冷却后做重蜡油上回流，以调节集油箱气相温度，另一部分直接出装置。

蜡油从分馏塔集油箱抽出，经蜡油泵升压后一路直接进入蜡油集油箱下层作下回流，另一路经冷却换热后，部分作上回流，调节蜡油集油箱气相温度，另一部分出装置。

中段回流从分馏塔塔板抽出，经换热后直接返回分馏塔进行循环取热。

柴油从分馏塔集油箱中抽出，一路直接返塔作为下回流，另一路经换热后，一部分返塔作为上回流，调节柴油集油箱气相温度，另一部分经冷却后出装置。

分馏塔顶回流由顶循环回流泵从分馏塔抽出，经冷却后返塔，循环取热。分馏塔顶油气经冷却后，进入分馏塔顶油气分离罐，分离出汽油、富气和含硫污水，其中汽油送吸收稳定系统系统；富气经富气压缩机压缩后也进吸收稳定系统进行处理；含硫污水送到下游污水汽提装置。

### 2.6.2　吸收稳定单元

富气经压缩机压缩升压后，经冷却后进入中间平衡罐（即吸收进料罐）进行气液分离，分离后富气进入吸收塔下部与塔内的吸收剂逆向接触进行吸收操作。

其中，稳定汽油、粗汽油作为吸收剂由吸收塔上部打入，汽油自上而下与富气逆流接触，气体中大于$C_3$的组分大部分被吸收。吸收塔中部还设两个中段回流进行取热，塔底富吸收油经冷却后进中间平衡罐进行气液分离。经吸收后的贫气去再吸收塔进行二次吸收。用柴油作再吸收剂，以脱除气体中夹带的轻烃组分，经再吸收后的干气进入干气脱硫塔进行脱硫。

中间平衡罐内的汽油经过换热后进入解吸塔，以脱除汽油中吸收的乙烷组分，塔底脱乙烷汽油用泵抽出，经换热进入稳定塔进行脱液化气操作。在稳定塔中液化气组分自稳定塔顶逸出，经冷凝冷却后进入塔顶回流罐，在回流罐顶部排出不凝气，送至装置压缩机入口或脱硫系统，液化气自塔顶回流罐用泵抽出，一部分作为稳定塔顶回流，其余部分送液化气脱硫塔脱硫后出装置。稳定塔底汽油经换热、冷却后送出装置。流程示意如图2-6所示。

### 2.6.3　干气、液态烃脱硫单元

由柴油吸收塔顶来的含硫干气先进入脱硫原料缓冲罐进行气液分离，在罐内分离出

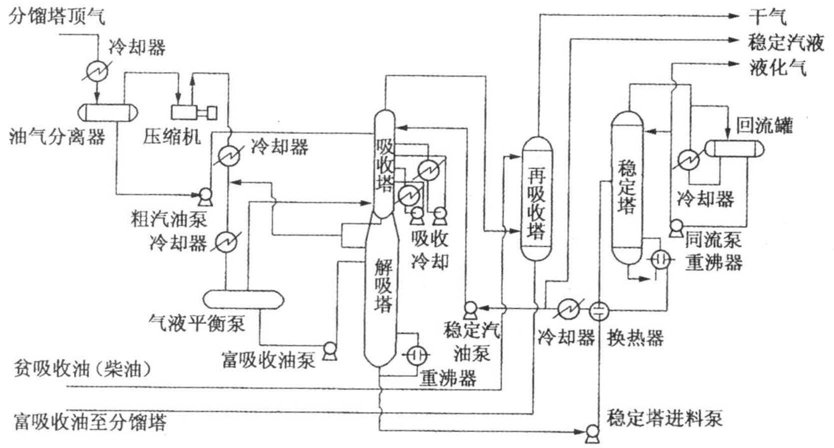


图 2－6　吸收解析流程示意图

水和焦粉等部分杂质后，进入脱硫塔下部。入塔后与上部进入的脱硫剂逆向接触，脱除干气中的硫化氢和部分二氧化碳，经脱硫后的干气再经净化干气缓冲罐进行气液分离，分离出夹带的部分胺液后并入炼油厂高压瓦斯系统，作为系统燃料或其他装置的原料。脱硫塔底的富胺液自压出塔，与贫液换热、闪蒸后进入再生塔，在再生塔内脱除胺液中吸收的 $H_2S$ 和 $CO_2$。再生后的贫胺液由泵从再生塔底部抽出，经换热、冷却后进入脱硫塔上部作吸收剂循环使用。再生塔顶部出来的酸性气体（$H_2S$、$CO_2$）和酸性水经冷却分离，部分酸性水返回再生塔顶作回流，部分去污水汽提装置处理；酸性气送往硫磺回收装置。工艺流程如图 2－7 所示。

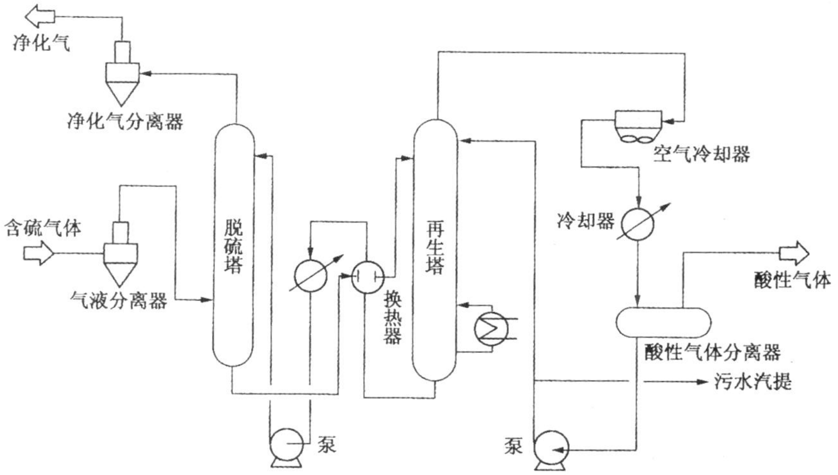


图 2－7　气体脱硫装置流程示意图

### 2.6.4　冷切焦系统

（1）冷焦单元

焦炭塔切换四通阀后，被切换的焦炭塔（俗称老塔）内的焦炭需要冷却至规定温度后，才能交付除焦。冷焦分为两个阶段，首先是吹汽阶段，对刚切换的老塔，先从塔底少量给蒸汽（小吹汽），将塔内残留油气赶到分馏塔，以回收油气和热量并疏通焦孔；一定时间后加大吹汽量(大吹汽)，此时需将流程切至接触冷却系统，将油气、蒸汽赶至接触冷却系统，由接触冷却系统密闭回收油气，并冷却焦层。现有的焦化装置都设有密闭的接触冷却系统，工艺流程如图2-8所示。

大吹汽过程中，油气和蒸汽进入接触冷却塔中部与顶回流逆向接触，部分较重的油冷凝进入塔底，塔底油由泵抽出，经冷却后部分返回接触冷却塔作塔顶回流，部分送入装置污油罐或炼油厂重污油系统。塔顶未被冷却的油气和水蒸气经冷却后进入塔顶油气分离罐进行气液分离，分离出的含油污水经沉降后，去含硫污水系统或含油污水系统，也有的进入装置冷焦水系统。塔顶污油罐污油经泵送至装置污油罐，塔顶不凝气体再经冷却后进入下一个油气分离罐进行分离，不凝气入瓦斯罐排至低压瓦斯系统，含油污水并入塔顶油气分离罐污水系统。

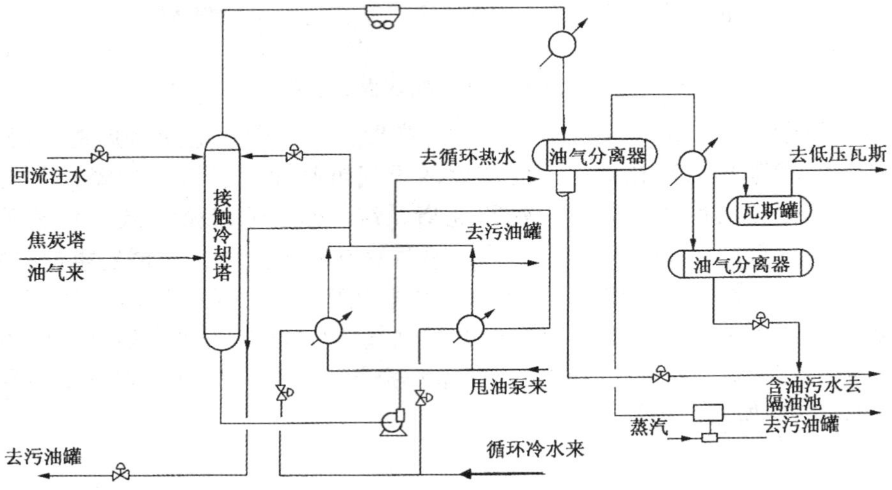


图2-8　接触冷却系统流程

吹汽结束后，焦炭塔接着进行给水冷焦。冷焦水从焦炭塔底部注入，进水量根据焦炭塔压力情况由小到大逐步提高，直至冷焦水装满整个焦炭塔从塔顶溢出。从塔顶溢流出来的冷焦水返回冷焦水罐(池)，通过旋流器、空冷等设备不断循环除油、降温。当焦炭塔顶温度降至规定值后，停止给水并将焦炭塔内存水放至冷焦水罐结束冷焦，焦炭塔放尽冷焦水后交除焦作业。大多数装置的冷焦水系统都实行密闭循环，具体流程如图2-9所示。

(2) 除焦单元

延迟焦化除焦作业普遍采用水力除焦方式，主要有井架除焦和无井架除焦，其中以有井架居多。除焦时切焦水经高压水泵升压至18.0MPa以上，送至焦炭塔顶钻杆、切焦器，通过旋转的切焦器形成高压水力刀对焦层进行钻孔、除焦作业，逐层切削焦层，将塔内焦层打碎送入焦池，达到水力除焦的目的。除焦过程中切焦水与被切下的焦块一起进入储焦池，随后经导流墙进入沉淀池，沉淀出焦粉，切焦水循环使用。

除焦作业时，先卸开焦炭塔底盖、顶盖(或顶盖阀门)，测量焦高，并作好记录；然后启动钻机绞车、风动马达下钻，启动高压水泵，进行钻孔作业。钻通焦层后，切割器下至下极限位置停止，停留数分钟把塔底锥体部焦打尽后，带水提钻杆(附带扩孔)。钻杆拉出焦层后，钻头由钻孔位切换到切焦位。先切掉1.5~3m的泡沫层，再由上往下逐层切焦，直到焦炭全部切除干净。除焦完毕，带水提钻，一边扫塔，一边观察出焦口检查除焦效果，直至除焦结束。

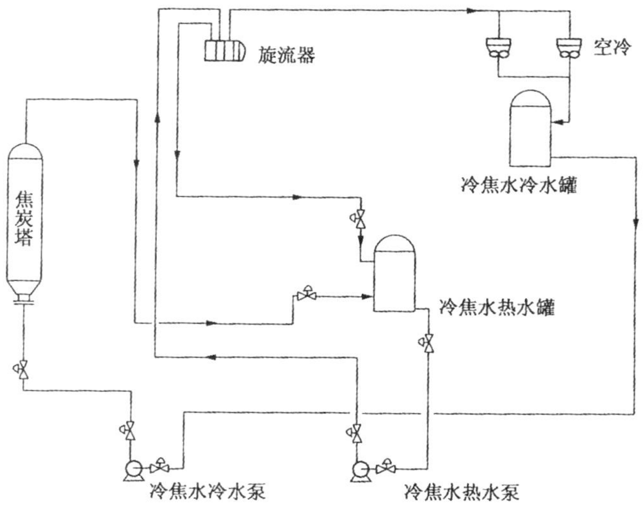


图2-9 冷焦水系统流程示意图

# 第三章　产品分布和质量

延迟焦化装置的产品主要有汽油、柴油、蜡油、液态烃、干气、石油焦。干气经脱硫净化后可作为炼油厂燃料；汽油经加氢处理后可作为乙烯或催化重整原料；柴油经加氢精制后可调制成品柴油；蜡油经过滤后可成为催化裂化或蜡油加氢精制的原料；石油焦可作燃料或按等级出厂，液态烃经脱硫、碱洗后可直接出厂。各炼油厂因后续加工手段不同，对焦化产品的质量要求也有所不同。

## 3.1　产品分布

延迟焦化的产品分布变化与很多因素有关，比如原料的性质、生产条件以及质量控制要求等。

在通常的操作条件下，延迟焦化产品的收率范围如下：焦化汽油：8% ~20%；焦化柴油：26% ~36%；焦化蜡油：10% ~25%；焦化气体(包括液态烃及干气)：7% ~10%。焦炭的产率与原料的性质有很大关系，国内渣油的焦炭产率在16% ~23%；东南亚渣油在17% ~18%；中东渣油可以达到25% ~35%。表3 -1是不同减压渣油经过延迟焦化后的产品收率。

**表3 -1　减压渣油经过延迟焦化后的产品收率**

| 原油品种 | 加热炉出口温度/℃ | 气体收率/% | 液体产品收率/% | 焦炭收率/% |
|---|---|---|---|---|
| 大　庆 | 500 | 6.56 | 76.57 | 16.37 |
| 胜　利 | 498 | 7.24 | 71.94 | 20.32 |
| 伊　朗 | 497 | 9.78 | 61.00 | 28.73 |
| 阿　曼 | 498 | 9.06 | 67.75 | 22.69 |

延迟焦化各产品的主要性质如下。

(1) 焦化气体

延迟焦化的气体(包括液态烃及干气)产率约占原料的7% ~10%，其组成随原料、工艺条件的不同而变化。表3 -2中列出了几种减压渣油所产焦化气体的组成。

**表3 -2　焦化富气的组成**　　%

| 原料油 | 大庆减压渣油 | 胜利减压渣油 | 阿拉伯轻质减压渣油 |
|---|---|---|---|
| $H_2$ | 0.66 | 0.74 | 0.51 |
| $CH_4$ | 26.61 | 30.39 | 20.18 |
| $C_2H_6$ | 21.23 | 19.00 | 19.29 |
| $C_2H_4$ | 3.97 | 3.31 | 2.79 |
| $C_3H_8$ | 18.09 | 15.12 | 16.37 |
| $C_3H_6$ | 10.55 | 8.21 | 6.74 |
| $C_4H_{10}$ | 10.78 | 8.85 | 10.79 |
| $i-C_4$ | — | 1.60 | 2.41 |
| $n-C_4$ | — | 7.25 | 8.38 |
| $C_4H_8$ | 7.53 | 7.72 | 7.36 |
| $H_2S$ | 0.58 | 6.66 | 16.24 |
| 共　计 | 100.00 | 100.00 | 100.00 |

从表3－2中可以看出，焦化富气通常具有以下几个特点：

① 甲烷在焦化富气中含量比较高。

② 焦化富气中含一定量的液态烃组分。

③ 焦化富气中 $H_2S$ 含量较高。

在炼油厂中焦化干气主要用途有两个。

① 作燃料气。焦化干气经脱硫后可进入高压瓦斯管网，作加热炉燃料。

② 作制氢装置原料。目前生产工业氢气多采用以石脑油为原料的水蒸气转化工艺。但石脑油作制氢原料价格昂贵，而焦化气体价格不足石脑油的一半，并且甲烷含量高、氢/碳比高，用它制氢的氢气产率比石脑油制氢高6～7个百分点，可以明显降低制氢的成本。

（2）焦化液态烃

焦化液态烃的组分为 $C_2 \sim C_5$，产品中硫化氢和硫醇含量较高。相对于催化液态烃，焦化液态烃的烯烃含量较少，平均相对分子质量低。由于生产工艺的特点，焦化液态烃常常带有一定量的焦粉，经脱硫和碱洗后可作为民用燃料。

（3）焦化汽油

焦化汽油的烯烃含量及硫含量较高，安定性差，经稳定处理后的汽油还要经过加氢精制才能成为成品汽油的调合组分。近年来随着乙烯技术的发展，经过加氢的焦化汽油被认为是很好的乙烯裂解原料。

（4）焦化柴油

焦化柴油的十六烷值较高，含一定量的烯烃，安定性差，并且有硫、氮和金属杂质。通常炼油厂都将焦化柴油经加氢精制处理后作成品柴油的调合组分。

（5）焦化蜡油

焦化蜡油是指馏程在350～500℃的馏分油。操作条件对焦化蜡油的质量影响很大。如循环比降低，蜡油的干点升高、残炭及金属含量升高；如循环比提高，则相反。焦化蜡油的主要用途是经过加氢处理后作催化裂化、加氢裂化的原料。

（6）焦炭

延迟焦化的焦炭主要分为两大类，普通石油焦和针状焦。普通石油焦主要作为燃料使用，或者作为炼铝工业的阳极弧。针状焦是一种质量较好的石油焦，可以用于制造炼钢用超高功率石墨电极。

## 3.2 针状焦的生产

延迟焦化在通常条件下主要生产普通石油焦，针状焦是延迟焦化过程的特殊产品。延迟焦化装置生产的针状焦经过煅烧、浸渍和石墨化后可制成碳素制品。碳素制品在工业、国防、医疗、航天和特种民用工业中有着广泛的用途，其中以制造超高功率石墨电极的用量最大。由于其热性能、电性能及物理性能好，具有低热膨胀系数、低电阻、高结晶度、高纯度、高密度等特性，针状焦还可用作炼钢用高功率和超高功率的石墨电极，高功率的石墨电极可提高电炉温度，增加电炉炼钢处理量，提高冶炼效率和钢产量，节约电耗和原材料消耗。自20世纪30年代中期美国生产出针状焦以来，由于原料的特殊要求和对生产技术的垄断，只有少数国家能生产针状焦，全世界的针状焦年产量也只有100多万吨。我国从20世纪70年代开始针状焦的生产、研究和开发，以热裂化渣油和催化裂化澄清油为原料进行了工业化装置生产，产出了适于制造超高功率电极用的针状焦。

### 3.2.1 针状焦的生成机理

烃类在液相炭化反应中发生脱氢、缩聚反应，缩聚反应随着温度的升高而加深。反应生成物的含炭量不断增加，相对分子质量和碳氢比也在增大，环烃的环数增多。当大分子平面状缩合物的碳原子数接近100、相对分子质量大于1500之后，在渣油母液中会出现一种有明显界面的、不溶于母液的小球状可塑型物质，称为中间相小球体。小球体的定向程度高，有明显的光学各向异性特征，结构如图3－1所示。形成中间相是一个复杂的化学、物理过程。大致要经历出生和成长、相遇和融并、增黏老化、定向和固化等过程，小球体的变化历程随反应条件而异。刚生成的小球体在高温母液中能被溶解，温度低时又能析出。在适宜的条件下能吸收母液中的稠环芳烃分子，成长为更大的球体，也可能与另一个小球体相遇，发生芳烃层片插入而逐渐长大。当球体长大到无法维持最小的表面积时，解体为区域性中间相，区域中间相再相互结合为广域中间相。随着这种缩聚过程的逐步深化，小球体及其周围介质不断增黏，小球体内部也逐渐形成有纹理的纤维结构。这种由广域中间相固化所得的焦炭即为针状焦。因此，可以认为中间小球体就是焦炭的前体，能否形成优质针状焦则取决于中间小球体的变化历程。

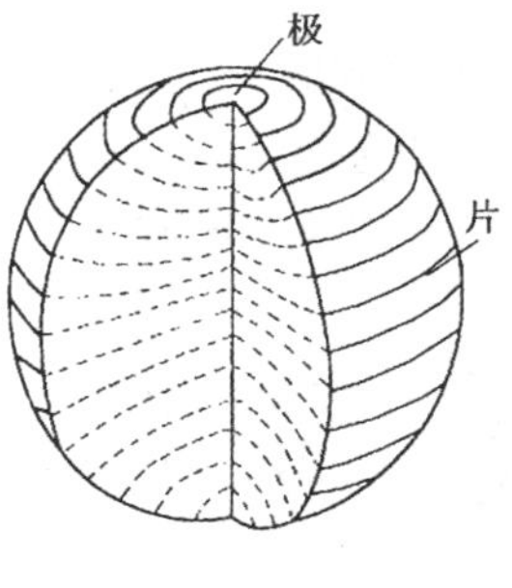

图3－1　中间相小球体结构示意图

### 3.2.2 针状焦的原料

根据针状焦的性质和生成机理，生产针状焦的原料应具有以下特点。

（1）芳烃含量高

芳烃有利于中间相体系的生成，而且具有分散、溶解不稳定物质的能力。芳烃富含短侧链，3～4环的多环芳烃具有优良的石墨化性能，是生产针状焦的好原料。要求生产针状焦的原料中芳烃含量应在30%～50%。

（2）胶质、沥青质含量低

胶质、沥青质是带有长侧链的大分子稠环化合物，分子结构复杂。因为胶质、沥青质的炭化反应速度快、固化快，会阻碍细纤维状结构的针状焦生成。作为针状焦的原料，其正庚烷不溶物应不大于2.0%。

（3）灰分低

原料中的灰分包括催化剂粉末、重金属和机械杂质等。这些杂质会使焦炭产品的灰分增高，对焦炭结构产生影响。原料中的灰分过高还会阻碍中间相小球体的长大和融并，使焦炭结构中的中间相不发达。一般要求原料中的喹啉不溶物含量为零，催化剂粉末的含量应小于100μg/g。

（4）含硫量低

原料中的硫经炭化后大部分集中于焦炭中，而焦炭中的硫会导致石墨化过程中发生晶胀，使碳素制品带有裂纹，成品率降低。为了保证针状焦的质量，一般要求原料中硫含量不大于0.5%。

（5）相对分子质量分布范围窄

馏程范围适当、黏度小的原料有利于操作和保证针状焦的质量。热裂化渣油、催化裂化澄清油和从催化裂化循环油抽出的重芳烃等，都可用于生产针状焦。此外，裂解制乙烯的渣油、煤焦油等也是生产针状焦的适宜原料。但由于这些原料的性质各异、数量不一，应根据具体情况，通过中试实验进行调合才能生产出优质针状焦。

### 3.2.3 针状焦的生产工艺

从上述针状焦生成机理可知，要生产出合格的针状焦就必须使原料能够成长为中间相小球体，并再从中间相小球体转化为广域中间相。利用常规延迟焦化工业装置生产针状焦时，在操作上需采用变温操作，加大循环比延长生焦周期才能生产出质量合格的针状焦。表3－3是不同原料生产针状焦的工艺条件和产品收率。

表3－3 不同原料生产针状焦的工艺条件和产品收率

| 原料油 | 热裂化焦油 | 催化裂化澄清油 | 糠醛抽出油 |
|---|---|---|---|
| 主要工艺条件 | | | |
| 温度/℃ | 460～500 | 460～500 | 460～500 |
| 压力/MPa | 0.15 | 0.196 | 0.15 |
| 循环比 | 1.2 | 1.51 | 1.87 |
| 产品收率/% | | | |
| 气　体 | 6.5 | 12.1 | 7.6 |
| 汽　油 | 10.1 | 11.6 | 13.4 |
| 柴　油 | 35.6 | 23.7 | 30.3 |
| 蜡　油 | 33.6 | 13.9 | 18.7 |
| 优质焦 | 14.2 | 38.7 | 30.0 |

针状焦生产工艺可分为一段法和两段法两种。一段法是按照需要的工艺条件将原料直接引进延迟焦化装置生产针状焦，适用于高芳烃原料油，如热裂化渣油、催化裂化澄清油、裂解渣油等。两段法是热裂化－焦化联合过程，先将原料油（和焦化瓦斯油）在热裂化工序中制取适合于生产针状焦的原料即热裂化渣油，再将热裂化渣油引入延迟焦化工序生产针状焦。在工艺流程中还可根据原料的种类及性质，适当安排必要的精制、处理工序。

在实际生产中，我国还开发出了双路进料延迟焦化生产针状焦的流程，它可利用现有（或经过技术改造）的两炉四塔延迟焦化装置同时生产针状焦和普通焦。这种方法有主、副两种进料，主进料以直馏减压渣油为主，采用单程操作，生产普通焦，副进料为催化裂化澄清油（或其他生产针状焦的原料），采用循环操作生产针状焦。主进料经换热后直接进入加热炉，副进料则进入焦化分馏塔与塔底循环油一起进入另一台加热炉。焦炭塔分为两组，分别用主、副进料生产普通焦和针状焦，焦炭塔顶油气进入共用的分馏塔，不仅避免了因生产针状焦需变温操作造成分馏塔操作不平稳，而且可以充分利用循环油作为生产针状焦的原料，增加针状焦的产量。

### 3.2.4 针状焦的性质

针状焦是多孔固体，有银灰色金属光泽，焦孔略呈椭圆形，孔的定向均匀，表面上有针状纹理结构。针状焦的主要物理特点是密度大、纯度高、杂质少，烧蚀量及热膨胀系数较低。针状焦的含硫量、灰分和重金属含量均比普通石油焦低。

生产针状焦除需控制硫含量、灰分和挥发分外，对针密度也要控制，以确保致密度大、气孔率小，使成品电极保持较高的机械强度。此外，热膨胀系数也是针状焦的重要质量控制项目，一般要求在2.6以下。热膨胀系数直接与石墨制品的抗热震性能有关，在某种程度上甚至作为划分针状焦质量、用途和等级的主要指标。

### 3.2.5 针状焦的质量指标

（1）纯度

针状焦的硫、氮、重金属和灰分的含量均很少，这些杂质对焦炭性能均有影响。硫、氮含量高的焦炭在石墨化过程中会发生晶胀，使产品带有裂缝。灰分高会阻碍晶体结构的生成和对石墨制品的纯度产生影响。

（2）结晶度

结晶度表征焦炭结构和形成焦炭前的中间相小球体的大小。中间相小球体大的焦炭，其取向性好，导向度强，结构致密。通常可用焦炭的真密度来表示焦炭的结晶度，真密度大的焦炭，其结晶度也高。

（3）抗热震性能

抗热震性能表示碳素制品在突然升温或急剧冷却过程中是否会破裂的性质。可用热膨胀系数来表征焦炭的抗热震性能。热膨胀系数低的焦炭，抗热震性较好。

# 第四章　工 艺 操 作

延迟焦化生产中，由于焦炭塔定期切换会给后续的分馏、压缩机及稳定脱硫的操作带来周期性影响，再加上原料性质、公用系统和设备故障带来的波动，使得装置很难长期稳定在理想平衡和最优生产的状态上。虽然许多装置都实施了 DCS 控制等先进的控制手段，但由于各操作参数间相互影响的复杂性，单靠计算机控制难以完成调优工作。在实际操作中仍需要操作人员通过经验积累，分析、比较、选择合适的操作条件，恰当的操作方法，实现装置的平稳运行，尽可能靠近最佳操作点。由于各装置生产规模不同，设备使用各异，具体操作方式千差万别，所以，在本章中只对一些常见的、通用的操作问题进行讨论。

## 4.1　正常操作

### 4.1.1　加热炉系统

#### 4.1.1.1　正常操作要点

加热炉的作用是快速地给原料提供热量，保证其在焦炭塔中能够充分地反应，避免在炉管中开始焦化反应。因此，加热炉最重要的控制指标就是温度，具体操作要点如下。

① 按设定的工艺指标和原料性质控制好辐射出口温度，波动范围不超过 ±1℃，以保证有足够的反应深度，防止炉管结焦，经常观察分析温度指示是否准确。

② 控制好对流室、辐射室流量，保持各分支流量平衡稳定。控制好炉膛温度、炉管表面温度，保持火嘴燃烧完全、炉膛明亮、各点温度均匀。注意检查炉膛各构件情况，严防挂钩、管架变形，防止炉管局部过热、弯曲、氧化爆皮等现象发生，努力提高加热炉的使用寿命。

③ 严格监控炉管出、入口压力，防止炉管结焦，保证长周期正常生产。

④ 调节好火嘴、“三门一板”，保持炉膛负压和烟气氧含量正常，控制好排烟温度及过剩空气系数。

⑤ 保持炉膛热量分布均匀，做到多火嘴、短火焰、齐火苗，发现火嘴结焦堵塞应及时清除，努力降低燃料消耗。烧油火嘴时，还应注意检查油火嘴是否燃烧正常，有无漏油现象。

⑥ 加强对燃料气的管理，定期脱水、排油，控制好压力。加强空气预热器及引风机的管理，提高热风温度，努力提高加热炉的效率。

#### 4.1.1.2　加热炉的正常操作

（1）点火操作

点火是加热炉最基本的操作之一，在点火前应先对炉管进行试压，检查炉管堵头、胀口、法兰、热电偶等有无泄漏。清扫炉膛，检查火嘴、耐火砖、烟囱等保证处于良好状态。然后对燃料气管线试压，检查火嘴、阀门、风门和烟道挡板是否灵活好用，引消防蒸汽至炉前处于备用状态。关闭瓦斯阀、加热炉人孔、防爆门、看火孔等，装好瓦斯回火器，调节烟道挡板，开度约 1/3 左右。将瓦斯引至炉前点小火炬，启用瓦斯加热器及伴热，加强瓦斯罐脱水排凝。瓦斯系统经采样分析氧含量合格处于备用状态后，可关闭小火炬，准备好点火用具。向炉膛吹汽赶尽炉内空气，至烟囱见汽 5min 以上。再经炉膛测爆分析合格后引瓦斯至火嘴前第一道阀门，调节好阀后瓦斯压力，点着长明灯再开瓦斯阀点着火嘴并进行调整，注意控制好炉膛负压，避免点着的火嘴被吹灭。一旦点火不成功，应立即关闭瓦斯重新向炉膛吹汽，再按点火步骤进行点火。

（2）火焰的调节

判断加热炉操作好坏最直观的办法就是观察火焰，正常时，炉膛各部温度应在指标范围以内，炉膛明亮，火焰呈淡蓝色。火焰以多火嘴、短火焰、齐火苗为原则，不歪不散，严禁火焰调节过长，直扑炉管或炉墙。

① 火焰调节方法。如果火焰呈黄红色、飘散，炉膛发暗，可能是燃料量过大、空气或雾化蒸汽量小造成的，可减少瓦斯量或燃料量，加大风量或雾化蒸汽量。如果火焰发白、过短、跳动不稳，可能是燃料量过小、空气或配汽量过大引起，应增加燃料量，减少风量或配汽量，适当关小烟道档板。如果火焰偏斜，可能是瓦斯、风偏向一侧或配汽量太大形成抽力，火嘴安装不正等原因，可减少偏向一侧的风或配汽量，调整火嘴角度或垂直度。如果火焰长、软、呈红色，炉膛不明亮，冒黑烟，炉膛温度上升，就可能是瓦斯严重带油，应加强瓦斯脱油。

② 瓦斯火与油火的切换方法。使用油气联合火嘴时，有时需要调整火嘴的燃料 就要切换瓦斯火和油火。

a. 瓦斯火切换至油火。燃料油循环正常后，将燃料油压力控制在规定范围，然后用蒸汽扫通燃料油阀至火嘴之间的管线。慢慢打开燃料油阀，配好雾化蒸汽，点燃后调节好火焰高度，再调好风门，最后关闭瓦斯阀门，注意回火。

b. 油火切换至瓦斯火。关小燃料油阀，减少配汽，然后打开瓦斯阀门，点燃后调节好火焰高度，再关闭燃料油阀及配汽阀，调节配风量，最后扫通燃料油阀与油火嘴之间的管线。

③ 烟道挡板的调节方法。烟道挡板的调节主要依据两个原则，一个是要保证适当的烟气温度，同时配合风门调节控制好炉膛氧含量；另一个就是要保持炉膛的正常负压。炉膛负压值太大，可关小烟道挡板。火焰燃烧不好，排烟温度过低，过剩空气系数太小，可开大烟道挡板。

（3）炉出口温度的控制

通常炉出口温度指的是加热炉辐射出口温度，这是焦化装置最重要、最精细的控制指标之一。根据不同的原料和生产方案，炉出口温度的控制指标有所不同，范围大致为 490 ~ 505℃，要求波动幅度控制在 ±1℃。要平稳地控制加热炉出口温度，首先要保持加热炉各路介质流量平稳对称，其次是保证各火嘴燃烧稳定、正常，炉膛热量分布均匀。

① 辐射进料量的波动。辐射泵流量不稳、注水量波动、控制仪表故障等因素都会引起辐射进料波动。出现辐射进料量波动时，可先检查测点仪表和相关控制阀是否正常，调整注水量，如果以上这些问题解决后流量仍不正常，就需检查分馏塔辐射进料抽出过滤器、辐射泵入口过滤器的压差。根据情况改过滤器副线、清洗过滤器或清洗泵入口过滤器、注意清洗该过滤器必须逐级确认，注意安全。

② 入炉压力波动。辐射流量变化、注水量变化、系统压力变化、炉管烧穿以及仪表失灵等因素都有可能引起辐射入炉压力波动。处理时可调整原料入炉流量、注水量，同时联系

仪表人员处理相关仪表，如果发现炉管烧穿则应按紧急停炉处理。

③ 炉膛温度的变化。燃料气组分、压力变化、辐射量及出口温度变化、火嘴燃烧情况、外界环境温度、风向、风力变化、仪表指示失灵以及炉管结焦等因素都会引起炉膛温度的变化。因此，在操作中要注意平稳瓦斯压力、检查瓦斯带液情况；控制好辐射、注水流量以及分馏塔底温度；调整火嘴燃烧、控制好配风、雾化蒸汽量及炉膛负压；如仪表失灵应及时联系维修人员检修。

④ 注水量的变化。注水量的变化与辐射流量的压力变化、注水罐液面变化、注水泵抽空、仪表失灵等因素有关。可通过平稳辐射流量、压力，控制好注水罐液面，搞好注水泵的正常运行，联系仪表校表等方法进行处理。

⑤ 燃烧气性质变化。与瓦斯组分变化等因素有关，可根据炉出口温度及火嘴燃烧情况调整操作。

（4）炉管表面温度的控制以及结焦的判断

辐射炉管平均热强度是加热炉设计中的主要指标，受炉管材质的限制，一般来说 $Cr_5Mo$ 炉管的最高使用温度不能超过 600℃，$Cr_9Mo$ 炉管的最高使用温度不能超过 650℃。热强度较高的炉管很容易结焦、氧化剥皮或烧弯变形，操作中应尽量使火焰大小均匀，强劲有力。造成炉管表面温度超高的原因主要有火焰长短不齐或直扑炉管，炉膛温度不均匀，辐射量、注水量大幅变化，对流、辐射分支偏流，炉出口温度偏高，原料残炭过高以及仪表指示失灵等原因。长时间的炉管表面温度超高不仅会破坏炉管的金属结构，还会造成炉管结焦。

如果出现炉管压差增大、入炉压力上升；出口温度热偶指示偏低，反应迟缓；操作条件不变，炉膛温度显著升高，炉出口温度提不上去；炉管由粉红色逐渐变黑，甚至脱皮出现斑点，炉膛耐火砖，吊架由暗红变白；燃料耗量增加等现象时就说明炉管已经结焦。这时在操作中要采取调整火焰，严禁炉膛温度超高，适当降低炉出口温度，在保证炉膛不超温的情况下，降量或降循环比维持生产，适当提高注水量等措施来缓解炉管结焦的影响。如果生产仍不能维持正常，就应考虑停炉烧焦。

（5）炉膛氧含量、负压及烟气温度的控制

影响炉膛氧含量的因素有入炉的风量及燃料耗氧量的变化。通过氧含量的高低可以判断加热炉的热效率。加热炉漏风少，火嘴雾化、配风好是烟气氧含量控制的关键。降低烟气氧含量除了可以降低燃料单耗、提高炉膛温度、减少热损失外，还可以防止炉管氧化剥皮，提高炉管寿命。一般加热炉都设有在线氧含量分析仪，操作中可以根据测定来调节。

影响炉膛负压的因素主要是烟囱的抽力和炉膛内的烟气量，操作中可通过调整烟道挡板来实现负压的控制。负压过小，会影响火嘴燃烧效果，甚至产生正压，引起安全问题；负压过大会造成漏风量过大，使得热损失过大，负压控制的原则是在不产生正压的前提下越小越好。

烟气温度的控制主要是控制好空气预热器冷热流的温度，确保空气预热器正常运行，在调整时要控制好火焰的燃烧及对流段温度，定期对对流管吹灰，保持对流室的传热效率。在保证氧含量、负压不超标的情况下调整烟道挡板和风门的开度。

（6）加热炉引风机的操作

加热炉引风机是为加热炉提供燃烧用热空气的设备，在风机的操作中主要是要控制好风机的出口压力和空气流量。启动风机前应对风机各部件进行检查，加好润滑油，盘车正常后即可启动风机。启动时先打开风机的入口调节阀和各火嘴风门，按启动电钮，注意电流、转速正常后，调节风机入口调节阀到正常为止。日常维护时主要检查风机的运行情况、润滑情况、引风机出入口帆布或热膨胀节是否破损，并按时、按要求作好风机的运行记录。

(7) 注水(汽)系统的操作

① 向辐射管注水(汽)。注水的步骤是：改好注水流程，打开注水分支的放空阀；启动注水泵在加热炉注水管放空阀处放空，检查注水流程是否畅通；启用注水流控，控制分支流量均匀正常；缓慢关闭放空阀逐步憋压；当注水压力大于辐射压力时，慢慢开大注水阀门，关闭放空阀。注水量通常是根据辐射量来确定的，一般来说注水量为辐射量的1% ~ 2%，辐射量越大，注水的比例应越小。

注汽的步骤是：改好注汽流程，排净凝结水，打开注汽放空阀；启用注汽流控，控制分支流量均匀正常；缓慢关闭注汽放空阀，当注汽压力大于辐射压力时，慢慢开大注汽阀门，关闭放空阀。注汽量通常是根据辐射量来确定的，一般来说注汽量为辐射量的1% ~2%，辐射量越大，注汽的比例应越小。

② 停注水(汽)。停注水时可缓慢降低注水量并将注水改放空，注意使注水压力缓慢下降，切不可一下子把放空开得过大。在注水压力与辐射压力相等前，切断向辐射注水，开大放空，停运注水泵。

停注汽时，可迅速关闭注入阀门，将注汽改为放空。

### 4.1.2 焦炭塔系统

焦炭塔是渣油进行生焦反应的场所，并且在其中生成反应产物——焦炭。焦炭塔的每个生焦周期都要经历进料生产、冷焦、除焦、试压预热等几个阶段。对于工艺生产来说，焦炭塔的主要操作集中在冷焦和试压预热这两个阶段。经过除焦后的焦炭塔为空塔，我们称之为新塔。由于除焦时，焦炭塔的顶、底盖都打开过，所以，在再次投入生产前要用蒸汽进行试压、赶空气，其目的就是赶走焦炭塔内残存的空气，检查设备的密封是否达到要求，试压压力一般要略高于生产压力，但不能超过安全阀定压。赶空气试压合格后，新塔还要进行预热，主要是使新塔在进料前达到一定的温度，防止在进料时因进料与新塔的温差过大引起设备泄漏。焦炭塔筒体热胀冷缩过大，引起设备变形，预热的介质是另一生产塔产生的油气。当新塔完成试压预热达到预定温度后，就可以将进料切换入新塔进行生焦。生焦结束后，切出进料的塔称为老塔。老塔经过给汽、给水冷焦合格后，就可以进行除焦。除焦是用高压水将焦炭塔内的焦炭切割下来，送入焦池，除焦后的焦炭塔又进入下一生焦周期。

#### 4.1.2.1 焦炭塔的正常操作要点

焦炭塔是焦化原料发生焦化反应的场所，因为焦炭塔是间歇操作，因此，切换操作是焦炭塔生产中的主要操作内容。生产中要根据焦炭塔的生产周期，按时做好切换四通阀、吹汽、给水、试压赶空气及预热等工作；注意焦炭塔压力、温度变化，不能超过工艺指标；预热、切换四通阀后要加强检查，防止设备、管线、法兰泄漏着火；控制好冷切焦水池(罐)的水位、水温，冷焦水要及时隔油保持水质；维护好机泵的正常运行，控制好接触冷却塔液位、回流量。

#### 4.1.2.2 焦炭塔的正常操作

(1) 赶空气

赶空气的目的是要将经过除焦后空塔中的空气用蒸汽置换出来，以免油气进入后，在焦炭塔内形成爆炸性气体，威胁生产安全。赶空气时首先要检查新塔上下塔盖和进料线的法兰是否上紧。然后打开呼吸阀，改好给汽流程：塔底操作平台(给汽)→新塔底→新塔顶→大油气线操作平台呼吸阀放空。缓慢打开塔底操作平台给汽阀，赶尽新塔内的空气，从放空处见大量蒸汽10～15min为好。

(2)试压

试压的目的是检查焦炭塔的密封性，防止高温油气改入后泄漏。试压时首先要在新塔空气赶尽后，关闭大油气线操作平台呼吸阀，给汽试压。当塔顶压力达到试压压力后，保持5min左右进行设备及管线检查，重点检查塔底及短节、法兰和顶盖。试压完毕后，打开呼吸阀和塔底操作平台泄压阀进行泄压、脱水。当新塔底压力降至规定压力时，关闭放空阀、脱水阀，维持塔内微正压。

(3) 放瓦斯

检查确认新塔脱水干净，缓慢打开新塔油气隔断阀，将老塔油气引入新塔，引油气时要注意新塔压力上升情况。新塔引入瓦斯后，逐步开大油气隔断阀，但必须注意老塔压力下降不能超指标，以防止油气去分馏塔量下降太快，影响分馏操作。

(4) 瓦斯循环

待新老塔压力基本平衡后，改好瓦斯循环流程，缓慢打开新塔塔底相关的瓦斯循环线阀。预热时为防止甩油带水，引起分馏系统操作波动，在甩油罐底温度升至150℃前，可将甩油罐顶瓦斯改去接触冷却塔，并注意老塔压力变化，检查循环线是否畅通，防止憋压。瓦斯循环时，应保持分馏塔油气入口温度400℃以上，对流辐射质量保持平稳，加热炉不超负荷。当甩油罐底温度超过150℃后，可将甩油罐顶油气改去分馏塔，但应注意老塔压力，严防安全阀超压起跳。瓦斯循环过程中，应注意检查新塔顶盖、底盖、进料线法兰有无泄漏，按规定进行热紧。放瓦斯预热后，启动甩油泵，抓紧新塔甩油。甩油前改好流程，甩油量要适当，控制好甩油泵的运行速度，并在换塔前将甩油罐存油拿尽，保证新塔顶、底温度达到规定要求。如瓦斯循环较长时间，塔底温度上升缓慢时，应及时查找原因，检查新塔塔底是否堵塞。

(5) 换塔

由于设计不同，各装置换塔时，新塔顶、底温度略有不同，但一般都要求新塔塔底温度在320～350℃之间，当确认甩油罐内油已拿尽，四通阀正常，接触冷却塔回流泵运行正常，整个装置运行平稳，消防设施齐全后，就可以运行换塔操作。

① 换塔操作。关闭甩油罐去分馏塔阀门，关闭新塔底去甩油罐的所有隔断阀；打开新塔底进料阀，给蒸汽向新塔贯通吹扫，检查新塔进料管线是否畅通；切换四通阀至新塔进料线，切换时，检查转油线压力及辐射进料有无异常；及时对老塔进料管线进行扫线，扫线后立即关闭老塔进料阀，并做好老塔切换小吹汽操作。在四通阀切换结束后，最好对甩油泵出入口管线进行扫线。

② 换塔注意事项。切换时应记好四通阀转动方向，切换时注意转油线压力变化，一旦憋压应迅速切回老塔，查明憋压原因。切换后检查焦炭塔有无冲塔现象，然后进行切换消泡剂、急冷油等操作。老塔进料管线吹扫结束切换小吹汽操作时，注意控制好小吹汽流量，防止泡沫焦被大量吹至分馏塔。

(6) 老塔冷焦

① 小吹汽。换塔后应立即引蒸汽向老塔小吹汽以赶尽老塔内油气。小吹汽时间根据塔顶压力和温度变化确定，吹汽量要适宜，一要防止焦炭塔上部渣油倒流堵塞生焦孔，二要防止焦炭塔内气速过大，大量焦粉携带至分馏塔。

② 大吹汽。按正常切换顺序进行，一边打开老塔去接触冷却塔放空阀，一边关闭老塔去分馏塔隔离阀，流程切换后，加大吹汽量，防止老塔超压，注意放空系统的正常操作。

③ 给水冷焦。首先改好给水流程，启动给水泵，引冷焦水至焦炭塔底，调整配汽量，逐渐关闭给汽阀，开大给水阀，确保冷焦水改进焦炭塔。开始冷焦时，给水量应控制少些，并视塔压下降情况，逐渐开大给水量。当老塔中子料位计等监测设施显示冷焦水将装满焦炭塔时，在大油气线操作平台将流程由接触冷却塔改去溢流，即打开老塔溢流阀，关闭去接触冷却塔阀，严禁大量冷焦水进入接触冷却塔。当塔顶出口温度达到要求后，就可以停冷焦水泵准备放水。

④ 放水。放水前应先在大油气线操作平台打开呼吸阀，再至塔底操作平台打开放水阀进行放水操作。如放水不畅，应用蒸汽贯通处理。放水时，注意老塔塔底压力变化，开始时放水应缓慢，避免大量泡沫焦带至冷焦水罐，估计水位降至焦层以下后，可加快放水但要防止焦块带下。

⑤ 除焦。放水完毕，工艺人员应向除焦人员交清老塔冷焦、放水情况，在除焦人员卸开底盖短节后，工艺人员应用蒸汽贯通老塔进料线，并检查进料线是否畅通，管线有无结焦。

（7）操作程序

以一炉二塔规模，24h 生焦周期为例，各操作步骤和时间参考表 4－1。

**表 4－1　焦炭塔操作程序**

| 时间/h | 焦－1 操作步骤 | 焦－2 操作步骤 |
|---|---|---|
| 0 | 生　焦 | 吹　汽 |
| 3 | | 给　水 |
| 10 | | 放　水 |
| 13 | | 除　焦 |
| 18 | | 试　压 |
| 19 | | 预　热 |
| 24 | | 切换四通阀（焦－1 吹气） |
| 27 | 给　水 | 生　焦 |
| 34 | 放　水 | |
| 37 | 除　焦 | |
| 42 | 试　压 | |
| 43 | 预　热 | |
| 48 | 切四通 | |

#### 4.1.2.3　接触冷却系统的操作

接触冷却系统是将焦炭塔吹汽，冷焦时产生的大量蒸汽及少量油气进行密闭放空回收的场所，设计上将焦炭塔安全阀的放空、加热炉的紧急放空等也排入本系统。在操作接触冷却系统时重点是要控制好塔顶温度和塔底液位。

（1）新塔预热时放空系统的操作

放瓦斯，预热甩油泵后，即开始甩油，控制好接触冷却塔塔底冷却器的温度。甩油罐顶的油气进塔后，塔底液面开始升高，这时应调节回流量，控制好塔顶温度，当塔底液面超过规定液位时，可将部分污油送出至污油罐。甩油罐顶油气改去分馏后，应控制好塔底液面进行打回流循环操作。当塔顶油水分离罐液面达到规定值时，可启动油水分离罐污油泵，将凝缩油送至装置内污油罐或送出装置，将含油污水送出装置处理。

（2）处理老塔时接触冷却系统的操作

老塔开始大吹汽前，应启动接触冷却塔顶油气空冷及水冷，塔底污油泵进行循环，控制好塔顶油水分离罐液位。油气入塔后，调节好污油循环回流量，控制好塔顶温度。焦炭塔大给水结束改溢流后，停空冷风机，关水冷循环水。保持塔底液面，塔底污油泵继续打循环。

（3）焦炭塔紧急放空时的操作

焦炭塔进行紧急放空时为控制塔顶温度，防止冲塔，应加大接触冷却塔污油回流量，投运全部空冷风机及水冷器，开大接触冷却塔水冷器冷却水箱循环水量。联系相关岗位人员增加向火炬的瓦斯排量，控制好塔顶油水分离罐液面及压力。

**4.1.2.4 消泡剂的操作**

当焦炭塔生焦后期，需进行注消泡剂操作。注消泡剂时，应首先打开生产塔塔顶消泡剂注入阀，改好流程并确认后，启动消泡剂泵向生产塔注入消泡剂，注意防止憋压。切换四通阀后30min消泡剂还应继续注入原生产塔（即老塔），如装置为一炉两塔，消泡剂可以停注，停消泡剂泵，关闭相关阀门，待生产塔生焦后期再开始注入；如装置为两炉四塔和三炉六塔，则可在进行急冷油切换时，将消泡剂由老塔切换至另一生产塔。切换消泡剂时应先打开生产塔消泡剂注入阀，确定消泡剂注入后，再关闭老塔注入阀，观察消泡剂泵出口压力是否正常，注意防止憋压。

消泡剂也可以从加热炉辐射出口前连续注入，这样就无须进行单独切换，但用量较大。

**4.1.2.5 手动四通阀的操作**

切换四通阀的操作步骤和联系信号，各延迟焦化装置不完全相同，但大体做法相似。首先确认流程：打开进料阀，关闭甩油阀，通汽检查进料线和进料阀是否畅通无阻，通过对讲机与内操联系，准备开始进行四通阀切换操作，松动四通阀螺栓（顺时针）活动旋塞，切换四通阀，将箭头方向快速切换到新塔进料，观察炉出口压力无异常后紧好螺套，四通阀切换结束。然后吹扫老塔进料线，关进料阀，同时打开立管阀，老塔给小吹汽冷焦。

**4.1.2.6 带控制面板电动四通阀的操作（以WELAN公司生产的电动四通阀为例）**

（1）启动控制面板

控制面板送电后，这时控制面板上Power on指示灯和部分阀门状态指示灯会亮，此时表明四通阀和塔底进料阀处于电动状态。如果需要手动操作四通阀或塔底进料阀，首先要按下Stop按钮，确认除Power on以外的指示灯熄灭后才能扳动电动头上的切换手柄，进行手动操作。若要再次送电，需要按动Restart按钮，此时Power on灯和部分阀门状态指示灯亮，表示控制面板送电，可以进行面板控制。

（2）两塔切换操作

在确认预热温度达到切换条件后，按新塔底进料的Open按钮，现场确认塔底进料阀动作正确。当新塔底进料指示灯（Valve open）亮时，表示该阀已全开，现场确认后按新塔底进料阀的Stop按钮，该阀门停止动作。此时四通阀的自保联锁装置解锁。打开新塔塔底进料吹扫蒸汽阀，引汽贯通新塔塔底进料线，确认新塔进料线畅通后，关闭吹扫蒸汽阀。按控制面板上的老塔到新塔按钮，此时四通阀开始切换，这时必须密切注意辐射出口总线的压力指示，发现异常立即按Stop按钮，然后手动切回老塔，查找并消除原因后重新进行切换。当切换到位后，老塔指示灯熄灭、新塔指示灯亮，四通阀已切换。此时应立即打开老塔塔底进料吹扫蒸汽阀，将老塔进料线内渣油吹入老塔，吹扫结束后，打开小吹汽阀，同时关闭塔底进料吹扫阀。然后按老塔塔底进料阀Close按钮，现场确认阀门动作是否正确。当老塔塔底进料阀的 Valve 指示灯亮，表示该阀全关，现场确认关闭后，按该阀 Stop 按钮，整个四通阀切换结束。

（3）焦炭塔切换到开工线操作

开工线在正常生产时不使用，只有在事故状态或开停工时才使用，因此，焦炭塔与开工线之间的切换功能通常是被锁定的。这时的状态是 Bypass off/on 锁的位置是指向 off 状态的，所有的关于 Bypass（开工线）的操作都是无效的。如果要进行关于 Bypass 的操作，必须先将控制面板上 Bypass 销子拔出，用钥匙将 Bypass off/on 锁的状态指向 on 状态，现场确认 Bypass off/on 锁的状态处于 on 状态，确认开工线畅通后，按动按钮，开始进行开工线切换操作，切换时应现场检查四通阀动作是否正确，当 Bypass 指示灯亮后表示切换到位，四通阀至开工线的切换操作结束。

### 4.1.3 分馏系统的操作

（1）分馏系统的操作要点

分馏系统的操作主要是要搞好塔的热量平衡和物料平衡，同时控制好各产品质量，防止塔顶结盐和塔底结焦。具体来说就是要严格控制分馏塔底液面，确保辐射泵的正常运转；控制好蒸发段温度，调节好循环比，严禁蒸发段超温；及时调整塔顶冷却系统，严格控制分馏塔顶温，并调节好各段的压力平衡；按产品质量指标和化验分析结果，调节好各点温度，控制好塔的热量平衡，保证馏出口产品质量合格；控制好进料量和产品抽出量，搞好全塔的物料平衡；控制好集油箱液面，防止溢流和干板；注意塔底循环泵的运行，防止塔底结焦；保证急冷油、封油、仪表冲洗油等的供应。

（2）原料缓冲罐的操作要点

原料缓冲罐的主要作用是将各种原料混合均匀，避免入炉原料性质变化太大，此外，当原料因外系统故障出现中断时起到缓冲作用，避免进料泵抽空，造成装置进料中断和机泵损坏。因此，在操作上主要是搞好液面的控制，原料罐的液面一般控制在 60% ~80%。如果液面过高渣油会从平衡线满到分馏塔，打乱分馏的操作；如果液面过低会导致原料泵的抽空。除了控制好液位外，在原料缓冲罐的操作中还要关注的就是原料性质的变化，比如密度、残炭等，观察原料罐温度的变化，各厂原料情况不同所以温度也不尽相同，大多在 140℃左右，如果过低会因油品黏度过高而影响原料泵的排量，并且还会增加加热炉的负荷。

（3）分馏塔顶回流罐的控制

分馏塔顶回流罐在操作中主要是要控制好温度、压力、界位和液位。如果界位过高会造成汽油带水，影响塔顶温度的控制和汽油的质量；如果界位过低会引起含硫污水带油冲击污水处理装置。另外，液位过低将会造成塔顶回流泵抽空，损坏设备，还会造成塔顶温度、压力的波动；但如果液位过高会造成富气带液，严重时危及富气压缩机的生产。因此，在操作中首先要控制好分馏塔顶压力，保持塔压平稳；其次要运行控制好液位界位，保持塔顶回流泵和含硫污水泵的正常运行。

（4）分馏塔顶温度控制

分馏塔顶温度直接影响汽油的干点，在进料组成和流量不变的情况下，塔顶温度越高，汽油的干点也越高，反之亦然。而塔顶温度的控制主要靠调节塔顶回流量来控制。在正常生产时，根据各厂对汽油干点控制的不同，塔顶温度控制也不相同，一般控制在 100 ~150℃范围内，顶温高时可适当增加回流量，顶温低时可降低回流量，同时还需参考汽油干点的变化进行控制，但在生产后期或原料脱盐等情况下，分馏塔顶温度还要根据结盐的情况进行调整。对塔顶温度造成影响的因素有：回流温度的变化，回流温度高，相同回流量下塔顶的温度也高，回流温度低，相同回流量下塔顶温度也低；炉注水量的变化，加热炉注水变化后，进入分馏塔的蒸汽量也会变化，对分馏塔顶部的热量平衡和气液平衡都会造成影响；回流带水，水返回塔顶后，其汽化吸热量较大，且汽化后体积变化大，会打乱塔顶的操作；回流量变化，主要会影响塔顶的热量平衡；柴油抽出量的变化，主要是会影响柴油的回流，导致进入塔顶的油气量及热量的变化，从而影响塔顶温度；焦炭塔换塔，换塔时因新塔预热会造成入分馏塔的油气量、热量减少，小吹汽时又会造成入分馏塔的油气量、热量增加；仪表失灵；系统压力的变化等。

对于塔顶温度的变化可以采取的措施有：根据回流温度变化情况，及时启用或停用空冷风机，开大或关小后冷却器的循环水量；平稳炉注水量；平稳控制分馏塔顶油气分离罐的界位；保证柴油回流量的稳定；稳定塔顶回流流量；焦炭塔换塔时，提前调整分馏操作；联系仪表处理；消除影响系统压力因素，保证压力平稳。

（5）塔顶压力的控制

分馏塔顶压力的稳定是保持分馏塔操作稳定和产品质量合格的前提。塔顶压力的改变将影响到分馏效果和产品质量。在正常生产时，分馏塔的塔顶压力一般控制在0.05～0.15MPa之间。分馏塔顶的压力变化主要取决于焦炭塔的压力以及富气压缩机的运行情况。影响分馏塔顶压力的因素有：原料性质变化、加工量变化，当入塔物料的流量增加或轻组分增加时，塔顶压力将升高，反之下降；焦炭塔预热、换塔及小吹汽的影响，主要是入分馏塔的油气量变化，预热时油气量减少，塔顶压力下降，小吹汽时油气及蒸汽量增加，塔顶压力上升；富气后路不畅，如果富气量过大或富气压缩机运行不正常时，塔顶压力上升；塔顶空冷堵塞；塔顶温度大幅波动或塔顶系统结盐堵塞。

稳定分馏塔顶压力的方法有：稳定原料性质，适当调整加工量；切换四通阀等操作，提前对分馏操作进行调整；查明富气后路不畅原因，及时改至低压瓦斯系统，压缩机故障联系检修人员处理；切出堵塞的空冷进行清理，并视情况对操作进行调整；及时调整各侧线回流，控制好塔顶温度或顶循系统切出水洗、加除盐剂。

（6）蒸汽发生器操作要点

蒸汽发生器的操作主要是要控制好蒸汽发生器的压力、发汽量以及汽包的液位。

① 汽包液位的控制。影响汽包液位的因素是汽包给水量与汽包蒸发量。当汽包负荷变大时，蒸发量增加，此时如果给水量不增加或增加的量不够，就会造成液位下降；另外，除氧水泵故障、除盐水中断等情况都可能导致汽包液位下降，甚至干锅；反之，仪表控制失灵、给水量过大、蒸发量减少等情况，可能导致汽包液位上升直至满锅，引起蒸汽带水、安全阀起跳等情况。两者对设备运行及安全生产都极为不利。

汽包的液位控制中一般都采用三冲量控制，就是将给水量、汽包发生蒸汽量、汽包液位三个信号都引入控制仪表联合控制。因此，在操作中要保持这三个量的平稳。

② 汽包压力的控制。影响汽包压力的因素有汽包给水量的变化；蒸发器中热源的流量及温度变化；汽包出口蒸汽调节阀故障；蒸汽管网压力变化，加热炉过热蒸汽管故障等。

调节汽包压力的方法：控制好蒸发器热源的流量和温度，保持平稳；汽包压力由蒸汽管网压力自然平衡，正常时应略高于管网压力，如果出口蒸汽调节阀故障可改副线，切出控制阀将控制阀交仪表修理；联系相关岗位平稳管网蒸汽压力，如果加热炉过热蒸汽管线破裂或堵塞无法修复时，可停用蒸发器或蒸汽放空。

③ 汽包发汽量的控制。影响汽包发汽量的因素有：蒸发器热源流量或温度的波动；除氧水量或温度的波动；汽包液位波动；蒸汽管网压力波动等。

调节汽包发汽量的方法有：平稳蒸发器热源流量或温度；保持除氧器、汽包的液位平稳；联系相关岗位控制好蒸汽管网压力。

（7）柴油集油箱温度控制

在正常操作中要根据柴油质量要求来控制柴油集油箱温度，如果柴油干点高，就应降低柴油集油箱温度；如果柴油干点低，就可以提高柴油集油箱的温度。影响柴油集油箱温度的因素有：中段回流量的变化；中段回流温度的变化；蒸发段温度的变化；蜡油回流量的变化；柴油回流量和温度的变化。这些变化都会引起入柴油段油气量及温度的变化，从而导致柴油集油箱温度的变化。

控制柴油集油箱温度的调节方法有：调节平稳中段回流量；调节好中段回流三通调节阀正副线流量，控制好中段回流温度；控制好蒸发段温度；保证蜡油回流平稳；调节柴油上下回流流量，温度平稳，特别是调节柴油下回流量可很快改变柴油集油箱温度，柴油下回流流量减少，柴油集油箱温度上升，柴油下回流流量上升，则柴油集油箱温度下降。

（8）蒸发段温度的控制

蒸发段的温度在调整时除了要控制焦炭塔顶油气温度外，还受循环比和原料油性质的限制。正常操作中，蒸发段温度的控制主要改变装置循环比和塔底温度，蒸发段温度控制越低，循环比越大，循环油量增加、塔底温度上升。反之，蒸发段温度高，循环比小，循环油量减少、塔底温度降低。影响蒸发段温度的因素有：油气入口温度的变化；分馏塔上、下进料量的变化；蜡油下回流量变化或蜡油集油箱溢流；对流出口温度变化；焦炭塔冲塔；原料油进装置温度变化等。

调节蒸发段温度的方法有：利用急冷油控制好油气进分馏塔温度；控制好上、下进料分配量；调整好蜡油下回流，加大蜡油抽出量；控制好原料各换热器出口温度；及时处理焦炭塔冲塔；联系相关岗位查找原料温度波动等原因，调整好操作，平稳渣油入分馏塔温度。

（9）蜡油集油箱液位的控制

蜡油集油箱的液位平稳对于控制蜡油质量、控制相关换热设备的换热温度都会产生影响。影响蜡油集油箱液位的因素有：蜡油泵故障或后路不畅；蒸发段温度变化；蜡油回流量及温度变化；焦炭塔切换操作；原料性质变化；仪表失灵等。

调节蜡油集油箱液位的方法有：检查机泵入口过滤器，切换蜡油泵，联系相关岗位人员及相关装置，查明后路不畅的原因并排除故障；控制好上、下进料分配量，确保蒸发段温度正常；调节蜡油回流量，调节温控阀调整好回流温度，如果是泵故障则联系相关单位处理；在焦炭塔切换前，预先调节好回流量及蒸发段温度，减缓切塔引起的波动；根据原料性质及时调整各控制参数；处理仪表故障等。

（10）分馏塔底温度的控制

分馏塔底温度上限受到塔底结焦和循环比的限制。影响分馏塔底温度的因素有：处理量的变化；上、下进料分配量的变化；蒸发段温度的变化；入塔原料温度的变化；油气入塔温度的变化等。

调节分馏塔底温度的方法有：平稳装置处理量；调节好上、下进料分配量；控制好蒸发段温度；与生产管理部门联系控制好原料入装置温度，并调整换热流程和换热量，保持入分馏塔原料的温度；调整急冷油量，调节好焦炭塔来油气温度。

（11）分馏塔底液面的控制

分馏塔底液面的稳定直接影响到加热炉辐射室的平稳进行，因此，塔底液面控制是分馏塔操作的关键。一般分馏塔底液面都会采用串级调节加以控制，以保证塔底液面平稳。影响分馏塔底液位的主要因素有：焦炭塔换塔；加热炉对流或辐射流量波动；分馏塔底串汽；蜡油、重蜡油集油箱溢流或原料罐冒罐；焦炭塔冲塔；蒸发段温度变化；原料性质变化造成循环比变化；仪表失灵等。

主要的调节方法有：换塔时及时调整上下进料量；查找流量波动原因，平稳加热炉对流、辐射流量；查找塔底串汽原因，及时处理；加大蜡油、重蜡油或原料抽出量，控制好各液位，控制好蒸发段温度；及时处理好焦炭塔冲塔；控制好分馏塔上、下进料回流分配量；根据原料性质及时调整好循环比；处理故障仪表等。

### 4.1.4 吸收稳定系统的操作

常规流程吸收稳定系统共有四个塔，分别是吸收塔、解吸塔、再吸收塔以及稳定塔，吸收塔、解吸塔通常可合二为一，以减少装置占地。吸收塔使用焦化粗汽油作为吸收剂，稳定汽油作补充吸收剂，将富气中的 $C_3$、$C_4$等组分吸收下来。从吸收塔顶出来的气体再进入再吸收塔，经过柴油的吸收，将其中的重组分充分吸收后，干气自再吸收塔顶部送至脱硫，富吸收柴油返回分馏塔。由于在吸收时，富气中的部分 $C_2$组分也被吸收下来，因此，需要将富吸收油送至解吸塔进行解吸。在解吸塔中，富吸收油经过加热，其中的 $C_2$组分从塔顶解吸，塔底出来的汽油称为脱乙烷油。脱乙烷油中吸收了大量的 $C_3$、$C_4$组分，进入稳定塔后，这些组分从汽油中分离出来，从塔顶产出液态烃，塔底出稳定汽油。

（1）贫气中 $C_3$以上组分的控制

贫气中 $C_3$以上组分过高，会导致干气不干、液态烃收率下降。

影响贫气中 $C_3$以上组分含量的因素有：富气量大而吸收剂量太小，影响吸收效果使 $C_3$以上组分含量增加；吸收塔顶吸收剂或压缩富气的温度过高，影响吸收效果；吸收塔压力控制不稳，波动过大；吸收剂质量不好，$C_3$、$C_4$含量过高；吸收塔各中段回流量过小，温度过高，吸收热取不走；解吸塔底温度过高，造成过度解吸。

调节贫气中 $C_3$以上组分的方法有：提高液气比，适当加大吸收塔吸收剂量；降低吸收剂、压缩富气的冷却后温度，达不到时可通过调整吸收塔中段回流操作来降低和控制吸收温度，在压缩机出口压力允许下，可适当提高吸收压力；搞好吸收塔、再吸收塔的压力平稳；控制稳定汽油的蒸气压，提高吸收剂质量；适当降低解吸塔底温度。

（2）再吸收塔顶压力的控制

经汽油吸收后的富气，容易夹带汽油或轻烃组分，引起干气带烃，同时，如果带烃的干气进入脱硫系统后，还会污染脱硫剂，引起胺液带烃、发泡。因此，富气在汽油吸收后，还需进再吸收塔，以柴油为吸收剂，对富气进行再吸收。再吸收塔操作主要是控制好再吸收塔压力。

影响再吸收塔顶压力的因素有：干气系统后部压力波动；富气流量不平稳；吸收塔操作波动。

调节再吸收塔顶压力的方法有：若后部压力过高，可调整瓦斯系统压力，紧急情况可通过放火炬泄压；调整富气压缩机操作，平稳富气流量及压力；平稳吸收塔操作，控制好吸收塔压力。

（3）解吸塔的操作

脱乙烷汽油中$C_2$含量的控制是衡量解吸塔操作好坏的标志，解吸塔的操作主要是控制好塔底温度和解吸气量。

影响脱乙烷汽油中$C_2$含量的因素有：解吸塔底温度偏低，脱乙烷汽油中$C_2$含量增加；过度吸收，解吸负荷过大，造成解吸能力不足；解吸塔热源或吸收塔压力波动过大。

调节脱乙烷汽油中$C_2$含量的方法有：若脱乙烷汽油中$C_2$含量增加，可适当提高解吸塔底温度，但解吸塔温度不能控制过高，否则解吸气量增大将影响吸收负荷，造成内循环量过大；根据工况，调整吸收操作，防止过度吸收；降低解吸塔进料流量或适当提高进料入塔温度，减轻解吸塔的负荷；平稳解吸塔热源，加强对三通阀的调节，平稳吸收塔压力。

（4）稳定塔顶压力的控制

稳定塔顶压力对控制液态烃质量及稳定塔的操作有很大的影响。影响稳定塔顶压力的因素有：脱乙烷油组成变轻或流量增大，均会使塔顶压力上升；稳定塔底温度波动过大；稳定塔顶回流量波动；脱乙烷汽油带水；脱乙烷油入稳定塔温度变化或进料位置改变；空冷及冷却器的冷却效果变化。

调节稳定塔顶压力的方法有：正常情况下由压力控制阀改变热旁路开度来达到压力的平衡。开大热旁路，塔顶压力上升，反之，则下降；平稳稳定塔底热源，控制好塔底温度；平稳控制塔顶回流量；加强稳定塔顶回流罐脱水，防止水带入稳定塔；控制好解吸塔底的温度，防止脱乙烷油带$C_2$；平稳脱乙烷油入稳定塔温度，保持各换热量的稳定，根据季节及时调整进料位置，及时调整空冷和水冷。

### 4.1.5 脱硫系统的正常操作

脱硫系统的作用是脱除原料（干气、瓦斯、液态烃）中的硫化氢。脱后液态烃经碱洗后可作为商品液态烃出厂，脱后干气是炼油厂的主要燃料来源。在操作中主要是控制好各脱硫塔的温度、压力、压差、液位以及再生塔的温度和压力。

（1）脱硫塔顶温度的控制

脱硫反应是放热反应，对温度较为敏感，一般来说温度越低越有利于脱硫的操作。但有时为了避免瓦斯中夹带的烃类在胺液中凝聚造成胺液污染，所以入脱硫塔的贫液温度可略高于入塔的瓦斯气温度。

影响脱硫塔顶温度的因素有：原料入脱硫塔温度过高；贫液冷后温度过高或质量变差；干气中硫化氢含量过高；胺液循环量变化。

调节脱硫塔顶温度的方法有：调整吸收稳定或前一单元的操作，降低物料温度；调节空冷、水冷，降低贫液冷后温度，提高再生温度，保持贫液的质量；由于脱硫反应为放热反应，因此，当干气中硫化氢含量上升时，反应热会加剧。当胺液吸收硫化氢能力不足时，会引起脱硫塔热点上移，引起塔顶温度过高，此时需要提高胺液循环量或提高胺液的浓度。但需要注意的是提高胺液循环量应考虑到冷却器的冷却能力，提高胺液浓度要防止浓度过高胺液发泡。当这两种控制方法都受到限制时，有条件的可以分流部分原料。

（2）脱硫塔压差的控制

脱硫塔的压差可以反映出脱硫塔的负荷是否合理，脱硫塔塔盘是否堵塞不畅，有没有出现雾沫夹带、跑胺现象。

影响脱硫塔压差的因素有：入脱硫塔原料量变化；胺液循环量及温度变化；胺液中杂质过多堵塞脱硫塔塔盘，降液槽堵塞；胺液发泡。

调节脱硫塔压差的方法：平稳入脱硫塔原料量，原料温度过高应采取降温措施；平稳胺液的循环量，控制好贫液冷后温度，通过提高胺液浓度和提高再生效果来控制好胺液循环量；控制好焦炭塔换塔等操作，防止焦粉带入脱硫，适时更换胺液，有条件的进行在线净化处理；控制胺液浓度，适当注入消泡剂。

（3）贫液中硫化氢含量的控制

贫液中硫化氢的含量直接影响到脱后产品的质量，正常生产时脱硫系统贫液中硫化氢含量控制在2mg/L以下，如果过高会导致脱后产品中硫化氢超标，如果过低会造成脱硫能耗上升。影响贫液中硫化氢含量的因素：再生蒸汽量过小，再生塔底温度过低；再生塔底重沸器气阻；胺液吸收效果变差。

调节贫液中硫化氢含量的方法：根据再生塔顶温度和酸性气量适当提高再生蒸汽量；及时处理再生塔底重沸器气阻，平稳再生操作；补充部分新鲜胺液。

（4）富液闪蒸罐压力的控制

胺液在吸收硫化氢同时也会吸收、夹带部分的烃类，如果不经过闪蒸直接将富液送入再生塔，烃类会和酸性气一起从再生塔顶出来去硫磺装置，如果硫磺装置配风调整不及时，会冲击硫磺装置，产生的炭黑会夹带在硫磺中，产生黑硫磺，影响硫磺的质量。正常生产时富液闪蒸罐的压力控制在0.22MPa左右。

影响富液闪蒸罐压力的因素：富液中带烃量变化，如果带烃量增加，闪蒸量也增加，会引起富液闪蒸罐压力上升；富液闪蒸罐液位变化，液位过高会使闪蒸空间减少；控制阀失灵。

调节富液闪蒸罐压力的方法：控制脱硫贫液入塔温度，加强与上游装置的联系，减少干气带烃量；平稳控制富液闪蒸罐的液位；控制阀失灵可改副线控制，将控制阀交仪表处理。

（5）脱硫塔液面的控制

脱硫塔液面过高会引起雾沫夹带或跑胺，造成胺液损失；液面过低会引起脱硫系统高压窜低压打乱再生操作，还有可能会影响到硫磺装置的操作。

影响脱硫塔液面的因素：原料干气处理量波动大；胺液中杂质含量高、发泡；脱硫塔压力波动大；液控阀失灵。

调节脱硫塔液面的方法：平稳原料气的流量，有条件的适当分流，并根据干气质量调整胺液循环量，及时回收胺液；控制杂质的来源，减少杂质携带，置换胺液并适量注入消泡剂；平稳脱硫塔压力，减少波动；控制阀改手动，处理仪表故障。

### 4.1.6 冷切焦水系统的操作

实现冷焦水密闭循环使用，其最重要一环就是使用除油除焦技术。由于冷焦水与其他含油污水有明显的不同，在其组成中，初期为蒸汽、含油污水、焦粉三相混合物。根据冷焦水的水质特点，近年来国内开发出“储罐重力除油除焦－旋流油水分离”两段除油、除焦技术。

其中“油－水”和“液－固”混合物的重力沉降分离，其原理是利用两相密度差使分散的油颗粒脱离水体浮至液面、悬浮的固体颗粒沉降而分离。为提高三者间的分离效率，用旋流技术来提高油、水、焦粉间的分离效率。对旋流器来说，其重力分离的效率依赖于正确的水力学设计，在给定流速的情况下，通过旋流离心力的作用，使油、水、焦粉得到分离，停留时间越长，效果越好。

目前国内延迟焦化装置采用的旋流除油器为HL型，其结构特征是双曲线形状的弧线锥体，如图4－1所示。

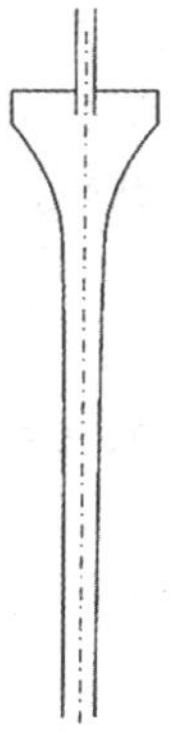

图4-1 旋流管的结构示意图

(1) 冷焦水系统的操作

冷焦系统主要是为焦炭塔冷焦用水提供存储场所，并输送冷焦水，同时将冷焦水中携带的油分离出来，以保持冷焦水的水质。冷焦水系统主要的操作内容有：

控制好冷焦水水温，及时启动热水泵输送热冷焦水至空冷，确保冷焦水温度在控制指标内。因为冷焦水是循环使用的，如果冷焦水不能及时冷却，那么就会影响到焦炭塔的冷焦速度，严重时会打乱整个生焦周期。

控制好冷焦水储存池的液面，及时联系补水。冷焦水循环过程中有一定的自然损耗，同时为保证冷焦水的质量，也会定期置换部分冷焦水，因此，要控制好冷焦水储存池的液位，防止水量不够。

根据冷焦水质情况及时进行隔油。冷焦水在循环冷焦过程中，不可避免会将焦炭中的部分油携带出来，这时就需要进行隔油，以保持冷焦水质，保证冷焦质量。

(2) 切焦水系统的操作

切焦水系统主要是为高压水除焦提供切焦用水。正常情况下，切焦水经过滤、沉降焦粉后，由切焦水池经切焦水提升泵送至切焦水储罐，再由高压水泵加压至18~32MPa，通过切焦器进行除焦作业。在送切焦水前应先检查切焦水储存池液面，改好切焦水流程，并注意与高压水泵岗位的联系。送水时启动切焦水提升泵，向切焦水储罐送水，除焦结束，停切焦水泵，关闭出口阀。冬季应注意将切焦水泵入口存水放尽，做好防冻、防凝工作。

(3) 污油罐的操作

由于焦化装置污油携带焦粉等原因，通常装置内自设重污油罐。生产中焦炭塔预热、冷焦等阶段产生的污油全部进入装置污油罐，由于污油中带有一定量的水分，因此，在作为焦炭塔顶急冷油回炼前一定要做好脱水工作。如果脱水不完全，带水污油进入焦炭塔容易造成焦炭塔顶温度、压力的波动；在日常操作中应定期检查污油罐人孔有无泄漏、呼吸阀是否灵活；保持计量孔上垫圈完整，接地线、避雷针、现场安全设施完好；根据油水界位指示及时脱水；根据罐内液位、温度及脱水情况，做好污油回炼工作。

(4) 冷焦给水操作

冷焦给水的作用是将焦炭塔中生成的高温焦炭冷却下来，以便除焦。在给水前应检查冷焦水储存池水位、冷焦水罐液位，改好冷焦水给水流程，并做好冷焦水给水泵启动前的准备。操作时先启动给水泵，注意压力变化。鉴于焦炭塔冷焦过程中，塔体及管道热胀冷缩现象较为严重的实际情况，为减少塔体及管道热胀冷缩对设备的危害，在工艺操作中给水以焦炭塔顶压力不超工艺指标为原则，根据焦炭塔塔顶压力变化情况，分步给水；然后启动冷焦水热水泵及相关的空冷或凉水塔，循环冷却冷焦水；冷焦结束后，停冷焦水冷、热水泵，关闭出口阀。冬季应注意做好防冻、防凝工作。

(5) 溢流操作

溢流是当冷焦水漫到焦炭塔上部的规定位置时，需要将焦炭塔顶流程由接触冷却系统改至冷焦水管，将冷焦水从焦炭塔顶部引至冷焦水罐，保持冷焦水的循环冷焦。改溢流前应先检查流程，防止憋压；为防止改溢流时引起水击，操作上要注意焦炭塔冷焦水水位是否已到达中子料位计的最高点或上部热电偶温度是否大幅下降，以防止改溢流不及时，冷焦水进入放空塔；控制好溢流水进冷焦水罐温度，防止冷焦水罐顶冒汽，引起周围环境恶臭。

## 4.2 产品的质量控制

### 4.2.1 焦化汽油(石脑油)的质量调节

一般焦化汽油由于硫含量较高，需加氢处理后才能作为汽油调合组分，或作为乙烯或催化重整原料。汽油的蒸气压和干点对下游装置生产和产品储存影响较大，所以焦化汽油需要控制干点和蒸气压。

(1) 汽油的干点控制

在正常生产时，汽油干点的控制手段主要是按照化验质量分析结果，通过调节分馏塔顶温度和顶回流量等来控制的。

影响汽油干点的主要因素：回流的变化，主要有顶回流带水及温度、流量的变化，回流泵抽空或回流中断；全塔压降及气相负荷变化，具体有焦炭塔换塔、原料性质的变化；蜡油集油箱液面过高或冲塔、系统压力波动、炉注水量的变化，柴油抽出量的变化；反应温度变化，即加热炉出口温度变化；设备仪表故障等。

调节汽油干点的方法：提高回流质量。具体操作：加强分馏塔顶回流罐脱水，调整好回流温度，保证回流泵正常运行；保持全塔压降及气相负荷稳定。具体操作：焦炭塔换塔时及时调整操作，平稳系统压力及各层回流，防止冲塔，平稳注水量，稳定各抽出量；选择适当的加热炉出口温度并平稳控制；联系仪表等相关部门处理。

(2) 稳定汽油蒸发性能的控制(即汽油蒸气压和10%点)

稳定汽油的蒸气压主要是通过控制汽油中 $C_3$、$C_4$组分的含量来调控的。调节方法：调节稳定塔底温度，提高塔底温度，则蒸气压下降，10%点升高，反之，则蒸气压上升，10%点下降；提高稳定塔顶压力，蒸气压上升，反之，则下降；进料组成变化，脱乙烷油中 $C_3$、$C_4$含量增高，蒸气压上升；根据进料组成的变化，可及时改进料口位置，也可根据冬夏季的生产情况，改变进料口位置，一般冬季改下入口，夏季改上入口较合理；另外，处理量增大及顶温下降均会使蒸气压上升。

### 4.2.2 柴油的质量调节

由于焦化柴油硫含量较高，稳定性差，需经加氢处理后才能出厂，为确保加氢催化剂长周期运行，需控制好焦化柴油的干点。柴油干点的高低与柴油抽出量的大小有关，正常操作中，柴油干点主要是通过调节柴油集油箱下气相温度来实现的。

影响柴油干点的主要因素：中段回流的变化，加热炉出口温度的变化，分馏塔冲塔，柴油回流量的变化，分馏塔顶压力变化，原料性质变化。

调节方法：控制好中段回流流量及温度；平稳加热炉注水量及出口温度；平稳操作防止分馏塔冲塔；平稳柴油回流量；分析塔顶压力变化的原因，并根据塔顶压力变化相应调整柴油段各点温度；根据原料的性质调整柴油抽出量。

### 4.2.3 蜡油的质量调节

一般焦化蜡油需经加氢处理后再作催化或其他装置的原料，因此，需对焦化蜡油中的残炭加以控制，蜡油的残炭与蜡油的抽出量与蒸发段温度、蜡油集油箱下油气温度有关。正常操作中，蜡油的残炭主要靠改变蒸发段温度、蜡油下回流量和蜡油抽出温度来调节。影响蜡油残炭的主要因素：蜡油抽出量的变化，蜡油下回流量变化，塔底液面变化，急冷油量的变化，循环比的变化，焦炭塔换塔。

调节方法：平稳蜡油抽出量；稳定蜡油下回流量，控制好蜡油集油箱下油气温度；控制好急冷油量，保持焦炭塔顶温度；调节好循环比；焦炭塔切换时及时调节。

焦化蜡油作加氢原料是优化炼油厂工艺流程的一个重要举措。由于焦化蜡油携带焦粉，不能直接进加氢反应器，必须经过过滤才能作为加氢原料，以免污染加氢催化剂，因此需要选用较为精密的过滤系统。下面以美国波尔公司带反吹系统的集装式过滤器为例，进行介绍。

全套过滤系统包括系统内的进出物料充压、吹扫、浸泡、排污等自动阀门，两个过滤罐，一个反洗气储罐，不锈钢丝烧结滤芯，反冲污油接收罐，反冲气过滤器滤芯，系统内的全部仪表及电控柜等。该套过滤系统其过滤精度可达 10 ~ 15um。

蜡油过滤器系统有手动操作模式、自动操作模式两种基本操作模式，正常状况下，系统运行在自动模式下。

（1）手动操作模式

手动操作模式有过滤器罐手动操作、储气罐手动操作、污油罐手动操作三种方式。

如果 A 罐处于手动工作模式，那么只有与 A 罐相关阀门可以进行手动操作；如果 B 罐处于手动工作模式，那么只有与 B 罐相关阀门可以进行手动操作。当储气罐处于手动工作模式时，A 罐和 B 罐也处于手动工作模式，此时可以对相关阀门进行手动操作。当污油罐处于手动工作模式，那么整个过滤系统都处于手动工作模式，所有的阀都可以进行手动操作。在手动工作模式下操作过滤系统，只能由指定的操作人员来完成，一般只有在过滤器压差过大、阀门失灵等状态下，才切换至手动工作模式，对 A 罐或 B 罐进行退料、浸泡作业。

（2）自动工作模式

自动工作模式将对所有阀进行自动控制。自动操作阀的所有手动位置功能键将处于无效状态。各设备在自动工作模式下操作方式如下。

① 储气罐。在自动模式下，储气罐通过阀门开启或者关闭，控制储气罐达到设定压力。

② 污油罐。当系统处于污油罐排放状态之外的其他状态时，污油罐通过相关阀门开启或者关闭，控制污油罐达到设定的备用压力。当污油罐的排放工序开始，相关阀门将开启，向污油罐中加压，直到污油罐中压力达到排放设定压力，然后关闭相关阀门，打开底部排污阀，带有滤渣的污油将会排放到装置的油罐或原料罐。当污油罐排放时间达到设定值时间或污油罐排放液位达到低限设定值后，底部排污阀自动关闭，排放过程结束。

对于过滤器 A、B 罐，其主要工序有四步：填充、过滤、反洗和浸泡。A、B 两罐互相切换。

③ 手动/自动模式的切换。各手动/自动模式的切换通过 Manual/Atuo Pushbutton 键进行。

### 4.2.4　干气的质量调节

干气质量主要是控制干气中 $H_2S$ 以及 $C_3$以上含量，其中，干气中 $C_3$以上含量是衡量干气吸收操作的重要指标，$C_3$以上含量过高，会使得干气不干，液化气组分流失。$H_2S$ 含量是衡量干气脱硫的重要指标。净化干气中的 $H_2S$ 含量不论是作燃料还是作其他下游装置的原料，对后续操作影响很大，因此，必须脱至指标范围。

（1）干气中 $C_3$以上含量的控制

影响因素：吸收塔的吸收剂量过大，顶部液相负荷过大，造成雾沫夹带；入塔粗汽油量过大（上部液相负荷过大，继而影响至顶部）；稳定汽油吸收剂量过小，干气中 $C_3$未被充分吸收；再吸收塔吸收剂量太小或温度太高；再吸收塔压力波动过大。

调节方法：适当降低塔顶吸收剂量及粗汽油量，以便降低吸收塔顶部液相负荷，若粗汽油量过多，可将部分直接改去稳定塔；根据工况，适当增大稳定汽油吸收剂量；调整再吸收塔的操作，适当提高柴油吸收剂量及降低柴油吸收剂温度以弥补一级吸收塔操作之不足；稳定好吸收塔压力。

（2）净化干气中 $H_2S$ 含量的控制

影响因素：原料中硫化氢含量增高；原料气流量过大或来量不稳；酸性气负荷过大；溶剂冷后温度高；胺浓度低；溶液中分解产物积累过多；溶剂发泡、跑胺冲塔等均会造成净化干气中硫化氢含量上升。

调节方法：适当增大胺液循环量；平稳干气来量，减少流量波动；提高胺液浓度或增加溶剂循环量；增大冷却水量，降低溶剂冷后温度；补充新鲜胺液。

**4.2.5　液态烃的质量要求与调节**

液态烃的质量指标主要为液态烃中 $C_5$、$H_2S$ 及残留物含量，液态烃中 $H_2S$ 及残留含量过高，液态烃不易汽化，相当于液态烃中的杂质、$H_2S$ 含量过高，容易引起安全、环保等一系列问题，影响公司产品信誉。所以，必须严格控制液态烃中 $C_5$、$H_2S$ 及残留物含量。

（1）液态烃中 $C_5$ 含量的控制

影响因素：稳定塔顶回流量过小以及稳定塔顶温度过高，均会使液态烃中 $C_5$ 含量增加。回流质量差，精馏效果不好；稳定塔底温度波动过大，致使塔顶温度及塔顶压力控制不稳；稳定汽油冷却器冷却效果不好，使稳定塔顶部系统平衡打破，造成顶温波动；进料口位置不当，进料温度过高，影响稳定塔顶部负荷。

调节方法：在稳定塔底温负荷允许下，提高塔顶回流量，提高回流比，控制较合适的塔顶温度，提高精馏效果；如回流质量变差，则提高回流质量；控制平稳塔顶压力，若是空冷效果太好，可停风机处理；若是冷却器效果差，可开大冷却水阀，增开空冷风机或安排抽芯处理冷却器；根据工况将进料口改至合适的位置；若液态烃中 $C_2$ 含量高，则应提高解吸塔底温度，使脱乙烷汽油中不带 $C_2$ 组分。

（2）脱硫后液态烃中 $H_2S$ 含量的控制

影响因素：原料液化气中 $H_2S$ 总量增高，液态烃脱硫塔压力过低或温度过高，溶剂冷后温度高，胺液浓度低，胺液再生效果差，溶剂发泡或降解。

调节方法：平稳进装置液态烃量，适当增加胺液循环量；适当提高液态烃脱硫塔压力；增大冷却水量，降低溶剂冷后温度；提高再生效果；补充新鲜胺液，提高胺液浓度。

（3）脱后液态烃油渍、残留物不合格

影响因素：装置进入生产后期，吸收、稳定和脱硫系统带有焦粉等固体杂质，造成液态烃系统内焦粉沉积过多，液态烃中携带固体杂质使得油渍、残留物不合格；干气中携带重组分，长期积累污染胺液，受污染胺液引起液态烃残留不合格。

调节方法：加强脱硫平稳操作和对胺液质量的检查；加强对脱硫系统各分液罐的脱液，避免带入脱硫塔；置换脱硫系统胺液；各分液罐脱液出现异常时要及时与有关人员联系，尽快处理；切出液态烃精脱硫罐并对此进行蒸汽吹扫处理；如果装置内有液态烃回炼线，利用液态烃出装置与稳定塔的跨线，将液态烃引至稳定塔回炼。

**4.2.6　焦化酸性气的质量调节**

焦化酸性气主要需要控制烃含量，以保证硫磺装置的安全生产。

影响因素：干气中 $C_5$ 含量高；溶剂再生塔底温度过低，干气中 $H_2S$ 含量过低；胺液闪蒸罐闪蒸效果不好。

调节方法：调整吸收稳定系统操作，降低干气中 $C_5$ 含量；适当提高溶剂再生塔底温度；提高胺液闪蒸罐闪蒸效果。

### 4.2.7 延迟石油焦的质量标准与控制

#### 4.2.7.1 延迟石油焦的质量标准

延迟石油焦的质量标准见表 4－2。

表 4－2 延迟石油焦的质量标准（SH 0527—92）

| 项目 | | 质量指标 | | | | | | |
|---|---|---|---|---|---|---|---|---|
| | | 一级品 | 合格品 | | | | | |
| | | | 1A | 1B | 2A | 2B | 3A | 3B |
| 硫含量/% | ≯ | 0.5 | 0.5 | 0.8 | 1 | 1.5 | 2 | 3 |
| 挥发分/% | ≯ | 12 | 12 | 14 | 14 | 17 | 18 | 20 |
| 灰分/% | ≯ | 0.3 | 0.3 | 0.5 | 0.5 | 0.5 | 0.8 | 1.2 |
| 水分/% | ≯ | | 3 | 3 | 3 | 3 | 3 | 3 |
| 真密度/（$g/cm^3$） | | 2.08～2.13 | 报告 | 报告 | | | | |
| 粉焦量（块粒 8mm 以下）/% | ≯ | 25 | 报告 | 报告 | | | | |
| 硅含量/% | ≯ | 0.08 | | | | | | |
| 钒含量/% | ≯ | 0.015 | | | | | | |
| 铁含量/% | ≯ | 0.08 | | | | | | |

#### 4.2.7.2 石油焦的质量

（1）影响因素

① 灰分。影响石油焦灰分的因素主要是原料中盐类含量，原料中盐类少部分沉积在炉管、容器等设备里，而绝大部分都到焦炭塔，留在焦层里；其次是冷焦等过程中外部带入盐类，如冷焦水、切焦水固形物含量高，溶解较多盐类，在冷焦或除焦过程中，这部分盐类随冷焦水或除焦水带入焦层。

② 硫含量。直接影响的因素是原料油的含硫量。原料油含硫高，生产出来的焦炭含硫量也高。高硫原油的渣油要生产一级或二级焦是很困难的。石油焦在被冷却过程中，还有吸附水中 $S^{2-}$ 的作用，如果用含 $S^{2-}$ 较高的水来冷焦，也能引起石油焦中硫分的升高，因此，要定期置换冷焦水。

③ 挥发分。挥发分是石油焦的工艺控制指标，除了与原料性质和整个操作条件有关外，还与冷焦、除焦水中含油有关。

④ 粉焦量。除了焦炭本身的性质外，还与除焦操作等有关。

（2）调节方法

① 改善原料组成。由于减压渣油中胶质沥青质含量高，而芳烃的含量少，生产的石油焦为无定型焦炭，这种焦炭具有挥发分高、强度低、硫分和灰分也较高的特点，但石墨化倾向不好。

催化澄清油、轻油裂解渣油、润滑油的抽出油等芳烃含量高，胶质、沥青质含量少，灰分低，用它们做原料生产出来的石油焦，可以达到优质石油焦的标准。

② 改变操作条件。当原料组成一定时，改变操作条件，生产出的焦炭质量会有所改善，但效果并不显著，在改善原料组成的同时，改变操作条件，效果就更好。

a. 提高加热炉出口温度。油品带入焦炭塔的热量，是焦化反应赖以进行的保证，如果热量不足，反应进行就不能彻底。所以，适当提高加热炉出口温度是重要条件之一，炉出口温度提高，焦炭的挥发分含量就会下降。

b. 提高循环比。提高循环比一方面使重质蜡油进行再次加热而生成焦炭，重质蜡油中的芳烃较多，而且灰分低。提高循环比能改善加热炉进料油的性质，另一方面也提高了带进焦炭塔的热量，对提高加热炉出口温度有利。

c. 延长生焦时间。延长生焦时间，实质上就是使生焦过程时间加长，反应进一步深化，焦层处于高温状态时间加长，焦层中未反应的重质油会进一步参与反应，挥发分会进一步降低。

d. 延长大、小吹汽时间。大、小吹汽时间加长就是使焦层长时间处于高温状态，也有延长生焦时间的效果。另外，延长大、小吹汽时间，加大吹汽量，有利于提高汽提效果，减少了焦炭中的重质油分，也就降低了挥发分。

e. 改进除焦方法。除焦时采用大切距除焦，减少焦炭中的粉焦量。

## 4.3 装置的开工

延迟焦化装置的首次开工可以分为竣工验收、全面检查、系统吹扫试压、水冲洗联运、单机试运、加热炉烘炉、气密置换、柴油联运、开路循环、闭路循环、变油操作和调整产品质量等几个阶段。本节以新建装置首次开工为例说明开工步骤。

### 4.3.1 开工准备

开工前要做好检查和确认工作，坚持“四不开工”原则，即检查质量不合格不开工，安全防护设施不齐全不开工，设备堵漏不彻底不开工，环境卫生不符合要求不开工。除此之外还要联系相关岗位人员、有关单位，了解原料、燃料、汽、水、电、风等准备情况；检查各检修项目是否全部通过验收；检查各机泵、仪表的检修情况及联锁试验情况；检查各管线的盲板是否处于开工状态，流程是否已经三级确认；检查各安全设施是否齐全完备；检查开工工具、物资是否已到位。

参加开工的人员应全部接受好装置开工教育，熟悉开工方案，通过开工考试，同时具备上岗资格，否则不能参加装置开工。

### 4.3.2 开工检查内容

#### 4.3.2.1 工艺检查

工艺检查的主要内容有逐项清理施工项目、检查是否有遗漏项目和未完成项目；检查焦化装置各区域的工艺流程是否按设计要求安装，管线的布置是否符合设计规范和生产要求；检查管线上阀门、法兰、垫片和螺栓是否符合设计要求；检查仪表控制方案是否满足设计和生产要求；检查流量计、温度计、压力表、热电偶和热力补偿等是否符合生产要求，各压力表有无铅封、压力表上限红线标志及检定标签；检查安全阀安装的位置、方向是否正确，定压值是否符合要求，有无铅封标记，隔断阀门是否处于全开位置；检查管线支架选型是否正确，托架是否灵活好用，支架基础是否牢固；检查所有阀门是否好用，手轮是否齐全好用，阀门盘根是否加够，垫片是否符合设计、生产要求；检查管线伴热、保温、刷漆、工艺标识是否保证质量，符合设计、生产要求；检查装置内各区域下水井、地漏、管沟是否疏通清理，保持畅通，地沟、管沟及下水井盖子是否配置齐全；检查进、出装置动力系统管线，工艺系统管线等对接是否合理。

**4.3.2.2 设备检查**

（1）塔、容器的检查

① 检查塔和容器的安装是否符合技术规范要求。

② 检查塔体、容器各处接头和焊缝的质量情况。

③ 检查塔体、容器各部位开孔，连接短管、阀门、螺栓、垫片的质量是否符合技术规范和生产要求。

④ 检查塔和容器的安全附件、压力表、温度计、热电偶、液面计、浮球、安全阀、放空阀、消防线等是否齐全好用。

⑤ 检查塔、容器基础有无下沉和裂缝现象，地脚螺丝有无弯曲、脱扣和回松现象。

⑥ 检查塔、容器内构件是否按规定安装，浮球、过滤网等是否安装合适，螺丝是否拧紧。

⑦ 塔、容器内部是否清扫干净。

（2）加热炉的检查

① 加热炉的炉体附件是否安装完毕，所有焊缝的焊接质量是否符合要求。

② 加热炉的炉管、炉管吊架、急弯弯头安装是否合理。

③ 检查加热炉热管式空气预热器、热管及翅片有无损坏现象。

④ 检查炉体的耐火砖、保温层、保温材料、烟道的衬里是否符合设计要求。

⑤ 看火孔、防爆门、烟道挡板是否灵活好用。

⑥ 各测温点、取压点的位置是否准确、齐全，温度计、压力表、热电偶是否全部安装完毕，热电偶套管材质是否符合要求。

⑦ 所有的火嘴及其附属设备是否满足设计安装和生产要求。

⑧ 引风机、鼓风机安装是否符合设计要求，风门调节是否灵活好用。

⑨ 消防蒸汽及消防设施是否齐全好用，灭火蒸汽位置是否正确。

⑩ 炉子内外卫生打扫干净，各火嘴及风道内杂物是否清理。

（3）冷换设备的检查

① 检查冷换设备的封头、垫片、螺丝是否符合设计要求。

② 检查冷换设备的封头、垫片、螺丝是否按规范安装，能否满足设计要求。

③ 检查进出口温度计套管、压力表是否齐全好用。

④ 检查空冷器、空冷风机的安装是否符合设计规范要求。

⑤ 各扫线点、低点排凝、高点放空是否齐全、通畅。

（4）机泵的检查

① 机泵的安装是否符合技术规范，机泵盘车是否轻松。

② 所有的机泵型号是否符合设计要求。

③ 电机的型号和泵是否匹配。

④ 机泵的防护罩、地脚螺丝、电机的接地线是否完好并符合设计要求。

⑤ 机泵的基础是否符合设计要求。

⑥ 润滑油、封油、冷却水系统的安装是否符合生产要求。

⑦ 高温热油泵的配管及预热是否符合设计规范。

⑧ 机泵的排凝、压力表、单向阀、入口过滤器是否按规定安装好。

⑨ 电机的接线是否牢固，电机转向是否符合要求。

（5）管线的检查

① 检查管线的材质是否符合设计要求(包括放空、吹扫等)。

② 管线的配管是否符合设计规范及生产要求。

③ 检查管线各点的焊接质量情况。

④ 保温、伴热、隔热是否符合要求。

⑤ 扫线头、放空排凝管线及相关阀门是否符合工艺操作要求。

（6）除焦系统设备的检查

① 检查高压水泵的安装是否符合设计要求。

② 检查高压水泵的安装是否符合技术规范，盘车是否灵活，润滑油系统是否符合设计要求。

③ 检查高压水三位阀是否灵活好用，是否满足设计要求。

④ 检查钻头、绞车、风动马达、底盖装卸机的安装是否满足设计要求，钻杆的安装及垂直度是否符合要求。

⑤ 检查桥式吊车的行车轨道、上下楼梯、保护平台等设施的安装是否符合设计规范，吊车运行是否灵活好用。

**4.3.2.3 系统检查**

系统检查的主要内容有：检查水、汽、风等公用介质的流程、走向是否符合设计要求，能否满足生产需要；检查所有进、出装置油品管线流程是否正确，与系统对接能否满足生产要求；整个装置供水流程是否符合设计要求，下水道是否畅通并符合设计要求；地下污油罐、冷切焦水系统是否符合设计要求。

**4.3.2.4 安全检查**

安全检查的主要内容有：检查塔、容器、加热炉、换热器等设备接地设施安装是否合理；所有的消防栓、灭火器等安全消防设施是否配备合理、齐全好用；转动设备是否全部装好安全罩；加热炉、塔、容器安全附件是否安装齐全；所有现场杂物、易燃、易爆物是否清除干净，道路畅通无阻；装置所有照明是否配置合理、完好；各地沟、下水井盖板是否配齐并完好；上下楼梯、直梯、劳动保护平台等劳动保护设施是否满足生产需要。

**4.3.2.5 其他检查**

除完成上述各项检查外还需要检查所有电气设备是否满足试车条件；检查所有仪表包括热电偶长度、温度计套管、DCS 接线是否齐全好用。

### 4.3.3 装置贯通吹扫

（1）贯通吹扫的目的

① 通过吹扫，清除施工过程中进入设备、管道中的焊渣、泥沙以及管道中的油污和铁锈。

② 对设备和管道中的每对法兰和静密封点进行初步试漏、试压。

③ 贯穿流程，熟悉工艺流程及基本操作，暴露有关管线、设备问题。

④ 提高操作人员的技术素质和实际操作能力。

（2）贯通吹扫的原则及注意事项

① 吹扫前要掌握每一根管道的吹扫流程、吹扫介质和注意事项，清楚吹扫介质的给入点或临时给入点，每根管道的排放点或临时排放点。对排放点，要做好遮挡工作，防止将污

物吹入设备或后路管线。

② 吹扫前，将吹扫流程的所有阀门关闭，在吹扫过程中，再根据需要打开有关阀门。

③ 引入蒸汽吹扫前，要脱净凝结水，防止发生水击，若出现水击时，停止蒸汽吹扫，有条件的可用风先把水赶净。引入蒸汽吹扫时，要详细检查流程，清楚法兰、短管已拆开的地方，防止发生烫伤事故。

④ 吹扫前应在主要设备前加好过滤器，把调节阀、孔板、流量计、疏水器拆除，以利于后续管道的吹扫。对于调节阀，先在上游阀放空，吹扫干净后，关上游阀，再改通副线，在下游阀处放空，干净后再关下游阀，吹扫后面的管线；对于孔板，拆除后再把法兰装好；若是蜗街流量计，联系计量班用坏探头替换好探头，再进行吹扫。

⑤ 吹扫应分段进行。管道上的单向阀拆下，吹扫、冲洗干净后再装好。沿线的各排凝点或放空点也要逐个打开，排出污物，直至把全部管道吹扫干净为止。

⑥ 在吹扫的过程中，要注意吹扫有关跨线和小管道，以保证装置吹扫不留死角。

⑦ 吹扫过程中，应检查各静密封点的泄漏情况，如发现泄漏应做好标记和记录，待泄压后处理。

⑧ 在吹扫带安全阀的设备管线时，如安全阀定压小于吹扫蒸汽压力，要先关隔断阀，待吹扫完后再打开隔断阀。

⑨ 吹扫前泵的进口先装好 Y 形过滤器中的过滤网。先引蒸汽在进口阀后法兰放空，干净后，停阀后放空，再改通泵进出口连通线，在泵出口阀前法兰处放空，干净后，停放空，再吹后续管线。

⑩ 在吹扫冷换设备时，不论壳程、管程，在入口阀后均应拆法兰。蒸汽先不进冷换设备，改副线，在出口阀前法兰处放空，干净后，关副线。改蒸汽进冷换设备，在出口阀前法兰处放空，干净后，停蒸汽进设备。改通副线，吹扫后续管线、设备。单程吹扫时，另一程必须打开放空，以防憋漏换热器。

⑪ 联系仪表，主管线吹扫时仪表根部阀关闭，待主线扫干净后吹扫仪表引线。

⑫ 吹扫要逐条进行，逐条确认，吹扫面不能铺得太大，以免吹扫介质供应不足，压力偏低，影响吹扫效果和质量。

⑬ 吹扫前拆卸的法兰、孔板、调节阀等附件必须专人记录整理，吹扫结束后恢复原状，并记录备查。

⑭ 认真做好吹扫记录。贯通吹扫时还应注意：

a. 引蒸汽，必须专人负责，按流程分段进行，注意不要过快，引入阀门开始一定要缓慢打开，待管线充压完成后才可开快。由专人检查各点的泄漏、排空情况，当支线最终端的放空排凝阀见汽后，再通汽 30min 左右，同时，憋压检查管线各法兰泄漏情况。

b. 引蒸汽时，必须严格按方案、规定逐步进行，未经主管领导同意，任何人不得私自向工艺管线和设备进行放空、进汽，防止蒸汽烫伤。

**4.3.4　装置水冲洗**

（1）水冲洗目的

① 冲洗设备及其管线内各种杂物，检查施工质量，消除隐患。

② 操作人员技术练兵，熟悉现场流程、设备。

（2）水冲洗的原则及注意事项

① 水冲洗前，改水冲洗流程时要加强检查，冲洗流程所有阀门要关闭。在冲洗时，再

根据需要依次打开有关阀门。

② 分馏塔顶回流线先冲洗到塔壁阀前拆法兰放空，干净后，回装塔壁阀前法兰，进行分馏塔装水，塔底排放冲洗。

③ 装置水冲洗过程中，冲洗水不能进塔，在塔壁阀前法兰拆开放空。

④ 水冲洗前要拆除单向阀、流量计，水冲洗在该处放空，干净后回装复位，再冲洗后续管线、设备；对于调节阀，要拆下调节阀，先在上游阀处放空，干净后停放空，再改通副线，在下游阀处放空，干净后停放空，冲洗后续管线、设备；对于孔板，拆下后装回法兰再继续水冲洗。

⑤ 塔和容器顶部的放空阀在进水前应先打开。进容器前先要拆开容器前法兰，待水冲洗干净后再装回法兰引水进容器，打开容器底放空，待水见清后关放空，继续后续管线的冲洗。

⑥ 对于冷换设备，拆开进口阀后法兰、出口阀前法兰，水冲洗时先打开进口阀，在阀后法兰放空，干净后停放空，改通副线，打开出口阀，在阀前法兰放空，干净后停放空；冷换设备的进口管线在水冲洗干净后，回装进口阀后法兰，引水冲洗冷换设备，在出口阀前法兰处放空，后续管线、设备改通副线引水冲洗。

⑦ 联系仪表关闭所有仪表引出阀。

⑧ 机泵入口有 Y 形过滤器的必须拆开 Y 形过滤器中的过滤网，并且把泵的进口法兰前短管、出口法兰后短管拆下，水冲洗时先在进口阀后法兰处放空，干净后停放空，改通泵进出口连通阀，在出口阀前法兰处放空，干净后停放空；泵进出口管线冲洗干净后，回装离进口管线远的一台泵的进出口法兰处短管，然后开泵冲洗后面的管线，另一台备用泵进出口处拆开的短管不用回装，但要关好阀门，留待用蒸汽吹扫管线时放空用。后续管线、设备改通泵进出口连通阀或开泵引水冲洗。

⑨ 启动机泵要密切注意电机的电流表，防止超负荷，如发现过滤网堵塞或管线堵塞，应及时停泵，清洗过滤网或处理堵塞部位。

⑩ 为保证系统冲洗有足够的水压和水量，应逐一打开各排放点，水质干净后要及时接好法兰。

⑪ 装置外部管线与生产管理部门联系后方可冲洗。

⑫ 所有设备管线包括正、副线及连通线、支线、采样器，凡能参加冲洗的都要冲洗，各低点放空和采样口要定期打开排放。

⑬ 认真检查排水系统是否畅通。

⑭ 装置水冲洗干净后，除因水冲洗流程需要，回装部分法兰、短管外，其余拆开的法兰、孔板等暂不回装复位，但要关好阀门，留待用蒸汽吹扫管线时放空用。

⑮ 水冲洗过程中，要用布、石棉布等封住敞口管道，用铝皮、铁板或木板盖住机泵、冷换设备的进出口法兰(已拆开)、容器的进口法兰，防止冲洗杂物进入设备内。水洗逐段冲洗，逐点放空。

⑯ 各系统按规定做好冲洗过程记录。

#### 4.3.5 装置水联运

(1) 水联运目的

① 在水冲洗的基础上，进一步冲洗设备及工艺管线内的杂物。

② 考察阀门、法兰、人孔、管线有无泄漏现象。

③ 考察循环系统中的压力、流量和液位等控制仪表的施工质量和调节性能及计量准确度。

④ 以水为介质运转装置各设备，让操作人员进行技术练兵，熟悉现场设备、仪表，提高实际操作水平。

（2）水联运的原则及注意事项

① 参加水联运的人员必须熟悉水联运方案，要严格认真对待，以水代油，不准跑、冒、串。

② 各设备单机试运后，确认参加水联运的设备、管线上存在的问题已处理完毕，所有拆下的法兰、孔板、控制阀等均已按原位装好，所有的仪表校核工作完毕，处于投用状态。

③ 水联运过程中，要认真做好流量、压力、电流等数据的记录，对存在的问题、解决的问题都必须做好详细记录。

④ 各备用泵需按时进行切换，每台机泵连续运行时间不得少于24h，以考察机泵的施工质量和机泵的运行能力。

⑤ 参与水联运运行的部位，流量、液面、压力等仪表均应投用，投用控制阀，能进行自控则进入自控状态，让仪表上的问题暴露出来，有利于将来正式投料运行。

⑥ 水联运时，所有机泵入口必须加装过滤网，发现过滤网堵塞或阀门堵塞，应及时启用备用泵，并拆下堵塞的过滤网进行清洗。

⑦ 水联运完毕后，机泵入口的临时过滤网要全部拆除。

⑧ 水联运完毕，设备内的存水从底部排尽，管线内和机泵内的水亦从各低点放空阀处排尽。

⑨ 设备内存水排净后，打开各塔底、容器底人孔，进入内部检查并清扫后再安装好。

**4.3.6　加热炉烘炉**

（1）烘炉的目的

① 蒸发掉炉体内、烟道内的耐火砖衬里、耐火浇注料内自然水和结晶水，使耐火胶泥缓慢烧结，增强材料强度和使用寿命。

② 考察加热炉火嘴和阀门等是否灵活好用。

③ 考察加热炉能投用的仪表控制系统的使用效果。

④ 考察燃料系统、供风系统的设计情况。

⑤ 考察炉子施工质量，考察炉体各部件在热状态下的性能。

（2）烘炉应具备的条件

① 加热炉全部施工完毕，并经有关部门验收质量合格。

② 砌筑工程完毕后，加热炉自然通风五天以上。

③ 必须详细检查炉膛、烟囱和风机等，整个炉区进行彻底清扫。

④ 装置辅助系统（蒸汽、新鲜水、软化水、瓦斯、非净化风、净化风和电等）必须施工完毕，并经过吹扫、试压后达到引用条件。

⑤ 与烘炉有关的设备（燃料气分液罐等）安装完毕，并经吹扫、冲洗、试压合格。

⑥ 与加热炉对流、辐射、注汽和过热蒸汽管相连接的管线安装完毕，吹扫、试压、冲洗等完毕。

⑦ 烘炉所需测量、指示和控制仪表系统达到投用条件。

⑧ 炉子联锁系统经过模拟测试投用完好。

⑨ 拆开炉进出口转向弯头，将其接通烧焦线。

⑩ 燃料气、蒸汽进装置盲板已拆除。

⑪ 加热炉鼓风机、引风机试运无问题。

（3）烘炉步骤

① 自然通风三天，要求打开全部人孔、防爆门、看火孔、烟道挡板。

② 自然通风后改为强制通风，详细检查鼓风机、引风机、水、电、润滑和机械系统均无问题，二次风门开到1/3～2/3，然后启动鼓风机强制通风，引风机随后也启动，强制通风16h，调整各火嘴风量，要求进风均匀，吹干后停风。强制通风期间，注意炉膛负压情况。在强制通风的后8h，关小烟道总挡板，将风引至空气预热器，吹干烟道。

③ 关闭加热炉各防爆门、人孔，适当开启烟道挡板。

④ 过热蒸汽管引至炉出口放空。

⑤ 引烧焦蒸汽入炉管，到烧焦罐放空。

⑥ 调整各组蒸汽量，使炉膛顶部温度均匀上升，用通入蒸汽量或烟道挡板开度来控制升温速度为3～4℃/h，最终达到130～150℃，蒸汽暖炉需用25～30h。

⑦ 引瓦斯前先用蒸汽吹扫赶空气，待火嘴放空处冒汽，逐步关小蒸汽阀，直至关闭，再用瓦斯置换，引瓦斯至炉前点小火炬，联系分析站取样分析，瓦斯含$O_2$量小于1.0%为合格。

⑧ 加强燃料气分液罐脱水排液，并给上伴热蒸汽，控制好瓦斯压力。

⑨ 关闭人孔、防爆门及所有看火窗，引炉膛吹扫蒸汽向炉膛吹汽10～15min，烟囱见汽5min以上。

⑩ 按点火步骤点长明灯及火嘴。

⑪ 点火前炉出口温度仪表改手动控制，阀门位置开至30%～40%，控制好瓦斯压力。

⑫ 调整炉膛烟道挡板，调整好炉膛负压，一般将负压调到3～6$mmH_2O$为宜。

⑬ 点火前，有关炉子联锁系统试验合格。

⑭ 正常后，按升温速度升温，当炉膛温度至80℃时，可逐渐关小烟道总挡板，将部分烟气引至空气预热器，开启鼓风机和引风机，投用空气预热器。当炉膛温度达150℃时，恒温48h，以脱除耐火材料表面水分。

⑮ 150℃恒温结束后，按升温速度继续升温，升温到320℃时，再恒温48h以脱除耐火材料中的结晶水。

⑯ 320℃恒温结束后，加热炉按升温速度继续升温至550℃，恒温24h，进行耐火胶泥烧结。

⑰ 恒温结束后调节各火嘴，按降温速度降温。

⑱ 待炉膛温度降至100℃时，关闭各火嘴熄火，加热炉焖炉自然冷却，烘炉即告结束。

（4）烘炉注意事项

① 严禁重复点火，以免瓦斯爆炸伤人。

② 注意火嘴切换使用，逐个检查燃烧器。

③ 烘炉要按烘炉方案进行，严格按升温曲线烘炉。

④ 引蒸汽注意脱水，蒸汽入炉管要缓慢，防止炉管温度变化大而出现问题。

⑤ 烘炉过程中应随时注意炉管出口蒸汽温度和通汽情况，要求炉管通汽始终畅通缓慢升温，随着炉膛温度上升，蒸汽通入量要相应增加，炉出口温度不大于500℃。

⑥ 烘炉过程中，要保持炉膛受热均匀，应对称点火，对称增点火嘴，按多火嘴、短火焰、齐火苗，先点中心后向外增点的原则。要求火焰不长、不飘、不扑到任何一面炉墙，炉膛明亮清晰，烟道气透明无色，不冒黑烟，炉膛保持负压。

⑦ 烘炉过程中，要随时注意炉子火焰的燃烧情况，并及时调整操作。比如，炉膛不清晰，打开看火窗火焰外扑，则应适当开大烟道挡板，保证炉膛微负压，如火焰过长，可适当调大风门；瓦斯火焰应笔直呈蓝紫色，若橘黄色，应调大配风量，但风门不宜开得过大，以免吹灭。

⑧ 不点的火嘴，风门应关闭。

⑨ 烘炉过程中，加强巡回检查，每小时记录一次，两小时标图一次，最后绘制出实际升温曲线。

⑩ 烘炉时，控制好进出空气预热器各介质温度，防止空气预热器超温爆管。

（5）烘炉后的检查

① 待炉膛温度降至常温，炉膛含氧 $>20\%$，入炉瓦斯、蒸汽线加盲板，办理进罐入塔作业票并落实安全措施后，方可入炉进行检查。

② 对炉墙、炉顶、烟道全面检查。

③ 衬里裂缝宽度超过 2～3cm，深度超过 5mm 者应补填，有空洞或与钢板分离者应彻底修补，对烟道、挡板进行全面检查。

④ 检查合格后，将管线流程按开工要求重新安装好。

### 4.3.7 气密试验及置换

#### 4.3.7.1 目的、要求及注意事项

（1）目的

考察工艺管线和静设备（炉、塔、冷换设备、容器、阀门等）在承受正常的工艺操作条件时的密封性能。

（2）要求

① 试压前需在指定位置安装经过校验合格的试压用压力表。

② 试压前要仔细检查流程，所有管线法兰、阀门、调节阀等全部安装就位，盲板按规定加好，并做好隔离工作。

③ 准备好试压流程图，试压过程中要有专人负责检查，必须做好记录与签名工作。

④ 试压合格标准为：各检查点经肥皂水试验无泄漏，保压 20min 内压力不下降。

（3）注意事项

① 冷换设备一程试压，另一程必须打开放空，以免憋坏设备，水冷要关进出口水阀，打开放空阀。

② 各设备如有副线均需过汽，流量计走副线。

③ 联系仪表配合，仪表引出线可在吹扫干净的基础上一同试压。

④ 用试压压力憋压 10min 后检查（蒸汽线以蒸汽达到试压压力后即可检查、查漏）。

⑤ 试压介质升压要缓慢，达到指标后要逐一检查各焊缝、法兰、人孔阀门、仪表引压点等处。

⑥ 引 $N_2$ 时要缓慢，注意控制压力。

⑦ 在进行 $N_2$ 操作时注意安全，防止 $N_2$ 窒息现象，加强人员管理。

#### 4.3.7.2 加热炉试压

试压步骤：四通阀前装好盲板后，用临时注水泵送水至辐射段入口，拆下炉出口现场压力表，打开压力引出阀放空赶空气，打开辐射泵出口放空阀，待放净气体见大量水后关好压力引出阀和辐射泵出口放空阀。注意检查与炉子试压流程相连通的管线，如注汽、紧急放空线等边界阀必须关死，详细检查各压力表引压线是否畅通、准确可靠。继续送水 15min，停注水泵。关死注水进炉边界阀，启用试压泵抽水送至加热炉管，憋压至 6.3MPa 进行试压。

试压时要注意憋压时间保持 30min，压降≯0.3MPa；检查法兰、垫片、盲板、焊口等密封点是否泄漏。有问题联系设备人员及时处理(注意若需调换阀门、法兰、垫片或重新焊接等，需将管内压力泄掉再处理)，处理完毕重新试压检查，直至完好不漏；若检查无问题，打开各放水点放空泄压。所装试压盲板拆除，8 字盲板复位。

#### 4.3.7.3 塔、容器、冷换设备及附属工艺管线试压

根据《钢制压力容器》GB 150—1998 规定：气密试验 $P_T = 1.05P$($P$ 为最大操作压力)，液压试验 $P_T = 1.25P$，气压试验 $P_T = 1.15P$。低压蒸汽压力最大为 1.0MPa，超过此压力值用水压试验。试压的具体压力根据各装置设备的设计压力而定。

### 4.3.8 柴油联运

(1) 柴油联运的目的

① 全面考验装置的设计能力及各项经济指标，考察工艺流程走向是否合理。

② 考察装置工艺设计，设备、机泵、管道、仪表、电气、系统配置的施工及制造安装质量。

③ 考察水、电、汽、风、瓦斯的消耗情况。

④ 考察并了解装置的工艺设备及仪表性能，全面掌握设备操作。

⑤ 对操作人员进行实战练兵。

⑥ 冲洗管线、设备中残留的部分水分。

⑦ 检查验收设备管线的阀门、法兰、焊缝等有无泄漏情况。

(2) 柴油联运的流程(以典型焦化流程为例)

不同的焦化装置流程不同，柴油联运的流程必然不同，现以典型焦化流程为例介绍：

柴油进装置→跨原料线→原料阀组→原料罐→原料泵→原料换热器→分馏塔→分馏塔底开工泵→加热炉→四通阀→焦炭塔开工线→焦炭塔顶→焦炭塔底→甩油罐→甩油泵→甩油冷却器→出装置(闭路循环时改进原料罐)。

注意：所有排凝阀排净存水后全部关闭，防止跑油。

### 4.3.9 单炉引油开工

不同装置，具体流程不同。下面以典型焦化流程进行介绍，各装置可根据自身不同流程进行变动。

(1) 开工要求及有关安全注意事项

① 加强与生产管理部门、油品、仪表及电气等相关单位的联系。

② 严格按开工方案执行，加强燃料气的脱液。

③ 切换渣油前及早与生产管理部门联系。

④ 新装置开工还需进行水冲洗、水联运、柴油联运等步骤。

(2) 单炉开工前准备工作

① 联系相关岗位人员和有关单位，准备好开工用油。

② 引油及瓦斯。

a. 引瓦斯流程：系统高压瓦斯→高压瓦斯进装置线→燃料气分液罐。

b. 引燃料油流程：罐区→柴油出装置阀组前→燃料油罐。

c. 引冲洗油流程：罐区→柴油出装置线→冲洗油控制阀副线→冲洗油罐→冲洗油泵。

d. 引汽油流程：罐区→汽油出装置线→汽油泵→分馏塔塔顶回流罐。

e. 引封油流程：蜡油出装置线→流控阀组→封油冷却器→封油罐→封油泵→封油注入点→封油罐。

f. 引蜡油流程：罐区→蜡油出装置线→跨原料线→原料控制阀→原料缓冲罐。

（3）蜡油循环

① 引蜡油前加热炉点火嘴保持炉膛温度200℃左右。

② 原料缓冲罐液面达50%，脱水完毕，启动原料泵向对流送油，控制好对流分支流量。

③ 分馏塔底见液面50%脱水完毕后，启动开工泵往加热炉辐射段进油。

④ 开路循环半小时后，蜡油改入原料缓冲罐，建立闭路循环，分馏各侧线循环。

⑤ 封油罐收封油，加热脱水并做好开封油泵的准备。

⑥ 蜡油经接触冷却塔底冷却器进接触冷却塔，液面达50% ~60%时建立接触冷却系统回流。

（4）加热炉升温及热紧

① 加热炉辐射出口按升温曲线升温至150℃左右，启动分馏塔底循环泵，建立分馏塔底循环，按规定控制辐射分支流量。炉注水管及过热蒸汽管线通蒸汽保护，焦炭塔顶油气去接触冷却塔。分馏塔顶压控阀投用，控制好分馏塔顶压力。

② 炉出口温度250℃时，预热辐射泵，焦炭塔油气改去分馏塔，四通阀给上汽封，并第一次试切换四通阀。蜡油经对流出口跨入蜡油集油箱，待液面50% ~60%时，启动蜡油泵走蜡油上回流线，建立蜡油回流循环，并视情况建立重蜡油循环。

③ 由于加热炉正常生产时温度较高，设备随着温度上升其各密封面的密封情况会有所变化，因此需要热紧。炉出口温度250℃时，设备第一次热紧。

④ 炉出口温度300℃时，火嘴交替点火。启动注水泵，炉管注水并放空，第二次试切换四通阀。

⑤ 炉出口温度350℃时，分馏塔塔壁阀全部打开，第三次试切换四通阀。投用辐射泵，投用前检查辐射泵预热、封油、润滑油、冷却水及自保系统情况，具备条件后，先开辐射泵，再停分馏塔底循环泵。开引风机，加热炉自然通风改为强制通风。设备第二次热紧，并通知有关单位做好送渣油的准备。

⑥ 当炉出口温度达到380℃时，炉注水改进辐射炉管，按规定控制分支流量，分馏塔顶回流罐见液面后启动含硫污水泵外送污水。分馏塔顶温度大于130℃时，启动粗汽油泵打顶冷回流，控制好分馏塔顶温度。

（5）切换渣油步骤及注意事项

根据各装置的具体生产情况不同，切换渣油时的条件略有不同，但总体步骤基本相同，具体如下：

① 引渣油前先进行脱水，在原料缓冲罐前转重污油线，而后引渣油入原料缓冲罐，蜡油由闭路循环改为开路循环，经重污油线出装置。注意确认渣油油头至甩油罐后才能升温。

② 加快甩油，控制接触冷却塔底冷却器出口温度不大于100℃。

③ 当焦炭塔底油甩尽，炉出口温度升至440～470℃时，迅速关焦炭塔立管甩油阀，同时打开进料阀，切换四通阀，向焦炭塔底进料。

④ 切换四通阀正常后，加热炉各部温度按指标控制。

⑤ 自发蒸汽压力大于系统压力时，打开去加热炉阀，关系统蒸汽补入阀，关放空，蒸汽并入管网。

⑥ 分馏塔调整操作，控制好物料平衡、产品质量及物料出装置温度。

**4.3.10 吸收稳定开工**

（1）引介质

① 引汽油。流程：汽油出装置线→吸收塔进料→吸收塔（吸收段）底→连通阀→吸收塔（解吸段）。

② 引液态烃。流程：液态烃出装置线→焦化液态烃控制阀→稳定塔顶回流泵连通线→稳定塔顶回流罐。

（2）建立三塔循环

吸收塔、再吸收塔以及稳定塔用液态烃或氮气充压，进行三塔循环。

三塔循环流程：

稳定塔进料泵→稳定塔进料换热器（壳程）→稳定塔进料→稳定塔底→稳定塔进料换热器（管程）→解吸塔进料换热器（管程）→稳定汽油空冷器→稳定塔汽油后冷器→稳定汽油泵→吸收塔顶→吸收塔底→吸收塔底冷却器→进料平衡罐→凝缩油泵→解吸塔进料换热器（壳程）→解吸塔顶→解吸塔底→稳定塔进料泵。

（3）引热源

待富气压缩机开正常后，引热源建立解吸塔底重沸器、稳定塔底重沸器热源。

（4）引富气入吸收塔

① 打开粗汽油入吸收塔进料阀，同时打开稳定塔汽油后冷器出装置阀，先改走轻污油线，待分析合格后，走正常流程出装置。

② 打开富气冷却器出口阀，入吸收塔底进料阀，然后慢慢打开富气冷却器入口阀，引富气入吸收塔，逐步关小压缩机出口放火炬，直至关死。

③ 富气入吸收塔操作正常后引富气洗涤水。

（5）引干气入再吸收塔

① 引柴油吸收剂至再吸收塔，启动流量控制仪表。

② 投用塔底液位控制仪表，控制好塔底液位，富吸收油返回分馏塔。

③ 吸收塔顶干气引入再吸收塔，再吸收后干气去干气脱硫系统。

各塔投用正常后，调整好物料平衡，平稳控制各塔压力。产品合格后，稳定汽油去下游加氢装置，液化气进入脱硫系统，含硫干气经脱硫后并入系统。

**4.3.11 脱硫系统开工**

（1）赶空气、充压

① 用蒸汽（或氮气）对系统进行赶空气试压，同时检查检修质量。

② 检查结束后，引瓦斯入脱硫系统进行充压，注意不要造成再生系统超压。

（2）装胺液建立循环

① 开溶剂补充泵将溶剂储罐及配制好的胺液打入再生塔、贫富液换热器，当再生塔液面达规定值时可开溶剂循环泵向干气脱硫塔、液态烃脱硫塔送胺。

② 送胺时防止超压及抽空，如胺液不够，由溶剂补充泵向再生塔继续补充。

③ 脱硫塔、液态烃脱硫塔、再生塔液面都达到规定值时，可改好循环流程：

再生塔(贫液)→贫富液换热器(管程)→贫液增压泵→贫液空冷器→贫液冷却器→贫液泵→脱硫塔、液态烃脱硫塔(富液)→贫富液换热器(壳程)→富液闪蒸罐→再生塔。

(3) 投用再生系统

① 投用贫液冷却器、酸性气冷却器。

② 引蒸汽，投用再生重沸器，注意升温速度不能太快。

③ 再生塔压力上升时，打开压力控制阀，控制好酸性气分液罐压力。

④ 待酸性气分液罐液面达30%以上时，视顶温启动再生塔顶回流泵打回流。

(4) 引干气入脱硫塔

① 引焦化干气进含硫干气净化分液罐，然后进入脱硫塔。

② 投用压力控制阀控制脱硫塔压力。

③ 投用流量控制阀、液面控制阀控制好贫液、富液的流量，维持各塔、容器的液面。

(5) 引液化气入脱硫塔

① 引液化气入液态烃缓冲罐，待液面达40% ~60%时，启动液态烃泵将液态烃送入脱硫塔。

② 投用压力控制阀控制液态烃脱硫塔压力。

③ 投用流量控制阀、液面控制阀控制贫液、富液流量，并维持液面。

(6) 投用富液闪蒸罐调整操作

① 引富液至富液闪蒸罐，控制液面不大于40%。

② 投用富液闪蒸罐压控阀，按指标控制好压力。

③ 引富液至再生塔，控制流量平稳。

**4.3.12 并炉**

(1) 准备工作

① 按要求对开工焦炭塔进行试压。

② 检查开工加热炉流程，确认开工条件。

③ 联系相关岗位人员、有关单位做好焦化并炉前的准备工作。

④ 协调开工炉与生产炉的生产周期安排。

(2) 通汽暖炉

① 通汽暖炉流程，对流、辐射等流程通入蒸汽。

② 对流、辐射管通汽暖炉后，加热炉点火。

③ 炉膛温度按升温曲线升温至350℃，设备热紧。

④ 四通阀给上汽封。

(3) 引油

控制原料罐液面在70% ~80%；关闭对流、辐射暖炉蒸汽；打通渣油至开工炉、焦炭塔流程；投用各控制仪表；引油后焦炭塔应加快甩油，并注意分馏塔底液面；控制好接触冷却塔底冷却器油路出口温度。

(4) 炉辐射出口升温至450℃

控制好辐射、对流出口各分支流量；加热炉按升温曲线升温，升温到300℃、350℃、400℃时分别试切换四通阀，炉出口温度达到250℃、350℃时需恒温热紧，并加强对高温部位的检查，焦炭塔顶油气达300℃以上时，油气可改入分馏塔。加热炉改强制通风，升温至450℃。

（5）焦炭塔改底部进料

加快甩油速度，加热炉出口升温至470℃左右，确认焦炭塔底无存油时，切换四通阀焦炭塔改底部进料，并迅速将炉温升至规定工艺指标要求的温度，调整分馏各侧线回流量；控制好汽油、柴油、蜡油等各侧线产品质量，相关管线进行扫线。

## 4.4 装置的停工

### 4.4.1 停工前的准备与检查

① 全面检查停工前的准备工作，准备好停工用的盲板。

② 确认焦炭塔是否达到正常换塔要求。

③ 分馏塔底循环泵提前预热，为退油开泵做好准备。

④ 联系电气、仪表、钳工配合装置停工。

⑤ 重污油线扫线贯通，改好甩油罐污油直接外甩流程。

⑥ 组织好停工扫线人员，全体操作人员熟悉停工、扫线方案。

⑦ 停工前2h，封油罐收满封油备用。

### 4.4.2 单炉停工

① 停炉前吹扫贯通重污油线，并改好退油流程，接触冷却塔底冷却器加温。

② 改好停工流程后，逐步降加热炉辐射室流量、对流室流量。

③ 降辐射量的同时将炉的注水量提至规定值，注意对流室温度不能超工艺指标。

④ 降炉出口温度，将辐射油切至新塔，新塔塔顶油气去分馏塔，塔底油去甩油罐。

⑤ 加强焦炭塔的拿油，严格控制接触冷却塔底冷却器出口温度。

⑥ 严密监视接触冷却塔顶油水分离罐、低压瓦斯分离罐污油液面，注意不要让污油带入瓦斯系统。

⑦ 老塔按规定进行冷焦。随着加热炉的降温降量，分馏及时调整各侧线的温度和流量，严防各侧线泵抽空，严格控制好分馏塔、原料缓冲罐的液面，控制好分馏塔压力。

⑧ 视富气流量调整富气压缩机反飞动控制阀。

⑨ 加热炉相关管线扫线。扫线时，注意保留一定数量的长明灯或火嘴，保持一定的炉出口温度，以保证炉管吹扫效果。

⑩ 富气压缩机，吸收稳定和干气脱硫系统，视情况作适当的操作调整。

### 4.4.3 装置全面停工

（1）加热炉停工降温降量

① 关闭原料进装置阀门，逐渐降低入炉进料，并逐步降低辐射出口温度。

② 改通甩油流程，并将四通阀切至开线新塔(停工塔)，塔底进料与甩油罐连通。

③ 切换四通阀后，老塔仍按正常冷焦处理，加热炉继续按规定降温。

（2）炉降温熄火

① 熄灭部分炉火，保留一定数量的长明灯，逐渐关小一、二次风门，保持一定的炉出口温度，并使炉膛温度缓慢下降。

② 关闭新塔去分馏塔的隔断阀，油气由大油气线操作平台改去接触冷却塔。

③ 甩油罐顶油气由分馏塔改去接触冷却塔。

④ 原料罐无液位后，停原料泵，改用停工泵(蒸汽往复泵)抽原料罐剩余油，掴分馏塔底油，经冷却后外甩至系统重污油线。

⑤ 对流、辐射炉管蒸汽吹扫。

(3) 分馏系统调整操作

炉降温降量时，注意分馏塔底液面，严防辐射泵抽空，塔底液面达到规定值时应及时改用停工泵(蒸汽往复泵)退油，柴油、中段回流、蜡油视液位情况开、停泵退油。蒸汽发生器汽包蒸汽温度低于饱和温度时，自产蒸汽改放空。

**4.4.4 吸收稳定系统的停工**

关闭干气去脱硫阀门，保持一定的再吸收塔的压力；柴油停进再吸收塔；将再吸收塔内的柴油自压到分馏塔；停富气洗涤水，富气改去低压瓦斯，粗汽油改轻污油；稳定塔、吸收解吸塔重沸器降温至规定值后切出热源，并继续保持三塔循环，维持系统压力。将装置内液化气、汽油最大限度地送出装置至油品罐区；在吸收稳定系统退尽物料，引蒸汽赶尽系统内物料。为防止系统蒸汽吹扫引起恶臭等环保事件，停工吹扫前需对吸收稳定系统进行除臭处理，除臭结束后，再进行蒸汽吹扫蒸塔、蒸罐。系统吹扫结束后，还需进行钝化处理，以防止塔、容器内残存的硫化亚铁在人孔打开后引起自燃，损坏设备。系统钝化结束，打开塔、容器顶放空，低点排凝，经测爆分析合格后，交检修单位检修。

**4.4.5 脱硫系统停工**

① 切出原料气，联系相关岗位放火炬。

② 脱硫系统内压力与管网瓦斯系统压力平衡时，关闭净化干气出装置阀。

③ 酸性气出装置改放火炬。

④ 将焦化液化气尽量送出装置，当液态烃脱硫塔压力与外界系统压力平衡时，关闭液态烃出装置总阀。

⑤ 维持胺液在各塔循环(干气脱硫塔、液化气脱硫塔、再生塔)，对系统内胺液进行再生。

⑥ 贫液经再生浓缩后，视化验分析数据，再生塔重沸器切出热源、降温。

⑦ 停胺液循环，将系统内溶剂退至装置溶剂储罐。

⑧ 脱硫系统向火炬泄压，并用蒸汽将残留的物料吹扫至低压瓦斯系统。

⑨ 脱硫系统加脱臭剂，进行循环脱臭。脱臭结束后，进行蒸汽吹扫。蒸汽吹扫结束后进行钝化处理、水冲洗。

⑩ 处理结束后，打开塔、容器顶放空，低点排凝，经测爆分析合格后，交检修单位检修。

注意：以上脱臭、钝化处理结束后，脱臭液、钝化液应按环保部门的要求进行集中处理。

**4.4.6 加热炉清焦**

**4.4.6.1 在线清焦**

(1) 准备工作

① 联系仪表，对加热炉出口温度、炉管壁温、炉膛温度热电偶进行校对，确保其准确。

② 准备好烧焦使用的光学高温计。准备好在线清焦用蒸汽：压力3.5MPa，流量4.5t/h，做好在线清焦蒸汽管的暖管工作。

③ 在线清焦方法适用于 $Cr_9Mo$ 炉管，在线清焦时，炉管的最高表面温度 <705℃。

④ 解除相关联锁，先开大烟道挡板，缓慢打开自然通风门。

（2）操作步骤

① 该操作应在四通阀切换后 3 ~ 5h 进行，防止在运行焦炭塔热量不足。在线清焦期间，要随时监视进行在线清焦组炉管的壁温不能超高。

② 要进行在线清焦的那组炉管逐步降量，同时提高另三组的进料量，保持总量稳定，并逐步关小进行在线清焦组的进料分支阀。降量的同时，关闭该组 50% 的火嘴，以降低温度，控制其出口温度 400℃。在降量或提量时，注意控制好各组炉管的出口温度，降量速度不宜过快，同时根据进料量的变化，在工艺指标范围内调整各点注汽量。

③ 打开在线清焦蒸汽入炉管的阀门，逐步关闭进行在线清焦组炉管的进料阀，提高蒸汽流量，使该组的压力和其他三组进料管保持一致（或略高）。切断进料后，自切断阀处开蒸汽吹扫炉管 2h 左右。

④ 调节该组燃料气，使该组出口温度迅速提高到 470℃，维持 20min，并保持加热炉总出口温度不小于 480℃。在 2h 内，将该组出口温度缓慢升至 560℃，恒温 3 ~ 4h。在升温过程中及时调节蒸汽流量，保持炉管的入口压力比其他三组略高。

⑤ 迅速将加热炉清焦管程的出口温度降至 440℃。同时调节蒸汽流量，保持炉管的入口压力比其他三组略高。第一次降温速度控制在 30min 左右。5min 后，再快速将进行在线清焦组炉管出口温度提至 560℃，并恒温 2 ~ 3h。

⑥ 在升温过程中，注意调节烧焦蒸汽量，保证该组入口压力比其他三组压力略高，同时注意保持其他三组炉管的进料量和出口温度，维持生产平稳。

⑦ 重复上述升温、降温操作，直至四通阀切换前 3 ~ 4h。详细记录炉管壁温热电偶的指示情况，控制每点温度 <705℃。通过控制阀提高或降低蒸汽量及控制燃烧来调节。

⑧ 清焦结束后，将该组炉出口温度降至 415℃，打开进料切断阀，逐步关小清焦蒸汽流量，直至关严蒸汽阀，同时调整炉管注汽。

⑨ 调整加热炉火嘴，使该组出口升温到正常值。在线清焦时，应注意焦炭塔顶压力、分馏塔的操作及分馏塔顶油水分离器的界面，防止冲塔，同时要注意进行在线清焦炉管的壁温不能超温。

#### 4.4.6.2 正常烧焦

（1）烧焦原则

与在线清焦不同，正常烧焦分停炉烧焦和停部分炉膛烧焦两种。烧焦原理相同，烧焦前先用蒸汽将炉管吹扫干净，再点炉升温，此时炉管内继续通入蒸汽，将温度升至炉管壁结焦遇空气即能自燃时，通入空气，调整好空气与蒸汽的比例，使炉管壁的结焦自燃、升温，通空气一定时间后，再开大蒸汽阀通入大量蒸汽，使炉管表层结焦聚冷剥离，随蒸汽排入烧焦罐。通过间断地向炉管通入空气 - 蒸汽，剥离、清除炉管中的结焦。

随着装置、加热炉的大型化，单个加热炉分隔成多个辐射室，烧焦时装置可根据情况，切出单个辐射室进行烧焦，而其他辐射室正常进料生产，这种情况称为单炉膛烧焦或在线烧焦，两者烧焦的原理、烧焦步骤及相应指标基本相同。但单炉膛烧焦由于受其他炉膛热辐射的影响，炉管通入空气，炉管及炉膛温度升上来后，用蒸汽聚冷、剥离，炉膛温度受其他生产炉膛热辐射的影响较大，降温速度缓慢，所以相对正常停炉烧焦，单炉膛烧焦的质量、烧焦时间等与正常停炉烧焦有一定差距。

加热炉炉管烧焦工作直接影响生产计划的完成及加热炉的运行安全，因此，烧焦工作力求做到细致安全、确保质量，严格控制好烧焦速度，保证炉管的运行安全。

（2）烧焦前的准备工作

① 辐射炉管、对流炉管完成扫线工作。

② 改通流程，烧焦用水、蒸汽入辐射管，拆下四通阀前短管，接好烧焦弯头，炉出口流程改至烧焦罐。

③ 检查烧焦罐周围及消防设施是否完善。

④ 组织操作工学习、掌握烧焦方案。

（3）辐射炉管烧焦

① 检查瓦斯系统，引瓦斯至炉前，具备点火条件。检查非净化风系统，并联系相关岗位保持好非净化风压力。

② 烧焦炉管通入蒸汽，升温时应注意防止对流炉管超温，烧焦前对流室所有炉管必须通水或蒸汽等介质予以保护，监控好温度；如单炉膛烧焦，在烧焦时，应提其他对流流量，控制好对流出口温度。

③ 向炉膛吹汽赶空气后，点炉火(按正常开工炉点火要求操作)。点火后，保持炉膛温度200℃左右，恒温1h后升温。

④ 炉膛升温参考速度：400℃前，100℃/h；400～600℃，80℃/h。

⑤ 炉膛温度达炉管结焦自燃温度(550℃左右）时，开始通风，同时减小蒸汽量，注意配汽、配风比例，并观察炉管温度变化、红管根数及排烟情况。调整配风、配汽比例。注意蒸汽窜入风线或配风量过大烧坏炉管情况的发生。

⑥ 根据烧焦罐排烟情况，喷入适量冷却洗涤水。

⑦ 烧焦时，应盯紧炉管红管根数及红管情况，随时用红外测温仪等测温仪器测定各炉管表面温度，正常情况下要求辐射炉管表面温度：正常≯600℃($Cr_5Mo$)；≯650℃($Cr_9Mo$)；燃烧处≯700℃；

⑧ 烧焦罐出口排烟无焦灰，出现红灰时，可将炉膛提至最高指标，适当增大风量，减少汽量(根据情况可逐渐关死)，维持15min左右，并不断检查炉管颜色、排烟情况，同时观察辐射出口温度变化情况，当炉出口温度下降，炉管颜色无变化或呈暗灰色时，说明烧焦结束，可停炉降温，对流辐射炉管继续通蒸汽保护。

⑨ 烧焦过程中要详细记录有关操作条件及排焦情况，以积累相关数据及经验。

（4）烧焦注意事项

① 炉管内焦炭燃烧后，应随时检查排烟情况和炉管颜色。

② 不得排浓烟，脱下的焦粒不应太大，一般以2mm左右为宜。

③ 炉管燃烧颜色以暗红为好，不可过红(桃红甚至黄红色)，燃烧炉管不得超过两根。

④ 为判断燃烧情况，必要时可暂时关小火焰观察。

⑤ 如发现炉管过红，应及时减少风量，增大吹汽。

⑥ 在烧焦过程中，应防止因烧焦过快导致脱落的焦块堵塞炉管而烧坏炉管。

⑦ 如遇雨天，暴露在露天的管线应做好防护措施，以防止热胀冷缩过大，使炉管变形。

⑧ 单炉膛烧焦，在通风烧焦后，要保持一定的通汽降温时间，一定要在炉管温度降至规定指标后再通风，力求避免炉膛温度高，在辐射室“满膛红”的情况下烧焦。

### 4.4.7 停工吹扫的目的及注意事项

停工吹扫的目的就是将设备内的残油、残液吹扫置换干净，保证检修时动火作业和进罐入塔作业的安全。

停工吹扫时应注意在吹扫前，所有设备及管线都已退油、退液完毕，不能就地排放；冷换设备一程吹扫时，另一程必须打开放空阀，防止设备憋压；引蒸汽时应先脱尽冷凝水，防止水击；吹扫时按先主线，再次线，从上到下，从里向外的原则进行，吹扫面不要铺得太开，以免蒸汽压力过低；设备管线憋压时压力不得超过其最高工作压力；泵体、流量计、调节阀原则上不参加吹扫；首次给汽吹扫或大汽量吹扫时，在排空处应有人监护，防止烫伤他人；吹扫完毕后，应打开塔顶和各低点放空，防止抽瘪设备；装置吹扫时应通知仪表工序，同时吹扫仪表引压管、引出线。

## 4.5 设备维护和操作

### 4.5.1 机泵的维护和操作

#### 4.5.1.1 离心泵

(1) 日常维护

① 保持泵体的清洁卫生。

② 定期检查内容：

a. 泵出口压力和流量有无异常现象。

b. 电机电流(不得超过额定电流)。

c. 端面密封冷却水情况，有无漏油。

d. 润滑油(脂)是否变质，液面是否正常。

e. 机泵有无串轴或振动现象。

f. 轴承和电机声音是否正常，要求轴承温度不大于65℃，电机温度不大于75℃。

g. 冷却水流动情况，下水畅通情况。

③ 按机泵润滑制度，定期清洗油箱和更换润滑油。

④ 备用泵每天白班盘车一次，使之处于随时可启动状态。

⑤ 备用泵按制度每三个月定期切换。

(2) 开泵

① 开泵前的准备工作。

a. 将泵周围的卫生打扫干净，下水畅通。

b. 检查地脚螺栓有无松动，接地线安装是否良好。

c. 检查泵出口管线及附属部件、仪表是否完整无缺。

d. 向轴承箱注入合格润滑油，液面保持在1/2～2/3之间。

e. 打开各冷却水阀，调节各管路正常排水。

f. 检查对轮连接是否良好，防护罩是否安好。

g. 盘车检查机泵转动是否灵活，如转动困难或盘不动时，禁止启动。

h. 打开压力表阀门、泵的入口阀门，引油灌泵。

i. 热油泵在启动前必须预热，预热时稍开泵出口，缓慢进油，防止泵倒转，预热时间不小于1h，待泵体温度和介质温度差小于60℃时方可启动，在预热中应注意盘车。

j. 联系送电。

k. 联系有关人员，准备开泵。

② 启动。

a. 关闭出口阀，全开入口阀，按动启动开关，送电启动。

b. 当泵出口压力和电机电流正常后，根据流量变化，逐渐开出口阀。

c. 全面检查有无异常现象。启动电机时，如有异常声音或电机不转，应立即切断电流，待查明原因，消除故障后方可启动。

（3）切换

① 做好备用泵开泵前的准备。

② 打开备用泵的入口阀门，引油灌泵。

③ 按照开泵步骤启动备用泵。

④ 待备用泵出口压力和电机电流正常后，渐开出口阀门，并将原运转泵出口阀逐渐关闭。

⑤ 当备用泵出口压力、流量正常后，按停泵步骤停原运转泵。

（4）停泵

① 联系操作员关闭泵出口阀门。

② 按动停止开关，切断电源，关闭入口阀门。

③ 待泵体冷却后，关闭各冷却水阀(冬季应保持少量流动，以防机泵冻裂)。

④ 热油泵停车后，应注意盘车。

⑤ 当机泵发生轴承、电机温度过高或冒烟、盘根或端面密封严重漏油、机泵抽空等严重情况，应立即切断电源，关闭出入口阀门，同时启动备用泵，向班长汇报，联系处理。

⑥ 如该泵准备检修时，应再次检查各出入口阀门是否关严，待泵体冷却后，慢慢打开排空阀，把泵内压力和存油放掉，再交付检修。

⑦ 电机拆修后，应进行电机单机试运，并检查电机转向是否符合要求。

⑧ 冬季长期停泵，需把泵内存水排尽，室外的泵还需采取防冻措施。

**4.5.1.2　辐射泵**

（1）润滑油系统的操作和维护

① 保持辐射泵各部正常润滑，滚动轴承温度不大于70℃，滑动轴承温度不大于65℃，机体温升不大于90℃。

② 经常检查泵轴瓦、机体振动情况，有无杂音。

③ 检查循环冷却水进出口温度。

④ 定期检查润滑油质量，如发现变质，应及时换油或置换。

⑤ 备用泵按制度定期切换。

（2）封油系统的操作和维护

① 定时检查前后端面密封有无漏油现象。

② 根据辐射泵入口压力变化及时调整封油注入压力，保持注入压力大于入口压力0.05MPa。

③ 加强封油罐收油温度及液面检查，封油温度(70±5)℃，每班脱水一次，冬季做好防凝工作。

④ 每天白班了解封油介质含水分析情况。

⑤ 封油介质系统扫线或投用有关冷换设备时应暂停收封油。

(3) 辐射泵的日常维护

① 定期检查辐射泵前后压力表运行情况，严防失灵。

② 焦炭塔换塔时，密切注意泵出口压力及流量变化，严防换塔憋压。

③ 注意泵入口压力及分馏塔底液面变化，严防泵抽空。

④ 搞好巡回检查，按时记录辐射泵各部操作参数。做好备用泵的预热、盘车工作。

⑤ 搞好辐射泵附属设备的卫生。

(4) 辐射泵的操作

① 预热：

a. 检查并关闭泵体各放空及排凝阀；

b. 封油系统脱水检查，稍开前后注入点阀门，用封油灌满泵体；

c. 逐一打开泵体各放空、排凝阀门，直到有封油溢出，关闭阀门；

d. 缓慢打开泵入口阀门并检查各部位泄漏情况；

e. 检查并调整前后封油入口压力；

f. 投用汽封蒸汽系统，先疏水，无水后改入，以飘出少量蒸汽为宜；

g. 引油至泵出口阀后；

h. 缓慢打开泵出口预热阀，预热时严防倒转；

i. 辐射泵预热时，预热速度不能过快，同时应加强盘车，若发现盘车不动，不能硬盘，应停止预热，待检查处理好后重新进行盘车。

② 投运：

a. 辐射泵预热充分，泵体与介质温差小于50℃；

b. 对各部位全面检查，盘车正常，封油、冷却水及汽封系统正常；

c. 关闭预热阀，启动电机，当泵达到正常转速后，根据出口压力情况，逐步开大出口阀；

d. 根据生产需要，控制辐射泵出口阀开度，满足生产的正常流量要求，开出口阀时，应注意观察电机电流不能超过额定电流；

e. 全面检查泵、电机运行情况，检查封油是否注入，轴承振动、温度是否正常，机械密封是否泄漏，泵及电机是否有杂音；

f. 启动时，密切注意入口压力、分馏塔底或辐射进料缓冲罐液面和泵的上量情况，严防泵抽空。

③ 切换：

a. 检查备用泵预热情况，润滑油、冷却水、汽封蒸汽等是否正常。

b. 泵体温度与介质温度相差小于50℃，盘车灵活。

c. 按离心泵操作规程进行切换。

d. 换泵后，若该泵需检修则切出，关闭辐射集合管阀、泵出口阀，用封油置换冷却，交付检修；若正常切换，则做好该泵备用维护工作，认真做好切换记录。

④ 停泵：

a. 逐渐关小出口阀至全关。

b. 按停泵按钮，切断电源。

c. 停泵以后，继续向端面密封注入封油，冷却水系统继续循环，保证机泵各部位温度不超过指标。

d. 停泵后应加强盘车，直到泵体与正常预热温度接近。

e. 做好预热工作，封油、冷却水、汽封系统照常运行。

⑤ 紧急停泵。

应实施紧急停泵的情况有：装置内发生重大事故危及装置安全时；电机电缆接头、轴承温度严重超标或冒烟，经处理无效时；泵端面密封严重泄漏着火时；润滑油、封油或冷却水中断经处理无效时。

**4.5.1.3 高压水泵**

(1) 开泵前的检查

① 高压电机的检查：

a. 各点温度计齐全。

b. 电机绝缘合格(电工检查)，电机接线不松动，不生锈，保护良好。

c. 电机转向正确，轴瓦蓄油器油面在看油窗 2/3 处，油质合格。

d. 电机水冷器进出口阀是否打开，水压是否正常。

② 润滑油系统的检查：

a. 油箱液面达 2/3 处，定期采样化验合格(46#防锈透平油)。

b. 油系统管线阀门清洁畅通。

c. 润滑油泵转向正确，地脚螺丝不松动。电接触压力表上、下限定压正确。

d. 冷却器安装完好，电机接地保护良好。

e. 低压电器部分情况良好。

f. 信号系统响亮、准确，警报器好用。

③ 高压泵的检查：

a. 两端轴瓦蓄油器油面在看油窗 2/3 处，油质合格。

b. 压力表、流量计准确完好。安全防护设备良好。所有丝堵、法兰、阀门无漏水、渗水的现象。

c. 轴瓦盖板严密，不得有水溅入蓄油器。

d. 盘根松紧度适合，压盖不偏斜。

e. 吸入管路阀门畅通，无渗水、漏水现象。

f. 各阀门灵活好用，无渗水、漏水现象，法兰不偏斜。

g. 冷却水管路畅通无阻。

h. 电动出口阀灵活好使，开泵前留一扣。

i. 盘车检查情况良好(备用泵每天盘车一次 180°)。

j. 地脚螺丝不松动。如启动一台高压水泵，应将另一台的出口阀给水与回水电动阀关死，泵体放空阀打开。各高压水线路联接法兰，焊缝要求不渗漏，保护罩齐全。

④ 电机检查：

a. 电机接地良好，转向正常。

b. 电机安装找正正确，运行时不振动。

c. 电机各处螺栓紧固。

d. 各轴承和齿轮润滑良好，阀门开关自如，盘根松紧适宜，电机不超载，阀门不漏水，关闭严密。手动系统开关灵活好用。

（2）开泵前的准备

① 投用润滑油系统。

② 高压水系统准备完毕。

（3）启动

① 接除焦操作开泵信号后，再次检查润滑油冷却系统是否正常。检查仪表系统正常，三位阀处于回流，再次盘车。

② 打开泵出口管排气阀，检查灌泵情况，完毕后关好排气阀。再次检查各部分冷却水和润滑油流动情况。

③ 向除焦岗位发出开泵信号，待对方发回同意开泵信号后，按启动按钮。

④ 泵启动后，立即检查以下内容：

a. 电机电流不得大于额定电流。

b. 泵出口压力是否正常。

c. 各轴瓦温度是否正常，各轴瓦注入点压力是否正常。

d. 电机、泵体温升、泵入口压力、电机及泵振动情况。

e. 机械密封泄漏情况。

（4）切换

① 接到除焦切换信号后，立即回信号进行切换。

② 切换上水步骤为：

a. 首先关闭回水，待泵入口流量降至规定范围时，立即停回水电动阀。

b. 开启上水阀，使水压缓慢上升。当入口流量上升时，再关闭回水电动阀，控制入口流量在正常范围，控制阀前压力，以保证高压水泵平稳运转。

c. 回水时也应注意泵的电流不超过标准值。

d. 根据除焦岗位升压信号，在泵的许可范围内，开大上水电动阀进行升压。

③ 回水切换步骤：

a. 根据除焦岗位切换回水信号进行换水操作。

b. 切换步骤为切换上水步骤的逆操作。

（5）运行中的维护和检查

① 经常检查仪表的运行情况。

② 检查机泵轴瓦温度不得超过70℃，正常温度45℃，若温度偏高，应将冷却水开大。

③ 观察填料的工作情况，不得发热。

④ 检查泵和电机的工作情况，若发现不正常噪声或振动时应详细查明，及时汇报，及时处理。

⑤ 经常检查润滑油，油压油环工作情况。

⑥ 根据除焦岗位上水、回水切换信号，注意水流量和电流变化，如过大应用泵出口电动阀控制。

⑦ 当水位警报器发出低位报警信号而处理无效时，必须在5min内停止高压水泵，在无信号时应经常检查液面，并注意节约用水。

（6）停泵

① 接到除焦岗位发来的停泵信号后，即可准备停泵。

② 将除焦控制阀打到回流位，待主盘上三位阀回流显示灯亮，按停泵按钮。

③ 按停泵按钮，运行显示灯灭。如停泵按钮失灵，可以联系塔顶除焦，按下紧急停泵按钮停泵。

④ 通知操作人员，停用切焦水提升泵，打开切焦水罐底部放水阀放水至焦池阀门，放净切焦水罐内剩水。

⑤ 停泵后，待各轴承温度接近室温时，可停用润滑油系统。

⑥ 关总电源开关。

⑦ 停泵立即盘车。

#### 4.5.1.4 蒸汽往复泵

（1）日常维护

① 保持泵体清洁卫生。

② 定期检查内容：

a. 流量、压力、往复次数是否正常，有无杂音。

b. 注油器注油情况及液面。

c. 各部件有无松动或脱落。

d. 盘根是否漏油。

e. 冷却水排水是否正常。

③ 润滑油液面保持在 1/2 ~2/3 之间。

④ 每隔 4h 向各注油点加入合格的润滑油。

⑤ 发现盘根泄漏应及时报告班长，联系处理。

⑥ 检查并补充配汽拉杆两侧黄油杯内黄油。

(2)开泵

① 启动前的准备工作：

a. 将泵周围的卫生打扫干净。

b. 检查机泵管线及部件是否完整无缺。

c. 装好合格的压力表，压力表应灌好甘油封液。

d. 注油器加足合格汽缸油，并摇动手柄加油和检查各注油点情况。

e. 由脱水阀脱除入汽、排汽管线内存水。

f. 打开乏汽阀门，并由缸底脱水暖缸。

g. 热油泵给上盘根冷却水。

h. 各注油点注入润滑油脂。

② 开泵：

a. 打开油缸进出口阀门和压力表阀门。

b. 略开进汽阀门，继续暖缸。

c. 汽缸暖缸正常后，稍开缸底脱水阀。

d. 逐步开大入汽阀门，将泵启动。

e. 启动后注意泵的出口压力和泵的运转情况。

f. 控制汽缸入口蒸汽量，从而调整泵出口流量，不能用卡出口阀等方法来控制流量。

（3）停泵

① 关闭汽泵进汽阀门。

② 关闭汽泵排汽阀门。

③ 打开缸底放水阀，将水汽排空。

④ 关闭油缸出入口阀。

⑤ 关闭冷却水。

⑥ 重油泵停泵前应先关油缸入口阀，并控制汽泵往复次数。

**4.5.1.5 离心式压缩机(背压式)**

(1) 开机前的准备

① 工艺管路系统检查合格，出口阀处于关闭状态。

② $N_2$置换合格，机组附件、附属设备状态良好，具备投用条件。

③ 现场卫生状况良好，仪表、电气、钳工检修完毕。

④ 联系机、电、仪等单位，确认各方检修结果，联锁自保试验正常。

(2) 正常开机

① 干气密封的投用：

a. 建立隔离空气。自净化风罐引风到压缩机，控制好压力，按要求控制二侧隔离空气流量。

b. 打开氮气进氮气罐隔离阀，通过减压阀调整氮气罐压力。

c. 打开氮气罐底部排凝阀，脱液干净后关闭，并引氮气至干气密封架前。

d. 控制好干气与平衡气压差，其压力始终比压缩机内侧一段进口气体压力高 0.1MPa 左右。

② 跑油：

a. 按规定向油箱中加入润滑油，油质检验合格，油位符合要求。

b. 改好润滑油流程，检查压力开关、压力表、压力变送器、液位计阀是否打开，并关闭冷却器、过滤器、液位指示器的各个排油阀。

c. 开主油泵，按规定控制泵出口压力。

d. 检查并调整系统各点油压，进行润滑油系统的自保联锁试验。

e. 试验结束，检查备用泵开关在自启动位置。

f. 检查回油视窗回油、检查高位油箱回油、油过滤器压差是否正常，调节冷却器和加热器，控制油温在 35 ~45℃。

(3) 压缩机的盘车

① 机组润滑油路正常后，按规定进行盘车。

② 检查机组有无异常声响。

③ 在透平温度发生变化时，必须连续盘车；暖管时盘车至机组冲转，停机时盘车至转子冷却。

(4) 汽轮机预热

① 主蒸汽管的预热：

a. 确认透平调节汽阀、速关阀全关；

b. 第一道主蒸汽闸阀全关，全开入口第二道闸阀；

c. 全开主蒸汽管线上所有排凝阀，全开入口放空阀；

d. 逐步打开入口第一道闸阀副线进行预热，主蒸汽管预热到 250℃以上，检查各排凝线，待没有凝结水出现时逐一关闭排凝阀；

e. 逐步打开入口第一道闸阀，在压缩机临启动前全开。

② 排汽管线的预热(要求暖排汽管线到无凝结水出现)：

a. 逐步打开背压出口闸阀后排凝阀，直到无凝结水出现；

b. 逐步打开背压出口闸阀后放空阀，并检查消音器上冒汽情况；

c. 全开背压出口闸阀前所有排凝阀，检查背压放空阀是否全开；

d. 在低速暖机时，检查出口闸阀前所有排凝阀，无凝结水时，关小各排凝阀；

e. 全关背压出口闸阀后放空阀、排凝阀。

③ 主汽轮机的预热。

④ 全开机体排凝阀。

⑤ 全开主汽门后各排凝阀。

⑥ 待压缩机低速冲转时检查各排凝阀，无凝结水时全关。

(5) 投用汽封气冷却系统(要求汽封气压力保持负压)

① 全开汽封冷却器的入口闸阀(汽封泄漏蒸汽)；

② 全开冷却水进水阀；

③ 逐步打开冷却水出水阀；

④ 打开汽封冷却器的蒸汽入口阀，用于抽汽，全关汽封蒸汽放空闸阀；

⑤ 调节抽汽蒸汽闸阀，保持负压；

⑥ 调节冷却水流量，确保两路排凝系统有凝结水排出。

(6) 压缩机组的启动、升速准备

在开机前，根据机组检修情况，需要进行机组静态试验、联锁试验、停机保护试验、汽轮机单机试车及机组空气负荷试车。

(7) 主汽轮机的低速暖机

① 联系机、电、仪及机动处相关人员到场。

② 锁住盘车装置，通知相关岗位，由班长组织安排好人员，班长负责指挥，统一协调，准备开机。

③ 检查联锁开关，除排汽压力外，均应投用。

④ 打开汽轮机进口阀门，出口阀关，出口放火炬阀略开，反飞动阀上下游阀全开，调节阀全开。

⑤ 人工确认启动条件(进口阀全开；润滑油总管压力正常；冷却水流量正常；防喘振阀全开；速关阀关)。

⑥ 外操利用启动装置，现场建立启动油压和速关油压，打开速关阀。

⑦ 启动机组，使汽轮机冲转，进行低速暖机。

⑧ 暖机时间不少于30min，同时全面检查运转机组、润滑系统、蒸汽系统、干气系统、富气系统、汽封系统，确保各部分运转正常，要求进汽温度大于380℃。

(8) 汽轮机的提速

① 检查汽轮机轮室温度是否达到规定要求，检查各排凝阀无凝结水后，全关各排凝阀。若部分阀门仍有凝结水，适当关小排凝阀。

② 按升速曲线进行升速，升速时应迅速通过临界转速，检查各部分运行情况。

③ 检查背压蒸汽管网系统正常后进行背压蒸汽并网。打开汽轮机出口闸阀2～3扣后，同时开汽轮机出口闸阀，关背压放空阀，进行背压蒸汽并网操作，此时注意检查压缩机、汽轮机各部分运行情况。

④ 升速至规定转速，检查各部分运行情况，注意瓦斯出口压力、温度和振动显示。

⑤ 逐步打开压缩机出口阀，关瓦斯放火炬阀，调节反飞动阀开度，调节机组入口压力，同步提转速到正常转速，注意分馏、脱硫的运行情况。

⑥ 内操根据生产情况调整操作，适当提高吸收塔顶压力，提高机组出口压力；外操全面检查压缩机及附属设备的运行情况，并全面检查泄漏情况。

(9) 正常停机

① 正常停机前与生产管理部门、班长联系，做好停机准备工作。

② 调整机组操作工况，降低转速至规定转速，全开反飞动阀，关富气出口阀，适当打开安全阀副线放火炬。

③ 全关透平进出口蒸汽隔断阀。打开背压放空阀和所有排凝阀。

④ 转子停稳后，一个外操专门负责盘车，直到油温降到40℃，汽缸温度降到90℃以下方可停止盘车，停止后每班盘车一次。

⑤ 停用汽封冷却器，汽轮机泄漏尾气改放空。视检修情况决定是否停运润滑油系统、是否关压缩机入口阀门、是否进行氮气置换。

⑥ 全关压缩机两只进出口手动闸阀。

⑦ 加大系统有油 $N_2$ 引入缓冲罐量，控制好压力，防止压力过高。适当打开压缩机入口 $N_2$ 置换线第一道阀及排凝阀，直至无凝液后全关排凝阀。全开压缩机入口 $N_2$ 置换线第一、第二两道阀门，引 $N_2$ 进入压缩机进行置换。

⑧ 用压缩机出口安全阀的副线阀来控制 $N_2$ 置换压力，确保压缩机一级入口压力不要过高(防止有油 $N_2$ 窜入干气密封系统)，并结合机组盘车与憋压、排放，加快置换进度。

(10) 离心式压缩机的调节方法

当压缩机和其他设备联合工作时，压缩机的工况就固定在某一点工作。一般情况下，这一点应该就是设计点。在压缩机运转时，装置的要求是在经常变动的。如工厂的处理量有时要增大，有时又要减少，这就要求压缩机的流量也相应的变化，系统管路的阻力系数就发生变化，这时要求压缩机出口的压力也相应地按所要求的变化，不管是机器的流量变化或是机器的压力变化，都是要改变机器的性能，使其在另外一个新的工作点工作，这种改变机器性能的方法就叫做调节。

压缩机的调节方法可有这样几种：压缩机出口节流；压缩机进口节流；改变压缩机的转速；进气管装导向片；旁路或放空调节。

#### 4.5.1.6 往复式压缩机的维护

① 定时记录电机电流、入口气体压力及温度、一级和二级出口压力和温度、润滑油压力和温度、富气流量等；

② 定时检查压缩机运转情况、润滑状态及各部声响，使各操作条件符合工艺指标；

③ 检查各分液罐，不定期进行脱液；

④ 检查各部分低点排凝放空阀出口排凝是否畅通，排放后关闭阀门；

⑤ 保持入口压力不低于工艺操作指标，保持压力稳定；

⑥ 检查冷却水压力和各冷却器的冷却情况；

⑦ 曲轴箱及注油器维持足够的油量；

⑧ 定期检查各汽缸进出口汽阀的运行情况，用温度仪测量汽阀表面温度，若有异常温升及时汇报处理。

#### 4.5.2 空冷的操作

① 要按时检查各阀门压盖、大盖、法兰、堵头有无泄漏。

② 每班对停运风机要进行盘车。

③ 搞好轴承润滑，注意检查空冷电机温度是否超标。

④ 定期清除风机、空冷翅片和安全网上的污垢。

⑤ 根据冷后温度要求及时调整风叶角度。

⑥ 冬季要加强防冻防凝工作。

#### 4.5.3 换热器的操作

（1）换热器的投运

① 先仔细检查换热器，确保所有堵头装好，所有紧固螺栓无松动。

② 所有阀门应在关闭位置。

③ 打开冷、热流体放空阀。

④ 稍开热流体入口阀，并排出全部空气，然后关热流体放空阀，进行同样操作让冷流体充满换热器。

⑤ 全开冷、热流体的进口阀。

⑥ 慢慢打开冷流体出口阀，待冷流体通过换热器后再缓缓打开热流体出口阀。

⑦ 最后全开冷流体出口阀和热流体出口阀，注意全部操作应慢慢地进行，并观察温度的变化。检查各密封点是否有泄漏。

（2）换热器的停运

① 先关热流体后关冷流体。要渐渐地关，使换热器慢慢地冷下来，冷流体不能先关，否则，热侧传来的热量使冷流体温度升高，因那里无膨胀余地，压力升高，导致换热器破裂。

② 在换热器的进、出口中流体切断之后，而且温度降至冷流体温度时，关掉冷流体进、出口阀。

③ 排尽壳体和管子两侧的残留液。

④ 如长时间停用，为安全起见，可在进、出口管线上装上盲板。

⑤ 如果换热器是用在酸性油或有硫化铁结垢物的场合，在换热器端盖打开之前应用水冲洗。

#### 4.5.4 单流机械过滤器的操作

① 检查压缩风管、水管及阀门是否灵活好用。

② 打开进水阀和出水阀(上进下出)。

③ 检查滤后水内是否含有污物。

④ 按规定定期进行反冲洗，反冲时，停止过滤，关闭过滤时流程的进、出口阀，打开反冲进、出水阀，让反冲水流入焦池，直至冲洗干净为止。

#### 4.5.5 底盖机的操作

（1）检查及准备工作

① 检查设备各部件是否完好。

② 检查润滑油系统工作是否正常。

③ 检查工具是否齐全。

④ 检查消防器材是否齐全完好。

（2）卸盖及出焦过程的操作

① 待焦炭塔放水完毕，经工艺人员确认后，可以进行卸盖及除焦作业。

② 开动行车使起重柱塞对准塔底口托盘，使柱塞缓慢上升，卸下塔底进料短管，操作时注意观察焦炭塔放水是否彻底，防止被热水烫伤。

③ 当柱塞牢固地顶住塔底盖后，用扳手旋松螺母，然后即可取下螺栓，在旋拧螺母时必须对称操作。当全部螺栓取下后，缓慢放下起重柱塞和塔底盖。移动行车，联系外操人员用汽扫尽进料管后，再开行车，使保护筒正对塔下口。

④ 启动油泵，使保护筒均匀升起。当保护筒升到塔底法兰口时，用三根支架顶牢内保护筒。

⑤ 所有的准备工作就绪后，准备上水除焦。

⑥ 在除焦过程中，底盖人员应经常注意保护筒有无焦块喷出以及溜槽积焦现象，发现问题及时与除焦岗位人员联系处理。

⑦ 及时清理底盖积焦，清除法兰密封面以及金属钢垫上的积焦；检查进料线是否畅通，如有积焦及时清理，做好上盖前准备。注意保持焦炭塔底盖钢垫完好，密封面清理干净，如有需要用细晶砂打磨。

# 第五章　生产异常及事故处理

焦化装置在生产过程中会因各种原因引起生产异常。由于装置具有高温、高硫的生产特点，如不能对生产异常进行正确的处理，不但会影响装置的生产，还有可能会引起事故扩大，甚至会造成人员、财产的损失。因此，提高生产异常及事故处理能力是操作人员基本功培训中的一项重要内容。在这一章中，我们将按工艺流程的顺序讨论本装置常见的一些生产异常和事故处理，此外在附录中还列举了一些延迟焦化装置的典型事故及处理。由于各装置的具体流程不同，在处理步骤上体现通用的原则，细节部分不作讨论。

## 5.1　紧急停工

### 5.1.1　紧急停工的原则

延迟焦化装置需要进行紧急停工的情况大致可以分为三类，生产操作故障、设备故障和公用工程故障。生产操作故障是指原料中断、冲塔等情况；设备故障是指富气压缩机组故障、辐射泵故障、仪表控制系统故障及设备泄漏引起火灾等；公用工程故障是指水、电、汽、风、燃料等动力系统故障。

当装置的关键部位发生泄漏、着火、爆炸，重要设备发生故障，长时间大面积停水、电、汽、风，装置不能维持生产或者会引起人身事故、设备损坏等时，装置应立即紧急停工，保护人身、设备安全，避免次生事故的发生。

### 5.1.2　紧急停工的处理方案

当装置需要进行紧急停工时，应注意防止加热炉结焦、富气压缩机组损坏以及脱硫系统高压窜低压，具体的步骤如下。

① 向上级汇报并与有关单位联系，启动紧急事故处理预案。

② 立即切出事故设备。

③ 切断原料进料，加热炉紧急熄火、降温，打开快开门自然通风。

④ 对流、辐射改好紧急放空流程，加热炉提注水量或注汽量(停电时吹蒸汽)，待炉管内压力低于蒸汽压力后，尽快向炉管吹汽；如预热塔满足切换条件，应立即将四通阀切至预热塔，若无预热塔或预热塔不能满足切换条件，则将四通阀直接切至甩油罐。

⑤ 瓦斯在分馏塔顶油水分离罐顶压控处放低压瓦斯系统。

⑥ 四通阀切至开工位置，走甩油罐流程，老塔按正常冷焦处理。

⑦ 对各重油线进行退油吹扫。

⑧ 分馏、吸收稳定和脱硫系统，按正常停工情况处理。

### 5.1.3　紧急停工的注意事项

① 紧急停工时班长要立即组织好人员，启动紧急预案，由班长统一指挥，确保装置顺利、安全、稳定地停工。

② 装置停工时严禁任意排放有毒、有害物料，尽量做到密封排放。

③ 无论发生着火、爆炸还是中毒事故，首先必须切断危险源，将受伤人员移至安全地

带进行现场抢救，并设置警戒区。抢救过程首先保证抢救人员自身的安全，避免事故扩大。在无法切断危险源时要立即用蒸汽或水进行掩护，避免事故扩大。

④ 紧急停工时，要注意保护加热炉，防止炉管结焦；保护辐射泵；保护压缩机组；保护高压水泵等关键设备完好。生产塔生产时间较短的，冷焦应冷透，防止出软焦。

⑤ 紧急停工时要注意做好物料平衡，防止满罐、抽空等次生事故的发生。

## 5.2 工艺事故的处理

### 5.2.1 原料油系统

#### 5.2.1.1 原料油中断

(1) 现象

① 进装置流量回零。

② 原料油罐底压力和液面指示急速下降。

(2) 危害及影响

① 原料泵抽空。

② 对流炉管结焦。

③ 长时间中断会引起装置停工。

(3) 原因分析

渣油输送故障。

(4) 处理

① 联系相关岗位人员，查明原因，尽快恢复对装置供料。

② 视情况停止蜡油出装置，将蜡油改回原料罐，降处理量至最小允许值。

③ 调整辐射流量，加大注水(汽)量，控制好分馏塔底液位。

④ 当原料较长时间不能供给、生产不能维持时，按停工处理。

#### 5.2.1.2 原料油罐冒罐

(1) 现象

① 原料罐底压力长时间升高；

② 原料罐液位满，液位指示长时间不会变化。

③ 原料进出原料罐量不平衡。

④ 分馏塔底液位持续上升。

⑤ 分馏塔蒸发段温度急速下降。

(2) 危害及影响

① 影响分馏塔正常操作。

② 分馏塔冲塔，汽柴油产品质量不合格，出污油。

(3) 原因分析

① 原料油大量带水或串汽。

② 液面过高。

③ 仪表指示失灵。

(4) 处理

① 联系相关岗位，消除原料线上的串汽点。

② 联系相关岗位，暂停或减少原料进料，加大对流进料量。

③ 联系处理仪表故障。

### 5.2.2 加热炉系统

#### 5.2.2.1 辐射/对流炉管损坏

（1）现象

① 炉管损坏的主要形态有壁厚减薄、变形、破裂、鼓包、内外腐蚀等。

② 炉管泄漏后，介质漏出会在炉膛内燃烧，产生火苗。

（2）危害及影响

① 影响加热炉工况。

② 损坏设备。

③ 严重时引起停工。

（3）原因分析

① 传热恶化，局部过热。

② 火焰长期舔炉管。

③ 管内结焦。

④ 管内介质的冲刷腐蚀以及管内、外高温硫腐蚀等。

（4）处理

① 调整炉火，保持各点温度均匀，防止火焰直接舔炉管。

② 保持一定的注水(汽)量和炉管内介质的流速，防止炉管结焦。

③ 在紧急停炉等非正常操作时，吹扫尽炉管内的渣油，防止炉管结焦。

④ 控制好吹灰频率，防止对流结灰、烟气偏流造成腐蚀。

⑤ 选择合适的炉管材质，减少腐蚀的影响。

⑥ 定期对加热炉的运行状况和炉管情况进行检测。

#### 5.2.2.2 注水炉管腐蚀穿孔

（1）现象

烟囱冒汽，对流段有异常声响。

（2）危害及影响

注水量波动，影响辐射炉管的正常运行。

（3）原因分析

烟气偏流，造成炉管腐蚀。

（4）处理

① 注水改为辐射直接注水。

② 注水管通蒸汽保护。

③ 加强对流段吹灰，调整烟道挡板开度，防止烟气偏流，避免腐蚀加剧。

#### 5.2.2.3 辐射/对流炉管腐蚀泄漏

（1）现象

① 炉管表面出现火苗、亮点。

② 严重泄漏时，烟囱冒黑烟，炉出口压力下降，炉膛温度及出口温度升高，难以控制。

③ 加热炉氧含量、炉膛负压急剧变化。

（2）危害及影响
介质泄漏着火，损坏设备，严重时造成装置停工。
（3）原因分析
① 炉管结焦，表面温度过高，造成局部过热。
② 因仪表失灵等造成偏流、干烧。
③ 炉管使用周期长、原料劣质化，造成炉管强度下降。
④ 炉管选材不当、焊接质量不合格等。
（4）处理
① 烧穿呈小孔时，降温停炉，并处理故障仪表。
② 严重烧穿时，进行紧急停炉。
③ 更换炉管，提高炉管材质等级。

#### 5.2.2.4 炉墙内衬脱落

（1）现象
① 炉膛局部温度出现变化。
② 脱落处外壁温度上升，钢板发红。
③ 脱落的衬里盖住火盆，造成火焰外窜。
（2）危害及影响
烧穿炉墙，烧坏火盆。
（3）原因分析
① 耐火砖挂钉腐蚀脱落。
② 衬里进水，烘炉升温过快，炉墙龟裂脱落。
（4）处理
① 脱落面积小不影响生产时，可加强监控继续运行加热炉，并有计划停炉检修。
② 脱落面积大对安全生产造成威胁时，进行紧急停炉。

#### 5.2.2.5 辐射炉管结焦

（1）现象
① 炉管表面温度上升，颜色发红或者有一些红色的斑迹。
② 炉管出入口压降增大。
③ 辐射炉管注水压力上升。
④ 在保持炉出口温度不变的情况下，炉膛温度升高，炉用瓦斯量增加。
（2）危害及影响
① 装置生产能力下降。
② 炉管热分布恶化、加热炉的热效率降低。
③ 严重时造成装置停工。
（3）原因分析
① 辐射出口温度过高或仪表指示温度偏低。
② 注水（汽）量不足或中断。
③ 辐射偏流、流量中断或过小。
④ 火焰控制不好，造成炉管局部过热。
⑤ 原料含盐量过大或性质变化太大。

⑥ 炉管清焦不良。

(4) 处理

① 适当降低炉出口温度，校验仪表，查明温度过高的原因。

② 适当降低炉出口温度，查明注水(汽)不足或中断原因，及时恢复正常注水(汽)。

③ 平衡辐射分支流量，恢复辐射流量至正常。

④ 根据原料变化情况调整原料和操作条件。

⑤ 根据生产情况适时安排停炉烧焦。

#### 5.2.2.6 瓦斯带水或带胺液

(1) 现象

① 火嘴回火。

② 炉膛温度下降。

③ 辐射出口温度下降。

(2) 危害及影响

① 影响装置的平稳生产。

② 火嘴熄灭后，不及时处理有炉膛闪爆的可能。

(3) 原因分析

① 蒸汽加热盘管破裂。

② 系统瓦斯带水或上游瓦斯脱硫装置跑胺。

③ 瓦斯分液罐未及时脱液。

(4) 处理

① 停止蒸汽加热，加强燃料气罐脱水。

② 联系相关岗位人员、有关单位，加强瓦斯系统的脱水和平稳操作，减少带胺。

③ 按要求对燃料气罐进行脱水操作。

④ 若火嘴熄灭的数量较多，应紧急切断瓦斯，吹扫炉膛后再重新点炉。

#### 5.2.2.7 瓦斯带油

(1)现象：

① 烟囱冒黑烟。

② 炉膛温度上升，辐射出口温度上升。

(2) 危害及影响

① 影响装置的平稳生产。

② 火嘴熄灭后，不及时处理会有炉膛闪爆的可能。

(3) 原因分析

系统瓦斯带油严重。

(4) 处理

① 加强燃料气罐脱油。

② 联系相关岗位人员、有关单位，加强瓦斯系统的脱油和平稳操作，减少带油。

③ 调整火嘴的燃烧情况。

④ 若火嘴熄灭的数量较多，应紧急切断瓦斯，吹扫炉膛后再重新点炉。

#### 5.2.2.8 注水(汽)不足或中断

(1) 现象

① 注水(汽)流量下降或指示回零。

② 辐射入炉压力下降。
③ 辐射出口温度上升。
(2) 危害及影响
造成炉管结焦。
(3) 原因分析
① 注水泵故障。
② 注水炉管腐蚀穿孔、局部泄漏。
③ 注水(汽)流量表不准或指示偏大。
④ 注水相关换热器内漏。
⑤ 注汽用系统蒸汽中断或系统软化水中断。
⑥ 晃电。
(4) 处理
① 切换注水泵，并联系修理故障泵。
② 改直接注水。
③ 联系仪表校表。
④ 停用泄漏的换热器。
⑤ 联系相关岗位人员尽快恢复供水(汽)，注水短时改新鲜水代替，适当降温降量。
⑥ 重新启动注水泵。

### 5.2.3 焦炭塔系统

#### 5.2.3.1 焦炭塔压力突然升高或冲塔

(1) 现象
① 焦炭塔压力突然上升。
② 焦炭塔顶部温度上升。
③ 冲塔严重，焦炭塔安全阀起跳。
④ 分馏塔温度、压力突然升高。
⑤ 分馏塔底液面升高。
⑥ 辐射过滤器压差上升。
(2) 危害及影响
① 引起分馏塔冲塔，影响产品质量。
② 入分馏塔油气携带大量焦粉，引起分馏塔底过滤器、辐射过滤器堵塞。
③ 引起接触冷却塔冲塔。
(3) 原因分析
① 炉出口温度偏低，泡沫层太高。
② 辐射量过大，生焦超过安全高度。
③ 新塔预热温度不够。
④ 换塔时，新塔甩油不净。
⑤ 换塔时，老塔压力下降过快。
⑥ 新塔试压后水未脱尽。
⑦ 老塔冷焦吹汽量过大。
⑧ 老塔冷焦给水量过大。

⑨ 分馏塔顶油水分离罐液面过高。

⑩ 分馏塔顶回流量过大。

(4) 处理

① 适当提高炉出口温度。

② 降处理量，调整操作，增大分馏塔底循环量。

③ 尽快查明原因，使焦炭塔压力恢复正常。

#### 5.2.3.2 焦炭塔预热温度上升缓慢

(1) 现象

① 预热后，新塔顶温升不到位。

② 甩油开始后，塔底温度未上升和上升缓慢。

(2) 危害及影响

延误生产周期。

(3) 原因分析

① 预热油气量不够。

② 油气循环线结焦、堵塞或预热流程错误。

③ 温度指示失灵。

④ 去新塔油气阀未开大或阀芯掉。

⑤ 塔底进料被焦块堵塞。

⑥ 甩油泵入口线窜入蒸汽或吸排气阀关闭不严。

⑦ 甩油泵过滤器堵塞。

⑧ 油气隔断阀未关或阀芯掉。

(4) 处理

① 保证老塔压力情况下，增加油气预热量。

② 检查瓦斯循环线是否畅通，预热流程是否正确。

③ 联系处理故障仪表。

④ 适当开大阀门，检查阀芯。

⑤ 用蒸汽扫通塔底进料线。

⑥ 查明串汽原因，采取措施，如泵有问题，可切换泵。

⑦ 甩油泵过滤器改副线，换塔后清扫。

⑧ 根据情况，联系修理换阀。

#### 5.2.3.3 焦炭塔顶、底盖泄漏着火

(1) 现象

① 高温渣油或油气泄漏遇空气自燃，冒黑烟或黄烟。

② 焦炭塔塔顶、塔底出现明火。

(2) 危害及影响

① 造成人员伤亡。

② 损坏设备。

③ 严重时需停工处理。

(3) 原因分析

① 除焦后焦炭塔顶底盖法兰面、垫片未清理干净，垫圈不正，螺丝受力不均匀。

② 试压时检查不够仔细，未及时检查出泄漏部位。

③ 没有按要求进行热紧。

（4）处理

① 先用蒸汽掩护并灭火，做好防护工作，及时对泄漏法兰进行热紧。

② 漏油严重着火时，立即换塔处理，如无法换塔，可停炉降温循环。如刚换至新塔漏油着火严重，在条件许可下，再换回老塔，新塔及时进行处理后再切换过来。

#### 5.2.3.4 冷焦时水给不进或进水量偏小

（1）现象

① 给水流量小。

② 焦炭塔底温度不下降或下降缓慢。

③ 焦炭塔顶压力变化小。

（2）危害及影响

影响冷焦速度，延误生产周期。

（3）原因分析

① 换塔时吹汽不及时或量过小，造成黏油回降，焦炭孔道堵塞。

② 给水泵故障，流量偏小。

③ 开始给水时配汽不当。

（4）处理

① 再次吹汽贯通后，重新给水。

② 切换给水泵，联系检修故障泵。

③ 暂停给水，重新给汽后再改为给水，注意配汽。

#### 5.2.3.5 冷焦后水放不下来

（1）现象

① 冷焦水池（罐）液面不上升。

② 焦炭塔底压力及料位计指示水位未下降。

（2）危害及影响

影响正常除焦，延误生产周期。

（3）原因分析

① 呼吸阀未开或不够大。

② 冷焦速度过快，开始放水时速度太快，堵塞焦孔、管线。

（4）处理

① 开大呼吸阀。

② 用蒸汽或水向塔内吹扫，重新贯通后再放水。

③ 以上措施无效时，可采用卸底盖强制放水。

#### 5.2.3.6 换塔时转油线憋压

（1）现象

四通旋塞阀卡死，无法切换。

（2）危害及影响

① 延误生产周期。

② 损坏管线及设备。

③ 易引起火灾。

(3) 原因分析

① 因联锁条件未达到、机械故障、电仪故障以及阀内结焦造成的四通阀切换不过来。

② 四通阀切换方向错误。

③ 新塔进料线被焦块堵塞或管线严重结焦。

(4) 处理

① 检查确认联锁条件，重新切换四通阀。

② 对机械、电仪故障，联系有关单位检修。

③ 确认切换方向，重新切换四通阀。

④ 如切换时造成憋压且无法切换回原位时，加热炉应立即熄火、切断辐射进料，停止注水，由炉入口放空，并汇报上级处理。

### 5.2.4 分馏系统

#### 5.2.4.1 分馏塔顶油水分离罐污水带油

(1) 现象

含硫污水带油。

(2) 危害及影响

影响下游装置正常生产。

(3) 原因分析

① 界面过低，沉降时间不够。

② 界面控制失灵。

(4) 处理

① 核对现场界位，适当提高界位控制值。

② 界位控制改手动，联系处理故障仪表。

#### 5.2.4.2 分馏塔顶油水分离罐压力上升

(1) 现象

分馏塔顶油水分离罐压力上升。

(2) 危害及影响

① 影响富气压缩机正常运行。

② 影响分馏产品的收率。

③ 影响分馏系统的平稳操作。

(3) 原因分析

① 富气压缩机入口管线不畅。

② 压缩机故障。

③ 瓦斯产量大。

④ 压缩机吸入量不够。

⑤ 反飞动量过大。

(4) 处理

① 加强对相关管线进行脱液处理。

② 瓦斯改排火炬，联系检修压缩机。

③ 调整压缩机操作或适当降量。

#### 5.2.4.3 分馏塔冲塔

（1）现象

① 塔的各点温度上升。

② 塔顶压力突然上升。

③ 各集油箱液面突然上升。

④ 产品质量不合格，严重时出污油。

（2）危害及影响

① 影响分馏产品的质量。

② 影响分馏系统的平稳操作。

（3）原因分析

① 原料带水。

② 分馏塔底液面过高。

③ 系统压力突然下降。

④ 回流中断。

⑤ 焦炭塔冲塔。

⑥ 塔盘故障和降液管堵塞。

（4）处理

① 联系相关岗位人员及有关单位，加强原料的脱水。

② 适当增加辐射量、降低对流量，降低分馏塔底液面。

③ 调整系统操作及压力。

④ 处理焦炭塔冲塔。

⑤ 降低处理量，若分馏塔故障无法排除，装置做停工检修处理。

#### 5.2.4.4 蜡油带水

（1）现象

① 蜡油分析带水。

② 封油泵抽空。

③ 封油罐顶冒蒸汽，严重时造成辐射泵抽空。

④ 分馏塔蜡油回流温度下降，塔上段气相负荷增大，严重时汽油、柴油质量变差。

（2）危害及影响

① 导致以蜡油做封油的泵抽空或泄漏。

② 造成高温泵密封泄漏，引起火灾。

③ 影响分馏系统产品质量。

（3）原因分析

换热器内漏。

（4）处理

① 停运有关换热器并安排检修。

② 通知生产管理部门及有关单位，蜡油换罐，并适当降低蜡油出装置温度。

③ 封油罐暂停收封油，罐内存油加强脱水。

#### 5.2.4.5 蒸汽发生器供水不足或中断

（1）现象

① 汽包液位下降。

② 除氧水流量表指示降低或回零。

③ 水位调节阀全关或全开。

(2) 危害及影响

① 损坏设备及管线。

② 影响装置的平稳生产。

(3) 原因分析

① 锅炉供应除氧水或除氧器液位过低。

② 水位自动控制系统失灵。

③ 除氧水泵故障。

(4) 处理

① 查明原因，如系统外界影响则联系相关岗位人员消除故障。

② 改手动操作，联系仪表处理。

③ 切换除氧水泵，并联系修理故障泵。

④ 必要时停用蒸汽发生器。

#### 5.2.4.6 蒸汽发生器汽包超压

(1) 现象

蒸汽发生器的压力变高。

(2) 危害及影响

损坏设备及管线。

(3) 原因分析

① 蒸汽管网压力太高。

② 蒸汽发生器压控失灵或产汽量过大，调节阀排放不及时。

③ 产汽量过大。

④ 过热蒸汽系统阀门开关错误。

(4) 处理

① 联系相关岗位人员降低管网压力。

② 联系仪表修复发生器压控，产汽量过大时可打开蜡油(或柴油)调节阀副线阀，减少发汽量。

③ 检查过热蒸汽系统流程。

④ 如果蒸汽发生器安全阀已跳开，应首先减少热源，待压力下降到正常值时，关闭安全阀隔断阀，联系重新定压，关闭隔断阀后，要严防汽包再次超压。

#### 5.2.4.7 除氧器冒罐

(1) 现象

① 液位计满，罐顶溢出大量热水。

② 除氧器发生水击或振动。

(2) 危害及影响

① 除氧效果变差。

② 水击损坏工艺管线及设备。

(3) 原因分析

① 蒸汽发生器发汽量突然下降，即发汽所需除氧水量减少。

② 除氧水泵故障。
③ 除氧器液控反应滞后或失灵。
(4) 处理
① 打开除氧器放水阀，恢复正常水位。
② 检查蒸汽发生量突然下降原因，适当减少供水量。
③ 切换除氧水泵，恢复正常供水并联系修理故障泵。
④ 联系仪表修复除氧器液控系统，如短时间修不好，可改用手动控制或副线控制。

**5.2.4.8 除氧水箱液位过低**

(1) 现象
① 除氧器水位低于正常液位。
② 除氧水泵出口压力波动或抽空。
(2) 危害及影响
① 影响发汽量。
② 影响分馏系统操作。
③ 影响除氧水泵的正常运行。
(3) 原因分析
① 除氧器液控失灵。
② 软化水供水不足或中断。
(4) 处理
① 联系仪表修复除氧器液控，如短期修复不好，可改副线控制。
② 查明供水不足或中断原因，恢复正常供水。

**5.2.4.9 换热器泄漏**

(1) 现象
换热器泄漏，周围起火。
(2) 危害及影响
① 损坏设备及管线。
② 装置发生火灾。
③ 严重时装置需停工。
(3) 原因分析
① 设备腐蚀。
② 温度急剧变化，焊口或法兰漏。
③ 管壳层压差太大。
(4) 处理
① 发现泄漏着火，立即报警，组织扑灭并隔离泄漏换热器。
② 隔离、检修泄漏换热器。

**5.2.4.10 冷却器泄漏**

(1) 现象
冷却水带油或油中带水。
(2) 危害及影响
① 损坏设备及管线。

② 污染循环水。

③ 影响产品质量。

（3）原因分析

① 设备腐蚀。

② 温度急剧变化。

③ 管壳层压差太大。

（4）处理

① 确认并切出泄漏冷焦器。

② 检修泄漏冷却器。

### 5.2.5 吸收稳定系统

#### 5.2.5.1 稳定塔底重沸器工况不正常

（1）现象

稳定塔底重沸器出入口温差不正常。

（2）危害及影响

① 稳定系统的产品质量受影响。

② 造成稳定系统操作不正常。

（3）原因分析

① 壳程油品（脱乙烷油或稳定汽油）中含有大量的轻组分造成气阻。

② 塔底液面控制过低，推动力不够。

（4）处理

① 稳定塔底重沸器温度控制阀改手动控制，全开大热旁路，使气体缓慢逸出液相，待塔底重沸器出口温度下降后，全开冷旁路，急速加热增大推动力，若仍有气阻，可以重复多试几次。

② 若属于液面控制过低所致，应提高稳定塔液面。

#### 5.2.5.2 稳定塔顶超温

（1）现象

稳定塔顶温逐渐上升。

（2）危害及影响

液态烃质量不合格。

（3）原因分析

① 稳定塔精馏效果不好。

② 稳定进料变化。

③ 提馏段操作波动。

（4）处理

① 暂降稳定塔底温，提顶压。

② 稳定进料量及温度。

③ 平稳解吸塔操作，加强稳定塔顶回流罐脱水。

④ 减少塔底热源波动，平稳提馏段操作。

#### 5.2.5.3 再吸收塔满液面

（1）现象

再吸收塔底液面满。

（2）危害及影响

① 干气带液影响脱硫等后续装置操作。

② 严重时系统需停工处理。

（3）原因分析

① 吸收塔顶温度高，吸收剂量太大，造成塔顶负荷超。

② 液面计失灵，指示不准，造成假液面。

（4）处理

① 调整吸收塔操作，开大中段回流把吸收热及时取走。

② 调节吸收解析操作，降低原料气温度，降低干气中重组分携带量。

③ 联系处理故障仪表。

④ 加强脱硫等后续装置脱液，防止胺液带油。

**5.2.5.4 再吸收塔液面压空**

（1）现象

焦化分馏塔压力突然上升，再吸收塔液面拉空或拉直线。

（2）危害及影响

① 高压瓦斯窜入分馏塔，造成系统操作波动，或冲翻分流塔盘。

② 影响干气质量。

（3）原因分析

仪表指示失灵。

（4）处理

① 立即关闭再吸收塔底阀门，控制好塔底液面，并联系处理故障仪表。

② 加大柴油吸收剂塔量。

**5.2.5.5 吸收解吸塔进料罐界面失灵**

（1）现象

① 解吸塔顶温下降，压力波动大。

② 稳定塔压力波动大。

③ 含硫污水系统带烃。

（2）危害及影响

① 吸收、解析及稳定系统操作不正常。

② 压力波动大，影响干气、稳定汽油及液态烃等产品质量差。

③ 冲击酸性水汽提装置。

（3）原因分析

界位控制仪表失灵。

（4）处理

① 迅速改手动控制，如界位满，则开控制阀副线加强排水；如界位空，则关界位控制阀迅速建立界位。

② 联系处理故障界位。

③ 加强稳定系统的脱水。

④ 略提解吸塔底温使解吸塔内水得以汽化蒸发。

⑤ 调整好稳定系统操作，做到不超压、不超温，产品质量合格。

#### 5.2.5.6 压缩富气中断

（1）现象

① 富气流量计指示为零。

② 吸收塔顶温及压力下降。

③ 吸收稳定系统压力迅速下降。

（2）危害及影响

影响稳定脱硫系统平稳生产。

（3）原因分析

① 压缩机故障。

② 焦化部分生产故障。

（4）处理

① 联系相关人员，尽快切换或修复压缩机，恢复正常操作。

② 稳定保持三塔循环，随时准备接受压缩富气。

③ 减少或关闭液态烃出装置量，维持系统压力，防止高压窜低压。

### 5.2.6 脱硫系统

#### 5.2.6.1 干气脱硫系统压力升高

（1）现象

脱硫系统压力突然升高。

（2）危害及影响

① 液态烃、干气质量不合格。

② 脱硫系统跳安全阀。

（3）原因分析

① 进料量突然增大。

② 干气脱硫塔顶压控阀堵或被卡。

③ 后部管网压力突然升高。

（4）处理

① 改部分干气至低压瓦斯管网。

② 脱硫塔顶压控阀改走副线，联系处理故障仪表或阀门。

③ 联系相关岗位降低系统后部管网压力。

#### 5.2.6.2 再生系统压力过高

（1）现象

再生系统压力过高。

（2）危害及影响

① 再生塔压力高，跳安全阀。

② 影响脱硫效果。

③ 影响后部硫磺装置操作。

（3）原因分析

① 后续硫磺回收装置故障，后路憋压。

② 酸性气管线堵塞或积液。

③ 再生塔顶压控制阀失灵，阀门卡或堵。

④ 脱硫塔高压介质窜入再生塔。

（4）处理

① 联系相关岗位，酸性气改放火炬。

② 调整脱硫操作，查明原因对应处理。

#### 5.2.6.3 净化干气带胺

（1）现象

① 净化干气分液罐持续带液。

② 脱硫系统各塔液面下降。

（2）危害及影响

① 高压瓦斯系统带液，影响全厂加热炉操作。

② 脱硫系统胺耗大。

③ 干气质量不合格。

（3）原因分析

① 原料气量过大，原料气波动。

② 干气吸收塔液相负荷过大。

③ 胺液带焦粉或重组分油等杂质，发泡严重，引起跑胺冲塔。

④ 入塔贫液温度过高。

（4）处理

① 平稳吸收稳定系统操作，减少原料气波动。

② 调整操作，适当降低原料气量。

③ 降胺液循环量。

④ 投用冷却器，空冷控制冷后温度。

⑤ 净化或置换脱硫系统胺液。

#### 5.2.6.4 再生塔重沸器气阻

（1）现象

① 再生塔底温度及液相返塔温度指示不正常。

② 再生塔重沸器蒸汽（热源）流量减少。

（2）危害及影响

① 胺液再生效果变差。

② 贫液中 $H_2S$ 含量偏高。

③ 干气脱后 $H_2S$ 超标。

④ 酸性气量下降，影响硫磺装置生产平稳。

（3）原因分析

① 再生塔底重沸器蒸汽量温度变化，塔底温度过高。

② 再生塔底温度过低或拉空。

③ 再生塔底液位失灵。

（4）处理

① 迅速建立再生塔底液位，提高再生塔底蒸汽流量，在温差正常后，逐步降低蒸汽流量至正常。

② 将再生塔温度先降到规定值，然后重新升温。

③ 控制好减温减压器操作，保持蒸汽温度。

④ 联系处理故障仪表。

#### 5.2.6.5 酸性气带烃

（1）现象

① 酸性气烃含量过高，闪蒸罐内闪蒸介质流量大。

② 闪蒸罐压力波动大。

③ 酸性气量波动。

（2）危害及影响

影响后续硫磺装置操作，易出黑硫磺。

（3）原因分析

① 原料干气中带烃。

② 换热后胺液温度低，闪蒸效果差。

（4）处理

① 调整吸收稳定系统操作，降低干气中带烃量。

② 调整闪蒸操作，适当降低闪蒸罐压力和液位。

### 5.2.7 公用工程系统

#### 5.2.7.1 瞬间停电

① 现象：操作室或装置现场照明闪动，部分机泵停运，DCS 有报警信号。

② 处理要点：班长和内操人员立即检查辐射流量、加热炉、温度、压缩机润滑油压等 DCS 重要参数及仪表运行情况，通知外操马上去泵区及加热炉区检查辐射泵、原料泵、注水泵、引风机、压缩机润滑油泵等重要设备的运行情况，发现停运，立即重新启动；外操在班长和内操指挥下一一启动其他各机泵，调整各部分操作至正常，内操加强仪表调整，外操加强现场机泵检查，尽快恢复正常生产。

#### 5.2.7.2 短时停电

① 现象：现场及操作室内照明熄灭，机泵停运，DCS 报警，加热炉、富气压缩机组联锁跳车。

② 处理要点：当班班长立即向相关人员询问停电原因及停电时间，如不能立即恢复供电，马上指挥各岗位作短时间停电处理；炉子立即熄火，打开快开门作自然通风，同时将富气及时放火炬，各控制仪表全部切至手动；将四通阀切至开工线位置，走甩油罐流程，并改好焦炭塔小吹汽流程使生产塔处于小吹汽状态；视炉温变化情况，改好辐射、对流紧急放空流程，通入蒸汽吹扫保护，注水管通汽保护；分馏、吸收稳定及脱硫系统关闭相关阀门，保温保压；停运压缩机，并做好盘车工作；监控好再生塔顶回流罐液位及再吸收塔液位，防止酸性气冲击硫磺装置，防止再吸收塔柴油污染胺液。来电后，启动辐射泵、原料泵、注水泵、压缩机润滑泵等重要机泵，关闭放空流程，注水管停止通汽保护，焦炭塔四通切回原生产塔并停止焦炭塔小吹汽，炉子点火升温，炉温升至正常控制要求；瓦斯停止放火炬，根据分馏各段液位情况，分别启动各泵，待分馏塔操作正常后启动压缩机，稳定、脱硫按顺序启动各泵；调整操作到正常生产状态。

#### 5.2.7.3 长时间停电

（1）现象

装置停电。

（2）危害及影响

① 各电泵停运。

② 装置处于非正常状态，易产生着火、爆炸、炉管结焦等突发事故。

（3）处理

① 加热炉、焦炭塔：

a. 加热炉灭火，首先由内操关闭瓦斯控制阀，外操关炉两侧瓦斯控制阀上下游阀中的一只阀门，炉两侧各保留两只长明灯，控制好长明灯火焰高度，控制好炉膛温度。

b. 当对流辐射炉管压力低于系统蒸汽压力后，立即给汽吹扫对流辐射炉管，辐射线吹扫至生产塔，生产塔其余流程不改变。

c. 注水管改通汽保护，流程不变。

② 分馏：

a. 分馏塔顶压控改放火炬，塔顶分离罐液位高于80%时，关闭去富气压缩机阀门。

b. 关闭汽油去吸收塔阀门，粗汽油改去轻污油线。

c. 柴油改去轻污油线，蜡油改去油品储罐。

d. 关闭所有机泵的出口阀，辐射泵等高温油泵立即盘车。

③ 吸收稳定：

a. 各塔、容器保压，保液面。

b. 关闭再吸收塔富吸收剂返分馏塔阀。

c. 关闭各机泵出口阀。

④ 脱硫：

a. 各塔保压保液面，防止高压窜低压。

b. 关闭再生塔的热源，注意再生塔顶回流罐液位，防止酸性气冲击硫磺。

c. 酸性气改去火炬。

⑤ 压缩机：

a. 关闭富气压缩机出口阀。

b. 蒸汽透平主蒸汽改放空，背压蒸汽改放空，阀前疏水。停电半小时以内，蒸汽隔断阀可暂时不关，半小时以上关闭蒸汽隔断阀。

c. 派专人盘车，当汽轮机前端回油视镜内油量明显减少时(大约3min)，停止盘车。

⑥ 加热炉、焦炭塔恢复生产：

a. 开原料泵引渣油入加热炉。

b. 点加热炉火嘴，快速升温。

c. 注水入改正常流程，开注水泵。

d. 开辐射泵引渣油入辐射炉管，控制辐射出口达到规定温度进生产塔。

⑦ 分馏恢复生产：

a. 开分馏各段相关机泵。

b. 分馏用顶循控制塔顶温度，根据情况也可适当打冷回流，控制塔顶温度。

c. 根据封油罐液面情况关闭各重油备用泵封油。

d. 关闭分馏塔顶分离罐放火炬阀，改在富气压缩机入口放火炬。

e. 投用蒸发器后，调节除氧水系统。

⑧ 压缩机恢复生产：

a. 润滑油泵主泵开关放在手动位置、辅助油泵开关放在自动位置。开泵跑油、检查润滑油系统润滑情况。

b. 专人盘车，第5min一次。

c. 当轮室温度250℃以上可热态开机，按压缩机升速曲线进行升速，并背压蒸汽，当出口压力提到0.9MPa后可关闭分馏塔放火炬阀，开压缩机出口阀，关小反飞动阀，引富气入吸收塔。

⑨ 吸收稳定恢复生产：

a. 待分馏各泵运行正常后，可引汽油入吸收塔。

b. 开吸收稳定相关机泵，建立三塔循环；引入解吸塔、稳定塔底热源。

c. 待稳定塔顶回流罐液面建立后，开液态烃泵，并尽快将回流罐中不合格的液态烃置换。

d. 再吸收塔压力、液位达到规定要求后，方可开泵向再吸收塔送柴油吸收剂。

⑩ 脱硫恢复生产：

a. 打开各脱硫塔控制阀手阀，用控制阀控制压力和液位。

b. 开脱硫塔各相关机泵，建立胺液循环。

c. 胺液循环正常后，可打开再生塔热源升温，注意防止重沸器气阻。

d. 脱硫系统正常后，酸性气停止放火炬，改去硫磺回收装置。

**5.2.7.4　停循环水**

（1）现象

循环水进装置无流量指示，各冷却器热流出口温度明显上升。

（2）危害及影响

有的设备超温超压，产品质量受影响，无法维持生产时，需停工处理。

（3）处理

① 当班班长通知相关人员，启动紧急事故处理预案。

② 迅速降低装置处理量，视情况停富气压缩机，分馏塔顶油水分离罐富气放火炬；调整分馏塔各侧线流量和返回温度，投用全部空冷器，控制好分馏塔塔顶温度和压力，防止分馏塔冲塔；控制好压缩机出口温度；特别注意压缩机、辐射泵、原料泵、高压水泵等机泵温度及运行状况，接临时新鲜水冷却。

③ 停循环水时，若遇到焦炭塔正在冷焦，投用全部接触冷却塔空冷器，控制好接触冷却塔顶温，防止因油气冷后温度过高。如接触冷却塔顶回流罐分离不彻底，低压瓦斯带液量增加，需加强火炬分液罐的检查和脱液；特别注意防止接触冷却塔冲塔事件的发生。

④ 压缩机停机后，停汽油、液态烃出装置，停运柴油吸收剂泵，视柴油吸收塔液位下降情况关闭富吸收油返分馏塔阀，柴油吸收塔保压保液位。

⑤ 注意各高温机泵运行状况，必要时接临时新鲜水管线。

⑥ 外操加强产品外观检查。

⑦ 如停循环水时间较长不能维持正常生产，按装置停工处理。

**5.2.7.5　停软化水**

（1）现象

软化水进装置无流量指示，注水罐、除氧器液位下降。

（2）危害及影响
加热炉注水和发汽无法维持，严重时需停工处理。
（3）处理
① 联系相关人员，查明停水原因，并降低装置处理量。
② 保护对流段过热蒸汽炉管，加热炉注水改新鲜水代替。
③ 除氧器、蒸发器全部走热旁路。
④ 调整分馏取热。
⑤ 长时间停软化水，系统无法维持时，则按停工处理。

**5.2.7.6 停 1.0MPa 蒸汽**

（1）现象
① 蒸汽往复泵停运。
② 1.0MPa 蒸汽压力下降。
（2）危害及影响
① 凝汽式压缩机无法运行。
② 伴热系统及加热换热无法维持。
③ 以蒸汽为热源的重沸器无热源，操作程序打乱。
（3）处理
① 联系相关人员，查明停汽原因，尽快恢复供汽。
② 根据装置情况调整操作维持生产。
③ 焦炭塔吹汽冷焦注意蒸汽压力下降情况，并做好提前给水冷焦的准备。
④ 停汽时间长，无法满足装置的正常生产时，启动紧急事故处理预案，装置作降温循环处理。

**5.2.7.7 停 3.5MPa 蒸汽**

（1）有以 3.5MPa 蒸汽为动力的压缩机时
① 现象
蒸汽流量、压力急速下降。
② 危害及影响
压缩机停机。
③ 处理
a. 联系相关人员，查明停汽原因，尽快恢复；
b. 压缩机入口富气改放低压瓦斯系统，关压缩机出口阀，机组为热备用状况；
c. 装置适当降量。
（2）有以 3.5MPa 蒸汽为加热炉注汽时
① 现象
3.5MPa 蒸汽流量、压力急速下降。
② 危害及影响
加热炉炉管结焦。
③ 处理
a. 联系相关人员，查明停汽原因，尽快恢复供汽。
b. 适当降低加热炉出口温度，视情况按紧急停工处理。

#### 5.2.7.8 停净化风

（1）现象

① 风动控制阀气源压力下降；

② 净化风罐压力、流量指示下降；

③ 调节阀失灵。

（2）危害及影响

① 控制阀失灵，使生产装置发生波动。

② 严重时，需停工处理。

（3）处理

① 净化风罐压力下降时，及时联系相关人员，查明原因，将各控制仪表切于手动位置。

② 参考现场一次表，将风关阀关小上游阀，由上游阀控制；风开阀打开副线阀，关闭上游阀，由副线阀控制。

## 5.3 设备故障及处理

### 5.3.1 离心泵

#### 5.3.1.1 泵不上量

（1）原因分析

① 泵内有气体或汽蚀余量不足。

② 入口系统泄漏。

③ 入口管线有盲板或堵塞物。

④ 叶轮脱落或堵塞。

⑤ 液面过低或入口压头不够。

⑥ 入口阀阀芯脱落。

（2）处理

① 重新灌泵、排气。

② 联系检修人员处理，消除泄漏。

③ 联系检修人员拆除盲板，清理堵塞物。

④ 联系检修人员处理。

⑤ 调节液面，提高入口压头。

⑥ 联系检修人员换阀。

#### 5.3.1.2 泵流量不足

（1）原因分析

① 机泵反转。

② 入口管线不畅或入口阀开度不足。

③ 叶轮严重腐蚀。

④ 叶轮内有杂物。

⑤ 叶轮配合部分间隙过大。

⑥ 出口阀门开度小或出口单向阀故障。

(2) 处理

① 联系电工检查电机转向并处理。

② 清扫入口管线。

③ 联系检修人员检查泵的流道和叶轮。

④ 开大入口阀门。

⑤ 增开出口阀门，提高出口流量，若出口压力没下降且流量仍未增大，则应停泵检查单向阀。

#### 5.3.1.3 轴承发热

(1) 原因分析

① 润滑油(脂)过多、不足或变质。

② 冷却水中断或不足。

③ 轴承箱漏进水。

④ 轴承损坏。

⑤ 甩油环跳出固定位置。

⑥ 润滑油黏度大。

⑦ 机械振动。

(2) 处理

① 调整润滑油(脂)量或更换。

② 加大冷却水。

③ 消除漏水原因，更换润滑油。

④ 联系检修人员处理。

⑤ 更换润滑油。

#### 5.3.1.4 窜轴

(1) 原因分析

① 流量不稳。

② 止推轴承间隙大。

(2) 处理

① 调节控制流量平稳。

② 联系检修人员处理。

#### 5.3.1.5 端面密封漏油

(1) 原因分析

① 封油线不畅通。

② 端面密封弹簧卡住。

③ 端面密封损坏。

(2) 处理

① 检查封油线，保持封油注入畅通。

② 联系检修人员处理。

③ 再次启动试运无效时联系检修人员处理。

#### 5.3.1.6 振动和杂音

(1) 原因分析

① 地脚螺栓松动。

② 叶轮松动或叶轮内有杂物。

③ 叶轮中心不正。

④ 机泵同心度不符合要求。

⑤ 轴承间隙过大或损坏。

（2）处理

切换泵，联系检修人员处理。

#### 5.3.1.7 电机发热

（1）原因分析

① 超负荷。

② 定子内绕组短路。

③ 电机受潮，绝缘不好。

（2）处理

① 降负荷或增开备用泵，减轻负荷。

② 联系检修人员检修。

### 5.3.2 辐射泵

#### 5.3.2.1 泵抽空

（1）原因分析

① 封油带水，封油带轻组分或封油注入过量。

② 分馏塔底油变轻或分馏塔底液位过低。

③ 泵体存水、分馏塔底油窜入轻组分油或窜入水汽。

④ 泵入口管线窜汽，入口管线堵塞或泵入口过滤器堵塞。

⑤ 泵体故障。

⑥ 焦炭塔冲塔。

⑦ 切换操作不当。

（2）处理

① 调整操作，控制流量平稳，控制好分馏塔底液位及焦炭塔操作。

② 迅速关小泵出口阀，加强封油罐加温脱水，减少封油注入量，争取恢复正常排量。

③ 经处理无法恢复正常排量时，紧急切换备用泵。

④ 若非机械故障，而是泵入口油过轻造成的排量困难，可紧急启用开工蒸汽往复泵代替；调整操作，联系相关人员切换油种，置换抽空泵体内存油后，再重新启动。

⑤ 若是焦炭塔冲塔引起，严禁开备用泵和进口过滤器副线阀，加大塔底循环量，调整操作，紧急启用开工往复泵代替，若还不上量则联系相关人员做紧急停工处理。

#### 5.3.2.2 轴承温度超指标

（1）原因分析

① 润滑油质不合格，或润滑油带水乳化严重。

② 润滑油不足或油温过高。

③ 冷却水量不足或中断。

④ 机组振动大。

⑤ 泵窜轴或联轴器安装不符合要求，轴瓦间隙过大或轴承磨损严重。

（2）处理

① 更换合格润滑油。

② 适量加润滑油。

③ 加大冷却水量，降低润滑油温度。

④ 采用上述措施仍无效，则做切泵处理；联系检修人员检修停运泵。

#### 5.3.2.3 封油注不进

（1）原因分析

① 封油泵不上量。

② 封油压力过低。

③ 泵减压套、减压底套磨损，间隙过大。

④ 窜轴较大。

⑤ 封油管线堵塞。

（2）处理

① 切换封油泵。

② 提高封油压力。

③ 调整无效时，切换备用泵。

④ 平稳辐射泵流量。

⑤ 疏通封油管线后再投用。

#### 5.3.2.4 端面密封泄漏

（1）原因分析

① 封油过小或中断。

② 动静环变形或磨损严重。

③ 弹簧或波纹管偏心、断裂或卡住。

④ 窜轴或抽空。

⑤ 减压套间隙过大或磨损。

⑥ 平衡管不畅，密封腔压力偏高。

⑦ 切换泵速度或预热速度过快，两端密封热胀冷缩过大。

（2）处理

① 调整好封油量或增大封油压力。

② 切换泵，联系检修人员检修。

③ 若漏损不严重，可用蒸汽扑灭，漏损过大或着火用蒸汽掩护，紧急切泵，停泄漏泵。

④ 切换或预热泵时，控制泵体升温速度。

#### 5.3.2.5 润滑油带水

（1）原因分析

轴承内冷却水套漏水。

（2）处理

启动备用泵，联系检修人员处理。

#### 5.3.2.6 振动大

（1）原因分析

① 对轮同心度不正或机座不平。

② 叶轮腐蚀严重。
③ 暖泵不当，受热不均，引起叶轮、轴变形。
④ 机座冷却水中断，机座膨胀不均，致使中心线不正，造成泵偏心旋转。
⑤ 机座螺栓松动。
⑥ 泵故障或泵体内有杂物。
（2）处理
① 联系检修人员，停泵修理并清理泵体内杂物。
② 加大冷却水量，控制暖泵速度。
③ 把紧机座螺栓。

#### 5.3.2.7 电机跳闸

（1）原因分析
① 泵超负荷。
② 晃电。
③ 联锁保护系统误动作。
④ 突然停电。
（2）处理
① 适当降低负荷至校定负荷内。
② 来电后，重新启动泵。
③ 联系相关单位查清联锁误动原因，重新启动辐射泵。

### 5.3.3 蒸汽往复泵

#### 5.3.3.1 开主汽阀后泵不运转

（1）原因分析
① 排汽阀未开或阀芯脱落。
② 汽缸内水未排尽。
③ 油缸出口阀未开或后路管线堵塞。
④ 油缸出口压力过大或缸内存油凝固。
⑤ 配汽阀在中间位置，汽道被堵塞。
⑥ 活塞环掉缸。
⑦ 活塞杆盘根压得太紧。
⑧ 乏汽压力过高。
（2）处理
① 打开排汽阀或修理阀门。
② 排尽汽缸内存水，重新预热，开泵。
③ 打开油缸出口阀，查找并处理堵塞管线。
④ 降低油缸出口压力，加热油缸。
⑤ 关进汽阀，用工具撬动活塞杆，使配汽阀离开中间位置。
⑥ 停泵检修。
⑦ 松动盘根压盖。
⑧ 降低乏汽压力。

#### 5.3.3.2 上量不正常

（1）原因分析

① 入口阀未开大。

② 缸内有水。

③ 入口过滤器堵塞。

④ 出入口吸排气阀不严，盘根磨损严重漏损大。

⑤ 活塞环损坏，活塞与缸套间隙过大。

⑥ 行程太小，安全阀漏。

⑦ 泵入口容器内液面低或来量不正常。

⑧ 出口压力过大。

⑨ 乏汽压力过大。

（2）处理

① 全开入口阀。

② 停泵，排尽汽缸内存水，重新预热，开泵。

③ 清理过滤器或开过滤器副线。

④ 联系检修人员检修。

⑤ 调整操作，提高入口容器液面。

⑥ 查找原因，降低出口压力及乏汽压力。

#### 5.3.3.3 运行中有杂音

（1）原因分析

① 汽缸内有冷凝水。

② 泵抽空。

③ 往复次数太快，泵行程太长。

④ 乏汽管路不畅，压力波动太大。

⑤ 润滑不良或错汽部件卡涩。

⑥ 配汽阀调节不正常。

⑦ 活塞和活塞杆配合处已脱开，活塞杆与联轴节销子松脱。

⑧ 吸排气阀弹簧松或断。

⑨ 错汽阀活塞环太紧或错汽阀变形。

（2）处理

① 放净缸内存水。

② 关小主汽阀，稳定操作条件。

③ 调节往复次数和行程。

④ 调节乏汽压力。

⑤ 联系检修人员检修。

#### 5.3.3.4 不上压

（1）原因分析

① 吸排气阀不严或弹簧力不一致。

② 活塞环在槽内不灵活。

③ 压力表失灵。

④ 缸套磨损或活塞环磨损使间隙过大。

⑤ 吸排气阀垫片损坏。

（2）处理

① 研磨吸排气阀或更换弹簧。

② 修理或更换活塞环。

③ 更换压力表。

④ 更换缸套。

⑤ 更换垫片。

**5.3.4 离心式压缩机**

**5.3.4.1 停电**

（1）原因分析

系统停电。

（2）处理

停电的直接影响是润滑油泵失电停运，在正常运行情况下，辅助油泵由电气失电联锁保护而自启，不会造成对润滑油压力的冲击，此时，应立即联系电气检查原因并恢复供电，在原因明了、故障排除、情况正常以后，由专人指挥，按润滑油泵切换操作法，进行润滑油泵切换，重新切换至主油泵运行。同时，还必须密切注意由于系统停电引起的间接影响，包括蒸汽压力下降、氮气压力下降、停仪表风以及富气入口流量减少等，按相应方法处理。如全装置停电，则按停电事故处理。

**5.3.4.2 中压蒸汽压力下降或停汽**

（1）原因分析

系统锅炉故障、中压蒸汽系统故障、其他装置大量用汽等原因造成，都会使汽轮机入口主蒸汽压力下降，出口压力、流量下降，背压蒸汽报警，甚至压缩机停机。

（2）处理方法

① 降低压缩机负荷，按压缩机降速曲线逐渐降低转速，视入口压力情况，适当放火炬，控制好压缩机出入口压力。

② 按规定请示有关人员，切除背压联锁。

③ 联系相关人员，确认恢复正常压力所需时间及蒸汽压力下降原因，对应处理。

④ 当蒸汽压力降低到一定数值时，富气放低压瓦斯，控制好转速，关出口阀，全开反飞动阀。

⑤ 当蒸汽压力进一步下降时，密切关注运行情况，视参数情况决定是否紧急停机（如一时无法恢复，汇报生产管理部门后停机）。

⑥ 如蒸汽压力迅速下降，则按紧急停机处理。

⑦ 如装置有其他形式备用压缩机则紧急切换压缩机，保持进出口压力平衡。

**5.3.4.3 停仪表风**

（1）原因分析

仪表风发生故障，主要由系统仪表风压下降或风管线阀门泄漏等造成，此时装置所有的调节阀将按设计要求处于安全位置（全开或全关），此时仪表风罐及净化风系统短时间内仍有一定量的仪表风，只要在此时尽快采取适当措施，就能减少损失避免事故。

（2）处理

① 联系相关岗位人员确认恢复正常压力所需时间及压力下降原因。

② 内操尽快将控制阀自动改为手动，并记下重要阀位的开度，外操及有关人员迅速到现场，

内外操核对重要参数；有氮气补净化风线的装置，紧急将氮气补入净化风线，维持风压。

③ 如恢复时间较长，将调节阀改由旁路或调节阀上下游阀控制，在采用旁路控制时，需特别关注压力变化，特别是润滑油压力变化，保护好设备。

④ 压缩机隔离空气改用无油氮气并控制好压力。

#### 5.3.4.4 停无油氮气

（1）原因分析

系统高压氮气压力下降或管线阀门泄漏。

（2）处理

① 联系相关岗位人员，确认恢复正常压力所需时间及压力下降原因。

② 迅速通知有关人员到现场，并做好停压缩机准备。

③ 检查备用氮气设备，做好投用准备。

④ 超过规定时间的，需安排操作人员到现场盯干气密封入口氮气压力，通过调节阀门开度控制好干气密封入口压力。

⑤ 氮气罐压力持续下降且确认短时间内无法恢复供氮的，应立即投用备用氮气设备，无备用氮气的按紧急停机处理。

#### 5.3.4.5 富气量急剧减少

（1）原因分析

压缩机出入口管线故障或管线泄漏。

（2）处理

① 调节反飞动阀开度，维持压缩机最小流量。

② 注意各段排气温度及各段入口温度。

③ 防止压缩机喘振，适当降转速。

④ 如无法维持最小流量且恢复又需较长时间的，应通知有关人员到现场，准备停机处理。

⑤ 查找原因，努力排除故障，根据富气流量，决定是否反飞动循环运行或紧急停机。

⑥ 有备用往复机的，则视恢复时间情况紧急切换备用压缩机。

#### 5.3.4.6 振动

启动时看到机体强烈振动的，必须停止升速，检查原因，如果振动不是误操作（如预热不充分）引起，应停机联系检修人员检查；正常运行时突然出现振动的，应减负荷、降速或停机处理；如喘振引起，应先开大反飞动阀进行调节，无效时再停机。如果振幅逐渐增大，必须改变工作状况，进行振动谱分析，并按表5－1处理。

**表5－1 压缩机振动原因及处理**

| 故障原因 | 检查部位 | 防范措施 |
|---|---|---|
| 探测系统失灵 | 探测位置各仪表 | 联系仪表工检查处理 |
| 预热不充分 | 机壳振动轴振动 | （1）频谱分析<br>（2）降转速至暖机转速并继续预热机体 |
| 同心度不对 | 联轴节、基础或管线 | （1）检查各部分温度并与同心图表数据比较<br>（2）停机进行热态检查<br>（3）冷却再找同心<br>（4）检查基础是否变形 |

续表

| 故障原因 | 检查部位 | 防范措施 |
| --- | --- | --- |
| 汽轮机引起的振动 | 汽轮机振动部位 | (1) 检查汽轮机振动来源<br>(2) 单独启动汽轮机运转进一步再确定 |
| 调速器主动轴损坏 | 调速器主动轴 | (1) 检查异常声音是否在调速器侧底部<br>(2)停机，彻底检查调速器底部<br>(3) 检查传动齿轮和各轴承的磨损和啮合<br>(4) 检查主动轴同心度<br>(5)检查是否有必要更换零件 |
| 轴承损坏 | 轴承 | (1)停机<br>(2) 如果轴承损坏较重，需进一步检查轴承和设备内件 |
| 由于蒸汽或气体夹带杂质造成内件损坏 | 设备内件 | (1) 停机<br>(2) 彻底检查机体 |

#### 5.3.4.7 异常声音

低速运行需进行仔细检查，因为增速后通常会带入转动声和蒸汽进入声，难以发现声源。另外，小的振动常常有异常响声，也应仔细找出真正原因，并按表5－2处理。

**表5－2 异常声音原因及处理**

| 故障原因 | 检查部位 | 防范措施 |
| --- | --- | --- |
| 转子与迷宫接触 | 壳体、轴承底座 | (1)低速运行时用听针检查<br>(2)停机检查 |
| 叶片与喷嘴接触 | 壳体 | (1) 停机，检查止推轴承间隙<br>(2)检查转子和定子间隙 |
| 调速器主动轴坏、内件损坏 | 调速器 | (1) 检查调整器振动情况<br>(2) 检查调速器内是否有异常情况<br>(3) 停机检查 |

#### 5.3.4.8 轴承温度升高

由于轴承合金(轴瓦)损坏，润滑油量减少，润滑油压太低，润滑油供油温度太高，转子振动严重，轴位移异常等，这些都会使轴承温度升高。具体原因及处理措施见表5－3。

### 5.3.5 往复式压缩机

#### 5.3.5.1 润滑油压力突然下降

(1) 原因分析

① 机箱内润滑油量不够。

② 过滤器过滤元件堵塞。

③ 油压表失灵。

④ 油管堵塞或破裂。

⑤ 油泵故障。

(2) 处理

① 应立即加油。

② 清洗过滤器。

③ 更换油压表。

④ 检查油管路。

⑤ 检查回油阀，检修油泵。

**表 5－3　轴承温度升高原因及处理**

| 故障原因 | 检查部位 | 防范措施 |
| --- | --- | --- |
| 温度计失灵 | 温度计、热电偶和记录仪 | （1）检查和校正仪表<br>（2）与其他轴承比较 |
| 仪表和控制器整定错误 | | （1）检查热电偶和热电偶套的插入情况<br>（2）检查止推轴承油控制杆和长度 |
| 供油温度太高 | | （1）检查冷却水压力和流量<br>（2）切换到备用冷却器<br>（3）检查油箱液位 |
| 油质变差 | | （1）检查油的质量<br>（2）检查油箱液位 |
| 润滑油压力低流量少 | | （1）检查油压力表<br>（2）检查润滑油表<br>（3）检查过滤器并切换到备用过滤器<br>（4）检查油箱液位<br>（5）检查润滑油系统泄漏情况和阀门开度 |
| 轴承合金损坏 | | （1）轴承损坏应停机<br>（2）清洗轴承腔，更换备件<br>（3）调查事故原因 |
| 由于强烈振动轴承受的压强增大 | | 调查振动原因 |
| 负荷改变 | | 尽量缓慢改变负荷 |

#### 5.3.5.2　润滑油温度过高

（1）原因分析

① 润滑油供应不足。

② 润滑油质不好。

③ 润滑油太脏。

④ 运动机构发生故障。

⑤ 润滑油冷却器循环水开度不够或结垢。

（2）处理

① 检查油路泄漏情况，添加润滑油。

② 更换润滑油。

③ 清洗油池，更换润滑油。

④ 联系检修故障设备。

⑤ 适当开大润滑油冷却循环水阀门或择机清理冷却器结垢。

#### 5.3.5.3　汽缸油路供油不良

（1）原因分析

① 注油点止逆阀不严。

② 注油泵给油太少。

③ 润滑油质量低劣或因吸入气体太脏。

(2) 处理

① 择机处理或更换油路止逆阀。

② 清洗油路堵塞污物或更换零件，检查注油泵是否磨损。

③ 更换优质润滑油或检修滤尘器，排除不正常的高温、高压的工作情况。

#### 5.3.5.4 冷却水系统故障

(1) 原因分析

① 冷却水管路漏水。

② 缸垫不严。

③ 冷却水管或冷却器内水垢过多。

(2) 处理

① 查找冷却水管路泄漏点，联系检修人员处理。

② 更换缸垫，拧紧汽缸连接螺丝。

③ 清理冷却水管路、冷却器和缸套水垢。

#### 5.3.5.5 安全阀故障

(1) 原因分析

① 不能适时开启或不能开大。

② 关闭不严。

(2) 处理

① 重新校正。

② 清除污物，重新研磨定压安全阀。

#### 5.3.5.6 不正常声音

(1) 原因分析

① 孔隙不够，热膨胀后发生冲击。

② 开车停机时，因摩擦面光洁度损坏，摩擦面相黏剥。

③ 活塞螺帽松动。

④ 缸内有水。

⑤ 汽阀松动。

⑥ 掉入损坏零件碎片。

⑦ 连杆螺钉松动。

⑧ 轴颈椭圆度过大。

⑨ 阀片损坏。

(2) 处理

① 立即停机调整。

② 停机检修。

③ 拧紧活塞螺帽。

④ 检查冷却系统严密性。

⑤ 拧紧气阀螺丝，拧紧压紧制动圈螺钉。

⑥ 停机清除掉入的杂物。

⑦ 调整间隙后上紧。

⑧ 对轴颈修磨。

⑨ 检查阀片、更换。

#### 5.3.5.7 气阀部件工作不正常

（1）原因分析

① 汽缸内有水冲击。

② 弹簧工作后，自由尺寸变小。

③ 阀座变形，阀片翘曲。

④ 弹簧卡住阀后，使之关闭不严。

⑤ 缸体结焦，影响汽阀关闭。

（2）处理

① 检修冷却系统。

② 更换弹簧。

③ 研磨阀座、更换阀片。

④ 更换弹簧。

⑤ 清理焦渣。

#### 5.3.5.8 排气量不够

（1）原因分析

① 活塞环泄漏。

② 密封填料箱泄漏。

③ 安全阀关闭不严泄漏。

④ 局部不正常漏气。

⑤ 富气过滤器堵塞。

（2）处理

① 检修活塞环与槽间隙，检修漏光度。

② 修复或更换填料面。

③ 安全阀重新检修定压。

④ 根据漏点采取密封措施。

⑤ 清洗过滤器。

### 5.3.6 空冷器

#### 5.3.6.1 冷却效果差

（1）原因分析

管束堵塞，翅片结垢严重，管箱堵塞不畅。

（2）处理

切出空冷器，采用水洗、蒸汽吹扫空冷管束；将两端堵头或盖板打开，用高压水枪对管束逐根清洗；用蒸汽、非净化风或高压水枪清洗翅片管外部积灰。

#### 5.3.6.2 管束泄漏

（1）原因分析

腐蚀介质腐蚀管束内外壁，使管束出现穿孔或裂纹等。

（2）处理

如部分管束泄漏通常采用堵管、注胶等方式处理；大面积泄漏则切出并更换空冷。

#### 5.3.6.3 堵头泄漏

(1) 原因分析

① 操作波动或发生异常情况(如超温、超压);

② 堵头垫片损坏。

(2)处理

① 联系检修人员紧固堵头;

② 若无法紧固时，切出空冷器泄压后更换堵头垫片。

## 5.4 除焦系统故障及处理

### 5.4.1 高压水泵

#### 5.4.1.1 启动时泵不上量

(1) 原因分析

① 入口阀未全开或滤网堵塞。

② 泵内或吸入管内未灌水。

③ 切焦水罐水位低。

④ 吸入管内有气体。

(2) 处理

① 打开入口阀或清除滤网杂物。

② 重新灌泵。

③ 调整操作提高储水罐液位。

④ 排出吸入管内的气体。

#### 5.4.1.2 流量偏低

(1) 原因分析

① 入口阀开度不够。

② 吸入管内有气体。

③ 吸入管或过滤器堵塞。

④ 叶轮损坏。

⑤ 泵出口回水阀关不到位或内漏严重。

(2) 处理

① 开大入口阀。

② 排除吸入管内的气体。

③ 联系清理吸入管内或过滤器内的堵塞物。

④ 联系检修人员检修。

⑤ 停泵并联系相关人员调节回水阀开度或更换阀门。

#### 5.4.1.3 启动负荷过大

(1) 原因分析

① 泵盘根压得过紧。

② 泵出口阀(回水或上水阀)未关到位或内漏严重。

③ 电动机软启动装置失效;

④ 轴弯曲。

(2) 处理

① 联系检修人员调整盘根压盖。

② 关泵出口阀或联系更换阀门。

③ 停泵，联系相关人员查找原因并处理。

#### 5.4.1.4 泵流量突然降低

(1) 原因分析

① 切焦水罐液面过低或没有水。

② 杂物进入叶轮。

③ 自动切焦器喷嘴堵塞。

(2) 处理

① 调整操作提高储水罐液位。

② 联系检修人员停泵清理进入叶轮的杂物。

③ 除焦控制阀改回流，拉出自动切焦器，检查喷嘴。

④ 停泵查找并清理管路杂物。

#### 5.4.1.5 振动及噪音

(1) 原因分析

① 泵长时间在流量极低点运转。

② 杂物进入叶轮。

③ 轴线中心不一致。

④ 地脚螺丝松动。

⑤ 轴弯曲。

⑥ 轴承磨损。

⑦ 叶轮损坏。

⑧ 轴承油量过多，油膜振动。

⑨ 润滑失灵。

(2) 处理

① 调整操作提高流量。

② 联系检修人员针对存在的不同问题进行对症处理。

#### 5.4.1.6 轴承发热

(1) 原因分析

① 轴承中油量过少或过量。

② 润滑油变质。

③ 泵与电机对正中心偏差。

(2) 处理

① 根据情况增减润滑油量。

② 更换润滑油。

③ 联系检修人员重新校正。

#### 5.4.1.7 润滑油系统供油不足

(1) 原因分析

① 油泵输油量不够。

② 润滑油中混入空气。

③ 润滑油过滤器堵塞。

④ 润滑油部分油管或冷却管被堵塞。

（2）处理

① 关小油泵回油阀。

② 置换部分带空气润滑油。

③ 联系检修人员清洗过滤器。

④ 联系检修人员拆开管路，清除堵塞物。

**5.4.1.8　出口压力突然下降**

（1）原因分析

① 泵抽空。

② 叶轮堵塞或损坏。

③ 除焦器喷嘴脱落或切换操作不当。

④ 高压胶管严重破裂。

⑤ 入口阀芯脱落或入口管堵塞。

（2）处理

① 泵抽空应将除焦控制阀打到回流位，迅速查明原因，不能维持生产则停泵处理。

② 除焦系统故障，联系除焦岗位处理好。

③ 设备故障引起压力下降，则停泵对症处理。

### 5.4.2　底盖机

**5.4.2.1　起重柱塞和保护筒升降不灵**

（1）原因分析

① 柱塞密封漏油或油箱内油量太小。

② 柱塞杆弯曲，进油控制阀的开度不平衡，致使三柱塞阀升降速度不同。

③ 油管、阀门堵塞或局部机械有卡阻。

（2）处理

检查原因，如保护筒下落受阻时，可用大锤适当振动使其下落，其他故障联系维修人员检修。

**5.4.2.2　启动底盖行车不走动或不制动**

（1）原因分析

① 轨道有油以及杂物堵塞。

② 电磁抱闸故障或制动力矩未调好。

（2）处理

用蒸汽吹扫轨道上的油污，清除堵塞；检查并调整电磁抱闸工作情况。

**5.4.2.3　塔底盖从柱塞上倾掉下来**

（1）原因分析

① 柱塞未锁住，除焦时震撞落下。

② 柱塞杆故障。

（2）处理

锁住柱塞杆，联系维修人员修理。

### 5.4.3 除焦设备

#### 5.4.3.1 钻孔时切焦器下不去

（1）原因分析

① 除焦下钻速度太快。

② 钻杆转速太慢。

③ 高压水压力、流量不足。

（2）处理

① 减速或稍停再下。

② 开阀增加风压，若风动马达故障，则停止除焦，联系检修人员处理。

③ 联系调整操作，提高除焦水压力和流量。

#### 5.4.3.2 钻孔时焦孔偏斜

（1）原因分析

① 高压水压力、流量不够。

② 钻杆与塔中心线不重合。

（2）处理

① 调整操作提高除焦水压力及流量。

② 提起钻杆，重新下钻，对准倾斜处重新扩孔。

#### 5.4.3.3 钻孔孔径不够

（1）原因分析

① 下转速度过快。

② 钻杆转速太慢。

③ 焦炭过硬。

（2）处理

① 降低下钻速度。

② 调整风压或提高钻杆转速。

③ 根据出焦情况控制除焦速度，调整工艺条件控制焦炭硬度。

#### 5.4.3.4 坠钻

（1）原因分析

① 钢丝绳断，钢丝绳松脱。

② 电磁抱闸失灵，手闸失灵，摩擦离合器没有给上或失灵。

（2）处理

① 停止钻机绞车，联系高压水泵岗位停泵泄压，相关人员撤离危险区。

② 联系检修人员修理。

#### 5.4.3.5 转杆不转动

（1）原因分析

① 风压和风量不够。

② 风动马达发生故障。

③ 水龙头冲管密封箱冻结。

④ 支点轴承和钻杆台臂有水被冻结。

（2）处理

① 调整操作提高风压和风量。

② 联系检修人员检修风动马达。

③ 用蒸汽处理冻结部位。

#### 5.4.3.6 高压水管线阀门、接头、法兰、水龙带破裂喷水

(1) 原因分析

设备长期使用，磨损或冲蚀严重。

(2)处理

联系检修人员检修和更换设备零件。

#### 5.4.3.7 切焦中发生堵钻

(1) 原因分析

① 钻孔时下钻过快，孔径偏小。

② 除焦时切距过大，大块焦堵塞焦孔。

(2) 处理

立即提钻重新钻孔，调整好下钻速度及切距。

#### 5.4.3.8 卡钻

(1) 原因分析

① 焦炭质过硬。

② 下钻速度过快或其他操作问题。

③ 钻孔时高压水泵故障。

(2) 处理

① 根据绞车电流情况，小范围活动钻杆使其脱离卡钻区。

② 使用起钻器振动钻杆，使钻杆松动。

③ 汇报相关人员，封底盖泡焦。

④ 联系检修人员使用外力转动钻杆，使钻杆松动至风动马达可以带动。

### 5.4.4 行车设备

#### 5.4.4.1 钢丝绳磨损快

(1) 原因分析

操作不当滑轮卡得不均匀。

(2) 处理

规范操作在不均匀磨损大于3mm时，停止使用滑轮或联系检修人员更换滑轮。

#### 5.4.4.2 制动器通电后不能作用

(1) 原因分析

① 制动器的电线断。

② 液压制动器故障。

(2) 处理

① 联系电气维修人员处理断线。

② 联系维修人员更换制动器。

#### 5.4.4.3 起重机车轮行走不平稳

(1) 原因分析

① 车轮缘过度磨损。

② 不均匀磨损导致车轮直径不等距。

③ 钢轨不平。

（2）处理

① 磨损超过原尺寸的40%时，联系维修人员更换车轮。

② 联系校正钢轨。

#### 5.4.4.4 工作时滚动轴承响声大

（1）原因分析

① 轴承装配不良使轴承部分发生卡住。

② 部件磨损。

（2）处理

联系维修人员调整或更换轴承。

## 5.5 DCS故障处理

① 单台DCS操作站发生故障，操作人员应立即联系DCS班修理，在此期间应利用另一台DCS操作站进行检测和控制，DCS修复后操作人员及时检查确认，并投入正常运行。

② 多台DCS操作站同时发生故障时，班长应立即与相关岗位人员，根据情况启动事故紧急处理预案，指挥内外操进行处理。内操人员应立即联系仪表维修人员进行处理，同时迅速将各控制阀由自动改为手动，并记录重要控制阀阀位的开度，联系外操人员核对重要控制阀阀位开度及重要操作参数。如仪表工程师站机位未发生故障时，内操人员必须立即赶到仪表工程师站进行监盘操作；外操人员应立即分批至加热炉、分馏、压缩机、脱硫等重要区域，现场核对辐射、对流、瓦斯、压缩机润滑油、各脱硫塔液位等重要控制阀开度；核对分馏塔顶回流罐、蒸汽发生器、液态烃塔、罐、富气压缩机一、二级分液罐、脱硫酸性水回流罐等重要设备的液位，以及焦炭塔、分馏塔顶压力等装置关键操作参数；如必须调整操作的，若调节阀有副线的用副线调节，无副线阀的用上下游阀调节。故障长时间无法排除的，装置做紧急停工处理。

# 第六章 设 备

随着延迟焦化技术的不断改进，延迟焦化装置的设备逐步向大型化和节能方向发展。延迟焦化装置设备主要包括加热炉、焦炭塔、富气压缩机、辐射泵、高压水泵、通用设备（分馏塔、吸收稳定塔、空冷器、冷换设备、特殊阀门）等以及专用设备（除焦设备、顶底盖机、行车、旋流器、蜡油过滤器等）。

## 6.1 加 热 炉

我们通常所说的加热炉指的是“管式加热炉”，它是石油炼制、石油化工和化学、化纤工业中使用的工艺加热炉，具有其他工业炉所没有的若干特点：被加热的气体或液体在管内流动，而且这些物质通常都是易燃易爆物质，危险性大，操作条件苛刻，加热方式为直接受火式，烧液体或气体燃料，长周期连续运转，不间断操作等。

加热炉类型很多，按照管式加热炉的用途可分为纯加热炉和加热－反应炉，前者如常压炉、减压炉，原料在炉内只起到被加热的作用；后者如裂解炉、焦化炉，原料在炉内不仅被加热，同时还有一定的时间进行裂解和焦化反应。按照管式炉的结构又可分为立式炉、圆筒炉、管箱式方箱炉等。在延迟焦化装置中主要采用两种炉型，即卧管单面辐射立式炉和多管程双面辐射水平管箱式炉。

### 6.1.1 卧管单面辐射立式炉

卧管单面辐射立式炉炉膛为长方形箱体，炉管水平放置，如图6－1所示。其辐射炉管沿炉壁横排，火焰垂直于炉管上烧，炉膛较窄。对流室置于辐射室之上，长度与辐射室相同，烟囱放在对流室顶部。这种炉的特点是炉管沿长度方向受热均匀，故各辐射管间的受热也较均匀，对流管较长对提高热效率比较有利。其缺点是为避免炉管发生过大的弯曲变形，要按一定间隔设置高合金炉管支架，对流室不易检查及检修等。

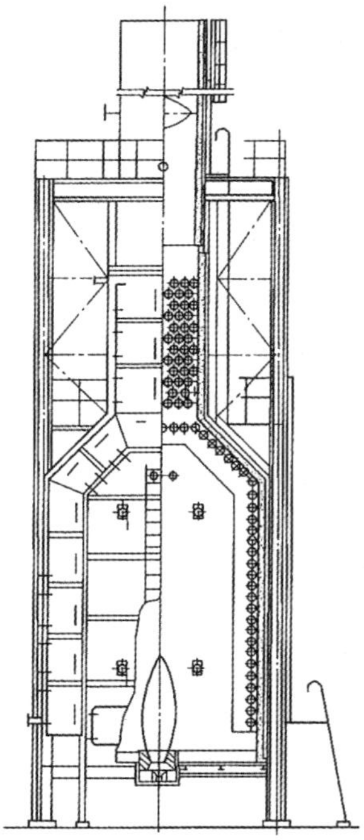

图6－1 卧管单面辐射立式炉

### 6.1.2 多管程双面辐射水平管炉型

双面辐射焦化炉基本分为两种，一种为多室箱式炉（图6－2），一种为多室阶梯炉（图6－3），两种炉型均在炉顶设置一个公用的对流室。辐射管水平布置在炉膛中间，接受布置在其两侧燃烧器产生的火焰及炉墙的高温辐射。管内介质一般采用自上而下流动方式。多室箱式炉采用垂直向上底烧式燃烧器，为保证炉膛温度分布的均匀性，大都采用先进的节能环保扁平火焰气体燃烧器，处于同一辐射室的两组辐射炉管用中间隔火墙隔开，以避免操作中相互干扰。而多室阶梯炉采用附墙式底烧燃烧器，燃烧器产生的高温火焰紧贴炉墙加热成为高温辐射体，再由炉墙将热量辐射给炉管。该种炉型每组辐射炉管均位于一个辐射室内，可保证操作中不会出现相互干扰。

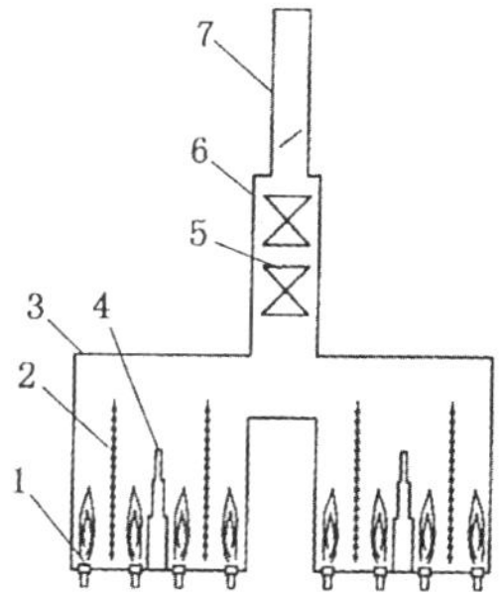


图 6－2　多室箱式炉

1—燃烧器；2—辐射管；3—辐射室；4—中间火墙；5—对流管；6—对流室；7—烟囱

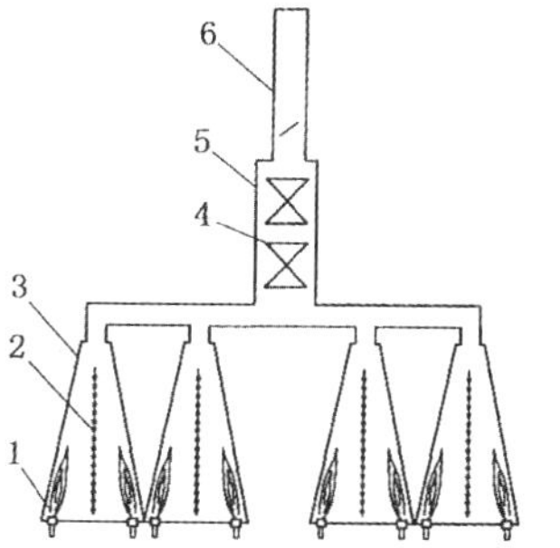


图 6－3　多室阶梯炉(单阶梯)

1—燃烧器；2—辐射管；3—辐射室；4—对流管；5—对流室；6—烟囱

目前国内新建的延迟焦化装置大都使用多管程双面辐射加热炉，与传统的卧管单面辐射立式炉相比，多管程双面辐射管炉型的不同点有：

① 双面辐射焦化炉辐射管之间采用急弯弯管连接，并布置在炉膛内部而不设置弯头箱，辐射管架可采用悬吊式结构或下支撑式结构。卧管单面辐射立式炉辐射管之间则采用急弯弯管和回弯头连接，并且急弯弯管和回弯头布置在弯头箱内，以便于检修。

② 双面辐射焦化炉炉膛长度较大，炉膛高度较小。根据辐射传热理论可知，在管心距为炉管外径两倍的情况下，单面辐射一面反射的炉管周向热强度的不均匀系数(即周向最高热强度与平均热强度比值)约为 1.78，而双面辐射炉管约为 1.2，这样在周向最高热强度相等的前提下，双面辐射炉管的平均热强度设计值可以取单面辐射炉管平均热强度的 1.5 倍。因此，双面辐射焦化炉辐射管面积可以比单面辐射焦化炉减少 1/3，即单程炉管总长度可减少 1/3。在相同的管内流速条件下，双面辐射排管不仅减小了管内压降，并且缩短了油品在管内的停留时间，从而可达到延缓管内结焦，延长加热炉操作周期的目的。

③ 单面辐射炉管是在辐射室内靠炉墙布置的炉管，它一面受火焰及高温烟气的辐射热，一面受炉壁的反射热。双面辐射炉管则布置在炉膛中间(一排或两排)，两面受火焰及高温烟气的辐射。

④ 双面辐射的单排管比单面辐射的单排管传热均匀，管子用量少，但加热炉的体积大，型钢用量多。

### 6.1.3　焦化加热炉的结构

尽管以上两种加热炉的型式不同，但大致都由辐射室、对流室及加热炉辅助设备组成。

#### 6.1.3.1　辐射室

辐射室也称炉膛，这是燃料燃烧和辐射放热的地方，辐射室排列着供渣油加热的炉管。炉管两端由管板和固定吊挂支撑，管板、吊挂因炉型结构不同而不同。目前新设计的双面辐射焦化炉辐射炉管一般采用 $Cr_9Mo$，对流炉管采用 $Cr_5Mo$，如国内部分炼油厂(如吉化、茂名石化、广石化、上海金山、南炼、扬子、镇海等)均采用了 $Cr_9Mo$ 炉管。$Cr_9Mo$ 材质炉管的最高使用温度可达 650℃，因此，几乎没有发生氧化爆皮现象。$Cr_5Mo$ 材质炉管的最高使用温度为 600℃，而炉出口介质温度高达 500℃，如炉管内达到一定的结焦厚度，炉管表面温度便有可能达到 600℃以上，超过 $Cr_5Mo$ 最高使用温度，因此，采用 $Cr_5Mo$ 材质炉管的焦化炉多存在高温区炉管严重氧化爆皮的现象，须定期检测更换，影响焦化炉的长周期运行。

#### 6.1.3.2 对流室

对流室也称对流段，是高温烟气与需换热介质对流换热的地方。对流室位于辐射室顶上，排列着供油品加热的对流炉管及过热蒸汽、注水预热管(对于多管程双面辐射水平管箱式炉没有)，靠各式管板固定在对流室内。为了提高加热炉的热效率，强化对流段的对流传热(热效率的20%~30%)，降低对流段出口排烟温度，对流室大多采用钉头管和光管或翅片管和光管。虽然对流室比辐射室体积小得多，但是，内部排列着密密麻麻的炉管，目的是强化对流传热，降低烟气温度，提高加热炉的热效率。

#### 6.1.3.3 加热炉辅助设备

加热炉除对流室、辐射室等主要组成部分外，还有燃烧器、空气预热器以及为确保安全、提供操作检修方便的一些辅助设备。

(1) 燃烧器

燃烧器也称火嘴，是为加热炉提供热量的部件，各种气体(或液体)燃料通过火嘴来燃烧。火嘴的型号和数量是根据炉型、燃料种类和每个火嘴提供热量的多少而选择的。

在延迟焦化装置中，使用的大多数为油-气联合燃烧器，但是近年来逐步发展了扁平焰低 $NO_x$ 高效油气联合燃烧器和扁平火焰低 $NO_x$ 高效节能环保燃气燃烧器，已在新建和扩建焦化装置中得到广泛应用。

① 扁平焰低 $NO_x$ 高效油气联合燃烧器特点：

a. 这种燃烧器是一种扁平火焰燃烧器，油枪采用蒸汽雾化，气枪为非预混式，一次风、二次风分别进入烧嘴砖，使空气和燃料得以稀释，从而控制 $NO_x$ 的排放；

b. 燃料油通过油枪喷嘴被雾化成细小的颗粒并与蒸汽均匀混合。混合物经过喷头进一步雾化后喷入炉膛，通过调节燃料油和蒸汽的压力，可以实现一定的调节比；

c. 燃料气经过气枪顶部的喷头喷入炉膛，喷头的设计可以使燃料气和空气更好地混合，从而保证完全燃烧。

d. 为保证完全燃烧，助燃风通过一次风门和二次风门分别进入炉膛，一次风用来稳定火焰而二次风用来对燃烧区进行稀释，通过对一次风和二次风的调节，可以实现高效燃烧与合适的火焰形状。

② 扁平火焰低 $NO_x$ 高效节能环保燃气燃烧器特点：

a. 低 $NO_x$ 燃烧，燃烧形成的烟气中 $NO_x$ 浓度可控制在 $45mg/m^3$ 以下；

b. 燃烧效率高达99%以上，加热炉的热效率达90%以上；

c. 火焰形状规则、整齐、刚强有力、不舔炉管，加热炉工艺性好；

d. 燃烧气组分及燃料气压力适应性强；

e. 燃烧器不结焦，不堵塞，使用寿命长；

f. 调节比大，操作弹性大，结构简单，使用与维修方便；

g. 运行安全性高。该燃烧器设置了能稳定运行的能力不小于0.02MW的长明灯。

h. 运行噪音低，噪音不超过65dB；

i. 经济性好；

j. 环保。排放物中硫化物小于 $50\mu g/g$。

(2) 空气预热器

空气预热器是加热炉的主要余热回收设备，大部分的焦化加热炉采用热管式空气预热器来回收烟气余热。热管式空气预热器的结构主要包括热管束、隔板和外壳三大部分。三者组成了烟气和空气的通道，隔板将热管的蒸发段和冷凝段隔开，同时也将烟气通道和空气通道隔开。由于烟气侧是负压(微真空)，空气侧是正压(微正压)，所以隔板与热管之间的密封必须十分严密，否则空气会大量漏入到烟气中，使实际热效率大大降低。热管束是传递热量的核心，热管内部的蒸发或冷凝给热系数都很大，而外部由于是气－气式换热器，无论是烟气侧，还是空气侧，其给热系数都很小。为了强化管外传热，一般都采用翅片管。烧油时，为了便于清灰，在烟气侧通常采用片间距较大的开口翅片或钉头。热管束的安装位置有水平、倾斜和垂直三种。延迟焦化装置加热炉使用的热管式空气预热器几乎都是重力式热管，因此，只有倾斜和垂直两种安装方式，且烟气侧必须位于下部。一般倾斜式置于对流室顶，而垂直式置于地面。外壳应有隔热层，一般烟气侧为内壁衬浇注料，而空气侧为外保温。

(3) 其他辅助设备

主要包括：防爆孔、看火孔、爬梯、平台、烟道挡板、人孔及吹灰器等。其中，防爆孔、看火孔、爬梯、平台、烟道挡板、人孔主要用于安全、操作及检修。吹灰器主要用于清除沉积在对流、空气预热器管束中的烟灰、铁锈等杂物，保持炉管有较高的传热效率。

### 6.1.4 加热炉检修的主要内容及检修后的验收标准

#### 6.1.4.1 检修内容

① 根据损坏程度，修理或更换炉管、弯管、管板和吊挂等炉内构件；

② 修补或更换对流室、辐射室和烟道等部位的炉墙及衬里；

③ 修理或更换燃烧器、吹灰器、空气预热器、引风机、鼓风机和烟道挡板等；

④ 修理炉体钢结构，修理烟、风道及燃料油、燃料气、蒸汽等附属管线，并防腐和保温；

⑤ 清扫或清洗炉管表面灰垢及管内结焦；

⑥ 清扫、修理全部炉用仪表(包括监控仪器)，并进行标定；

⑦ 炉管试压、炉衬养护及烘炉。

#### 6.1.4.2 检修验收标准

加热炉检修验收标准主要包括：炉管、弯管更换；炉管管内清焦及管外清垢；回弯头的拆装；炉管与回弯头的胀接；炉管与急弯弯管、回弯头炉管与炉管的焊接；炉管的安装；燃烧器的检修；耐火砖、耐火衬里的检修；其他设备的检修；保温及防腐；炉管压力试验等。具体要求可参照《石油化工设备维护检修》第一册通用设备中的“管式加热炉维护检修规程”。

### 6.1.5 加热炉操作检查要点

① 操作中应严格遵守操作规程及加热炉工艺指标，保证加热炉在设计允许的范围内运行，严禁超温、超压、超负荷运行，并尽量避免过低负荷运行(过低负荷一般指低于设计负荷的60%)。在提高加热炉热效率的同时，应避免烟气露点腐蚀。要合理控制物料进料温度，确保炉管壁温高于烟气露点温度。

② 为了节能降耗，加热炉运行应控制以下指标：最终排烟温度，排放烟气中的CO含量(一般应不大于100μL/L)，对流室顶部烟气中的氧含量(燃气加热炉应控制在2%～4%；燃油加热炉应控制在3%～5%)。

③ 为保护环境，减少设备腐蚀，应采取有效措施控制燃料中的硫化物含量，减少排放烟气中的$SO_2$、$SO_3$等硫化物含量。

④ 加热炉正常操作时应注意事项：

a. 进料量和进料温度应稳定；

b. 控制好炉膛温度，各点温度偏差在30℃以内；根据渣油残炭量的不同，适当控制炉出口温度；

c. 控制好烟气氧含量，过剩空气系数要适宜；

d. 严格控制好烟道挡板的开度，使炉膛在微负压下操作；

e. 注意观察炉膛火焰状况，合理配备燃料气与空气的比例；

f. 控制好排烟温度，可根据烟气露点腐蚀温度来确定排烟温度；

g. 控制好炉管压降及炉管表面温度的变化，目前新设计和改造的加热炉炉管表面都加装镶嵌式热电偶来实施监控炉管表面温度，通过炉管表面温度的变化再参考炉管压降的变化情况，来判断炉管是否结焦。

⑤ 生产装置管理人员应加强加热炉运行情况的检查和管理：

a. 每日至少一次对本装置管辖范围内加热炉的运行情况进行一次巡检；

b. 每周应做一次炉效分析工作；

c. 应加强加热炉的日常维修，特别是对引风机、鼓风机、烟道挡板、吹灰器的附件的维修。发现问题要及时修理，排除故障，不得影响加热炉的正常运行。

⑥ 操作人员应按以下规定对加热炉进行巡回检查：

a. 每1~2h检查一次燃烧器及燃料油(气)、蒸汽系统。检查燃烧器有无结焦、堵塞、漏气(油)现象，长明灯是否正常燃烧；油枪、瓦斯枪应定期清洗、保养，发现损坏及时更换；长时间停用的油枪、瓦斯枪应拆下清洗保存。

b. 每1~2h检查一次加热炉进出料系统，包括流控、分支流控、压控及流量、压力、温度的一次指示是否正常，随时注意检查有无偏流。发现情况异常必须及时汇报并查明原因。

c. 每班检查灭火蒸汽系统是否正常。检查看火窗、看火孔、点火孔、防爆门、人孔门、弯头箱门是否严密，防止漏风。检查炉体钢架和炉体钢板是否完好严密，是否超温。

d. 每班检查辐射炉管有无局部过烧、开裂、鼓包、弯曲等异常现象，检查炉内壁衬里有无脱落，炉内构件有无异常，仪表监测系统是否正常。

e. 每班检查燃烧器调风系统、风门挡板、烟道挡板是否灵活好用，余热回收系统的引风机、鼓风机是否正常运行。发现问题应及时汇报联系处理。

f. 有吹灰器的加热炉，每天至少吹灰一次，并检查吹灰器有无故障，是否灵活好用。

g. 每天应检查一次仪表完好情况。每季度至少应对所有氧含量分析仪标定一次，发现问题及时处理。

h. 应定期检查加热炉避雷针和接地线的完好状况。

i. 每班一次检查加热炉的控制保护、联锁是否符合中国石化的有关规定。

j. 操作人员还应精心操作，保持加热炉良好的运行状态。要加强三门一板(油门、气门、风门，烟道挡板)的调节，保证炉膛明亮不浑浊，避免燃烧器火焰过长、过大、冒烟，严禁舔管。要尽量保持多火嘴齐火焰短火苗，维持高效运行。

⑦ 加热炉运行维护中，要特别注意防止以下意外事故、故障的发生：炉管破裂、炉膛着火；熄火、爆燃；炉衬烧损、塌落；火焰偏斜、舔管和二次尾燃；突然停电、停汽、停风，发生事故时，要按照安全操作规程和事故预案的规定，在避免事态扩大的前提下，尽可

能地保护设备，减少损失。

⑧ 加热炉的开停工必须严格按照工艺操作规程执行。开停工前必须制定详细严谨的开停工方案，并经有关部门审核会签。停工时特别要注意防止硫化物在对流室自燃。

## 6.2 焦炭塔

焦炭塔是延迟焦化装置的主要设备,其主要作用是为经过加热的原料油提供焦化反应的场所。

### 6.2.1 焦炭塔的结构特点

焦炭塔同通常所讲的塔设备有本质的区别，从某种意义上说焦炭塔实际上是一台大型反应器。其筒体由焦炭段、泡沫段、空塔段三部分组成，整个塔体由钢板拼凑焊接而成。根据各段生产条件的不同，自上而下由不同厚度的钢板组成。在上封头上开有除焦口、放空口及安全阀接口；下部有30°斜度的锥体，锥体下端设有为除焦和进料的底盖，底盖是整体铸造而成，经过热处理以满足热应力要求；用合金钢螺栓固定在锥体法兰上，进料口短管在底盖的中心垂直向上，塔体上在不同高度安装有中子料位计。

随着炼油处理能力的不断提高，对炼油装置大型化提出了要求，而炼油装置大型化的关键是设备大型化。因此，要实现延迟焦化装置大型化，首先要实现焦炭塔的大型化。在延迟焦化装置中，单塔能力在50万吨/年时，其塔直径在8000mm以上。另外，焦炭塔的尺寸还取决于原料性质、操作压力和温度。我国焦炭塔直径20世纪80年代末大多为$\phi$6000mm到$\phi$6100mm(在这之前都是$\phi$5400mm)，只相当于国外20世纪50年代末期或60年代初期水平。20世纪60年代美国出现$\phi$7930mm焦炭塔，20世纪80年代美国焦炭塔最大直径为$\phi$8230mm，到90年代，印度新建的焦化焦炭塔直径已达到$\phi$8845mm。近年来新建的南炼、扬子、上海石化等炼油厂的延迟焦化装置焦炭塔的直径达到了$\phi$9200mm，成为国内自行设计、施工安装的最大直径的焦炭塔，实现了单塔焦化最大生产能力，节省了工程投资和生产费用，实现了焦炭塔大型化。

### 6.2.2 焦炭塔直径和高度确定

焦炭塔的直径和高度主要取决于装置的处理量、原料性质、操作温度、操作压力和循环比。装置的处理量是决定焦炭塔大小的主要参数，焦炭塔的单塔处理量越大，要求的焦炭塔直径越大，这主要是由焦炭塔塔内的允许气速决定的。原料进入焦炭塔，在塔内适宜的压力、温度和停留时间的条件下发生裂解和缩合反应，裂解反应产生油气，缩合反应生成焦炭并停留在塔内。在焦炭层以上为主要反应区，即泡沫层。随着原料的不断进入，产生的焦炭量增加，焦炭层高度增加，泡沫层也随之升高。

由于泡沫层为反应区，一般不希望泡沫被油气夹带到焦炭塔出口的油气管线和分馏塔，导致管线和分馏塔内结焦影响正常操作和产品质量，因此，应考虑焦炭塔内油气的适宜气速，适宜气速应该是泡沫夹带的临界气速乘上一个安全系数。国外在焦炭塔内不注入消泡剂时，设计焦炭塔内油气气速一般为0.11~0.17m/s；在使用消泡剂时，由于泡沫层密度变大，设计焦炭塔内油气速度一般为0.12~0.21m/s。所以，应根据适宜的油气速度和焦炭塔内的实际气流量来考虑焦炭塔的直径。

焦炭塔内的油气体积流量和渣油进料量、原料性质、操作条件有密切的关系。在确定焦炭塔的直径前应首先确定焦炭塔的操作条件和产品分布。在渣油生焦率较高、液体收率较低的条件下，同等处理量的焦炭塔内油气体积流量小，应采用较小直径的焦炭塔，反之，应采用较大直径的焦炭塔。当原料性质确定后，对焦炭塔规格影响较大的主要是循环比、反应温度和压力。①降低循环比，循环油量减少，气体、汽油、柴油收率下降，焦炭塔内的油气体积流量减少，适宜采用较小直径的焦炭塔；提高循环比，循环油量增加，气体、汽油、柴油收率增加，焦炭塔内的油气体积流量增大，适宜采用较大直径的焦炭塔。②提高焦化炉出口温度可增加液体产品收率，但调整的幅度是很窄的。根据原料性质确定最佳的操作温度，采用较高的焦化炉出口温度时可适当放大焦炭塔的直径。③低压操作可改善焦化产品分布，这在国内外已得到普遍认可，国内焦炭塔顶操作压力一般为 0.15 ~ 0.18MPa，国外为 0.1 ~ 0.15MPa。压力降低可以提高蜡油的收率，但是增大了焦炭塔的气体体积流量，需要加大焦炭塔塔径，增加装置投资。因此，应综合设备投资、操作费用和产品分布等因素确定适宜的操作工况和焦炭塔塔径。

在基本确定焦炭塔的直径后，还应根据原料性质、焦炭产率、生焦时间、泡沫层高度等条件来确定焦炭塔的高度。焦炭产率和原料性质、操作条件有关，泡沫层高度和原料性质、反应温度及压力有关。在焦炭塔内注入消泡剂后，泡沫层的高度减少。当单塔处理能力、原料性质和操作条件确定后，塔内的焦层高度主要确定于生焦时间。目前国内大多数焦化装置设计的生焦时间为 24h，有的已采用 18h 生焦；国外焦化生焦时间一般为 12 ~ 24h，大多采用 18h 生焦。采用较短的生焦时间，可以提高焦炭塔的利用率，即可使同等规模的焦炭塔的生焦高度减少。在确定焦炭塔高度时应留有一定的安全空高，安全空高是指焦炭塔塔顶切线上沿离焦炭层的距离，焦炭塔设计安全空高大多为 3 ~ 5m。空高越高，焦炭塔的利用率越低，但油气在塔内的停留时间延长，对生焦有利。当装置处理量、操作条件确定后，直径增大可以适当降低高度，高度增加也可以适当减少塔径。过去建设的焦炭塔的直径一般为 5400 ~ 6400mm，塔径小，其高径比一般为 3 ~ 4。近几年建设的大直径焦炭塔的高径比一般为 2 ~ 3。焦炭塔的直径和高度还因受到冷焦和除焦能力、设备制造、运输、吊装等的限制，不宜太大和太高。

### 6.2.3 焦炭塔的材质

焦炭塔的下部塔壁通常都附着一层牢固而致密的由焦炭形成的保护层，隔离了腐蚀介质，因此腐蚀不严重，选材时可采用碳钢或铬钼钢。焦炭塔上部泡沫段以上部分，由于没有焦炭层保护，腐蚀介质直接与塔体接触，在生产过程中该部分塔体会产生高温硫腐蚀与低温硫腐蚀，塔体应选用碳钢 + 0Cr13 复合板或铬钼钢 + 0Cr13 复合板，一般上部复合钢板高度至少到泡沫段以下 200mm。

过去国内设计的焦炭塔直径较小，选材多以 20g 为主，因原料含硫量较低，使用中未出现太多问题，但近年来随着焦化原料的劣质化，硫含量大大升高了，设计的焦炭塔大部分选用铬钼钢，在含硫量较高时还选用 410S 型不锈钢复合钢板防腐。由于焦炭塔的大型化，使用碳钢钢板厚度已超出不预热的厚度，而且碳钢在焦炭塔的操作工况条件下长期使用还有可能产生石墨化现象，而铬钼钢的高温机械性能大大优于碳钢，强度比碳钢高两倍以上，抗高温氧化性及抗疲劳性能均比碳钢好。同时在相同塔径的情况下，材质使用铬钼钢的塔其壁厚较薄，操作时产生的热应力也相应较小，重量较轻，可以节约钢材及投资，且使用寿命比碳钢塔长。目前国内生产的 15CrMoR 钢板性能基本稳定，因此，新设计的焦炭塔多数采用 15CrMoR 钢板，其中，泡沫段以上部位采用 15CrMoR + 0Cr13 复合板。

### 6.2.4 焦炭塔裙座

低频热疲劳破坏是焦炭塔的主要破坏形式之一，这种破坏主要发生在筒体和裙座的连接处，所以筒体与裙座的连接形式是相当重要的，其基本形式有四种：一般对接型、搭接型、圆弧过渡对接型、整体煅焊型，目前主要采用圆弧过渡对接型和整体煅焊型结构。

在焦炭塔裙座处发生低周热疲劳破坏，其主要原因有：

① 与工艺操作有关，在焦炭塔操作时，油气预热温度达不到规定的值，出现偏低现象，当焦炭塔进行四通切换时，使得焦炭塔温差急剧变化，从而产生较大热应力；

② 在频繁而严重的加热和冷却循环下，焦炭塔裙座焊缝及其附近部位将受到较大的交变热应力作用，并且，在急剧升温和急剧冷却阶段受到大于材料屈服应力的热应力载荷周期性作用。

为防止焦炭塔低频热疲劳破坏，确保焦炭塔长周期运行，主要采取的措施：

① 裙座与锥形底盖间应采用带空气囊的保温结构，以减小塔体与裙座焊缝处的局部温度梯度；

② 塔体与裙座的连接宜采用整体煅焊形式或圆弧过渡对接形式。这样，塔体与裙座壁间接触比较紧密，塔体的热流能较快地传递到裙座，以减小温度梯度；

③ 焦炭塔裙座焊缝高度不小于裙座壁厚的 1.8 倍，同时把焊缝表面磨光并圆滑过渡，不留有棱角，以改善焊缝抗疲劳的性能；

④ 在裙座的顶部开槽，槽沿圆周均布，对被开槽削弱的截面应进行稳定校核。在满足强度和稳定的条件下，应尽量减薄裙座的壁厚，以提高裙座顶部的挠性；

⑤ 完善保温结构，对塔体裙座焊缝、管嘴焊缝及塔顶平台支架加强板焊缝部位保温结构采用便于拆卸的结构，以便于检查；

⑥ 严格控制操作条件和遵守操作规程，尽量减小温度梯度和对塔的热冲击；

⑦ 采用与塔体分离的独立梯子平台结构，以避免或减缓塔体变形和塔顶部腐蚀。

### 6.2.5 焦炭塔的鼓包变形

焦炭塔操作时低周疲劳会引起筒体部分弹性变形转变为塑性变形。随着周期性冷热操作循环次数的增加，塑性变形的积累会形成筒体的“糖葫芦状”变形。这是“低周疲劳 + 金属蠕变”引起的。为进一步减少焦炭塔筒体“糖葫芦状”变形，主要可采取以下措施：

① 在筒体上不开孔，且尽量减少与筒体相焊的连接件；

② 因为塔体焊缝加强高度在焦炭塔操作条件下是引起应力集中产生疲劳裂纹的根源，同时也是筒体鼓凸变形的一个因素，为此要求筒体上所有对接焊缝的加强高度不得大于 1.5mm，焊缝内外侧需全部磨平打光。

③ 焊缝采用 X 形坡口以减少变形和应力；

④ 改进保温结构；

⑤ 提高焦炭塔筒体材质。焦炭塔的操作温度在 500℃左右，实际操作时的最高壁温高于 450℃，在此温度下，铬钼钢的机械性能大大优于碳钢。

### 6.2.6 焦炭塔操作检查要点

① 定期检查地脚螺栓有无松动，同时，在施工过程中做好相应的防腐措施；

② 定期检查固定支架是否脱焊，管线弹簧支架是否处于正常受力状态；

③ 定期切焦水扫塔至封头处，防止硫化物沉积腐蚀；

④ 检查塔上、下法兰、阀门及连接法兰密封点是否泄漏；

⑤ 检查安全附件应灵活、可靠；

⑥ 检查运行参数不得超温、超压、超负荷运行；

⑦ 定点、定期检测各接管及筒体壁厚及鼓包变形；同时，对裙座部位环焊缝及柔型槽止裂孔进行检查；

⑧ 保持外保温完好无破损；

⑨ 在焦炭塔各操作阶段，应严格按照工艺规程进行，特别在预热和给水冷焦时，都要缓慢。如有条件，切换四通阀时，要求焦炭塔底预热温度与进料温度的温差小于150℃。

## 6.3 焦化富气压缩机组

压缩机是用来增加流体能量的机械，属于流体机械，它输送气体介质并提高其压力能。压缩机按其压缩气体的方式分为压缩(容积)型及速度型两大类。

压缩型的工作原理：往压缩机的工作腔中吸入气体，经活塞或膜片压缩提高压力后排出机外，气体的流动是不连续的。速度型的工作原理：气体被高速旋转的叶轮带动，获得极高的速度，进入扩压器时，速度降低，压力升高，然后将增压后的气体输出机外，气体的流动是连续的。目前，在延迟焦化装置中使用的压缩机组主要有往复式压缩机和离心式压缩机两种，离心式压缩机应用更为广泛，其原因有以下几点。

① 可提高热量综合利用的经济性；

② 离心式压缩机的转速可高达10000r/min，因而单机容量大，尺寸小，占地面积小，基建投资省；

③ 运行可靠，调节性能好，可以实现高水平的自动化操作，不受外界条件的限制；

④ 离心式压缩机的易损部件少，加上运行平稳，噪音小，所以维修费用低，汽缸内不需注入润滑油，被压缩的气体不会被油污染；运行效率高，一般较往复式压缩机高5% ~10%；

⑤ 流量大，适宜焦化大处理量的要求。

往复式压缩机和离心式压缩机驱动方式不同：往复式多采用电动机，离心式多采用蒸汽透平或变频电机。其中，变频电机在满负荷时可以节能，但是，实际上压缩机可能经常在低于额定转速下操作，所以如采用变频器加电机驱动的配置方式，电机的总效率就会降低较多，实际耗电量增加，运行费用高，这样，蒸汽透平的优越性就显得较为突出。

下面分别对以上两种机组及其蒸汽透平加以介绍。

### 6.3.1 往复式压缩机组

#### 6.3.1.1 往复式压缩机的结构

往复式压缩机的基本结构由下面几部分构成。

传动机构：传动机构是将电动机传来的动力传给活塞，并将电动机的旋转运动变为往复运动的机构，它是一个典型的曲柄、连杆、滑块机构，主要零部件有联轴器、曲轴、连杆、十字头等。

工作部件：工作部件是形成工作腔用以吸、排气体，给气体传递能量的部件，包括汽缸组件、吸排气阀组件、活塞组件及填料组件。

机体：机体是一个支持部件，由它来支撑曲轴、十字头和汽缸，使压缩机成为一个整体。机身下方兼作油箱。

润滑系统：机器中相对运动的零部件及其传动机构都需要润滑，如曲轴的主轴颈与轴承、曲柄销与连杆大头瓦、十字头销与连杆小头瓦、十字头滑板与十字头滑道之间等部位。

润滑用油一般用轴头齿轮泵或单独的齿轮泵由机体油箱通过一定的油路送往各润滑部位。无油润滑压缩机的汽缸和填料不注油。有油润滑的压缩机汽缸和填料用专门的注油泵注入压缩机油进行润滑。传动机构的润滑油是循环使用的，并需用油冷却器进行冷却。因注入汽缸的油量较少，润滑油注入机体后，大都随气体带走并对气阀进行润滑。

冷却系统：往复式压缩机的冷却系统由冷却气体的中间冷却器和后冷却器、汽缸和填料的冷却水套、油冷却器及其他附件组成。气体压缩是一个热力过程，气体压力升高的同时温度也要升高。气体的温度受润滑油闪点及被压缩介质性质限制。多级压缩中每级排出的气体经中间冷却器冷却后再由下一级吸入，有些气体末级排出需要后冷却器冷却。汽缸和填料的冷却水套带走摩擦产生的热量，降低了温度，改善了润滑条件，同时还可降低压缩过程指数，从而降低压缩功耗和排气温度。

安全和调节系统：压缩机中气体压力的变化是生产过程中气量供求关系的反应，所以压缩机中有各种调节机构。当压力超过允许值时安全阀跳开排放，安全阀装在各级压力最灵敏的位置。

#### 6.3.1.2 往复式压缩机的结构改进

近年来，焦化往复式压缩机已向无油润滑方向发展，即取消填料及汽缸部位的注油，同时针对其故障率高的部位进行改进，主要改进方面：

① 机组由有油润滑改造成无油润滑，对活塞、活塞杆、填料、支承环、活塞环等部件进行改进；

② 对机组填料函结构进行改造，在总体结构尺寸不变的情况下，采用阻流环(锡青铜)与密封环(四氟)相间结构，加注氮气密封，从而减小磨损，提高密封可靠性；

③ 采用新型塑料气阀(PEEK 气阀)等。

#### 6.3.1.3 往复式压缩机的工作原理

压缩机工作时，电动机通过联轴器或皮带轮带动曲轴旋转，再通过曲柄连杆机构将曲轴的旋转运动变成十字头的往复运动。十字头带动活塞杆，使活塞在汽缸内作往复运动。曲轴旋转一周，活塞在汽缸内往复一次，压缩机完成一次工作循环。一个工作循环有膨胀、吸气、压缩、排气四个过程。电机带动曲轴不断旋转，工作循环不断重复，从而不断吸入并压缩排出气体。

#### 6.3.1.4 排气量的调节

生产条件的改变，要求压缩机的排气量在一定范围内调节。排气量的调节可分为连续调节(排气量连续改变)与间断调节，有时为适应不同要求，也可分成 100%、50%、0% 等若干等级的调节。其调节方法主要有以下几种：

① 改变转速和间歇停车；

② 切断进气停止吸入；

③ 吸、排气连通(又称旁路调节)；

④ 顶开吸气阀；

⑤ 连通补助余隙容积；

⑥ 可调气阀。

目前在延迟焦化往复式压缩机中主要采用旁路调节和顶开吸气阀两种调节方法。下面将这两种方法进行比较：

① 吸、排气连通(又称旁路调节)。将已排出的气体用旁路管线全部或部分地引回一级

入口，可达到调节的目的。这种方法简单易行，但会白白地消耗功率，不经济，故常用来作为压缩机空载启动用的辅助手段。

② 顶开吸气阀。通过顶开吸气阀的装置，来实现气量由 0－50%－100% 的调节。顶开吸气阀的方法结构简单，其调节功率主要消耗于气流通过气阀的阻力损失，因而也较经济，但有损阀片的使用寿命，故适用于转速不高的情况。

### 6.3.2 离心式压缩机

离心压缩机的结构和工作原理与离心泵非常相似。在延迟焦化装置中使用的主要有 MCL 和 BCL 两种型号。现以 2MCL－527 离心压缩机的结构进行介绍。图 6－4 是 2MCL－527 离心式压缩机剖面图。它主要由转子与固定元件两大部分组成。主轴上装有 7 个叶轮，叶轮随轴旋转时，气体由吸入室轴向进入叶轮，叶片推动气体高速向外圆流动，在离心力作用下提高了压力。高速气流离开叶轮后，立即流进扩压器流道，在扩压器内随着流道截面的扩大，气流速被降低，动能进一步转化为压力能。气流从扩压器进入弯道，气流方向由离心流动变为向心流动，再经回流器进入下一级叶轮，重复上述流动过程，这样一级接一级直至末级。末级叶轮的出口可以直接通向蜗壳，气体由蜗壳汇集后经排出管排出。转子支承在两端的滑动轴承上，通过右端的联轴器与驱动设备汽轮机（或电动机）联接。固定元件包括安装在机壳上每一级扩压器、弯道、吸入室和排出室、各级间密封组件及轴端密封等。

#### 6.3.2.1 离心式压缩机的结构及各部件作用

离心压缩机分为转子、固定元件和其他元件。转子是主轴及固定在主轴上随轴一起转动的所有零件的总称。固定元件是气流经过的流道中固定不动的元件。其他元件主要是密封、轴承等零部件。

(1) 转子

如图 6－4 所示，转子上的主要零件是主轴、叶轮、平衡盘、推力盘、联轴器及轴套、隔环等。

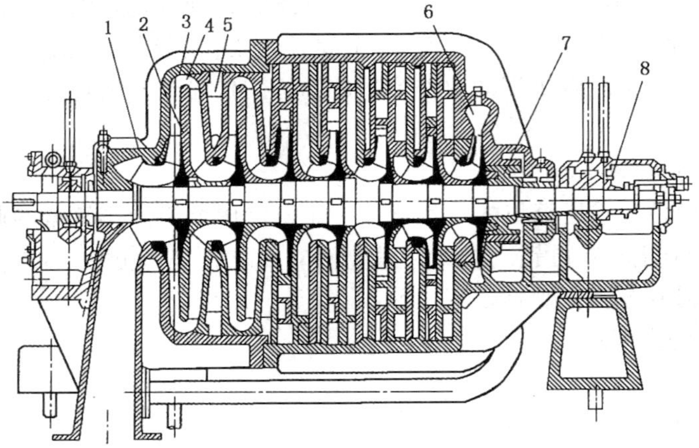


图 6－4　2MCL－527 离心式压缩机

1—吸入室；2—叶轮；3—扩压器；4—弯道；5—回流器；6—蜗壳；7—平衡盘；8—推力盘

① 叶轮。叶轮是压缩机的惟一做功元件，是最重要的核心元件，其结构和离心泵叶轮相似。

② 平衡盘。平衡盘位于末级叶轮之后，用来平衡转子所受的轴向力。离心压缩机转子

产生轴向力的原理与离心泵相同，其方向也是叶轮背面指向入口。常用的平衡措施是平衡盘结构。平衡盘左侧腔体压力约等于末级出口压力，右侧腔体通过平衡管与压缩机入口连通。所以这种平衡盘不能平衡掉全部轴向力，仍有一部分轴向力作用到止推轴承上。

③ 推力盘。推力盘的作用是将剩余的轴向力传递给止推轴承，其工作区为端面。通常推力盘与轴采用过盈配合并用键固定。如前所述，离心压缩机的轴向力在正常运转时指向入口，但在启动时压力尚未建立起来，起作用的是气流冲力。气流冲力的方向与正常工作时轴向力的方向相反，为传递该冲力还需要一个副推力面。有的压缩机推力盘的两个端面都工作，分别为主、副推力面，用以传递正常工作时及启动时的轴向力。有的推力盘只有一个工作端面，副推力面由另一零件提供。

（2）固定元件

固定元件包括吸入室、扩压器、弯道、回流器和蜗壳。吸入室的结构与作用与离心泵相似，此处不再赘述。

① 扩压器。扩压器相当于离心泵中的导叶（或导轮），起转换能量的作用。从叶轮排出的气流在扩压器内随截面的扩大而降速，将动能变为压力能。扩压器可分为无叶扩压器、叶片扩压器和直壁扩压器三种。

② 弯道和回流器。弯道位于扩压器之后，其作用是为使气体进入下一级叶轮，将扩压出口流出的离心流动气体作 180°的转向，变为向心流动。回流器紧接弯道之后，它的作用是使气体沿叶片流道流动，以 90°方向流出回流器，以轴向平缓进入下一级叶轮。

③ 蜗壳。蜗壳的作用是将末级排出的气体引出压缩机。蜗壳截面积沿气流方向逐渐扩大，形状有圆形、梯形、梨形或矩形等。

（3）轴承

离心式压缩机的轴承属高速轻载，多采用滑动轴承，这与离心泵中广泛使用的滚珠轴承不同。该类轴承不是标准件，不成批生产，需由压缩机制造厂配套供应。根据轴承的作用可分为径向轴承和止推轴承，径向轴承承受径向载荷，止推轴承承受由推力盘传递的剩余轴向力。压缩机运转的良好与否和轴承有密切关系，因此，轴承也是压缩机检修的重点项目，应高度重视。

① 径向轴承。随着离心压缩机转速的进一步提高，目前大部分均采用了多瓦块结构，工作时轴与轴承间形成多个油楔。这种轴承具有良好的工作性能，可以在很高的转速下平稳运转。

目前径向轴承普遍采用可倾瓦轴承，可倾瓦轴承是由油站供油强制润滑，轴承装在机壳两端外侧的轴承箱内。检查轴承时不必拆卸压缩机壳体，在轴承箱进油管路中有流量调节器，根据运转时轴瓦温度高低，来调节流量调节器的开度，从而控制进入轴承的油量，润滑油进入轴承后进行润滑并带走产生的热量。

可倾瓦轴承一般有五个以上轴承瓦块，等距地安装在轴承体的槽内，用特制的定位螺钉定位，瓦块可绕其支点摆动，以保证运转时处于最佳位置。瓦块内表面浇铸一层巴氏合金，由锻钢制造的轴承体在水平中分面分为上、下两半，用销钉定位螺钉固紧，为防止轴承体转动，在上轴承体的上方有防转销钉。

② 止推轴承。止推轴承也采用了多瓦块结构，目前使用较多的是金斯伯雷止推轴承。止推轴承的作用是承受压缩机没有完全抵消的残余的轴向推力。安装在压缩机后部支撑轴承的外侧的轴承箱内。

金斯伯雷止推轴承是双面止推的，轴承体水平剖分为上、下两半，有两组止推元件，分为主推面与副推面，每组一般有6块止推块，置于旋转时推力盘两侧。推力瓦块工作表面浇铸一层巴氏合金，等距离地装到固定环的槽内，推力瓦块能绕其支点倾斜，使推力瓦块均匀地承受挠曲旋转轴上变化的轴向推力。

这种轴承一般情况下装有油控制环，其作用是当轴在高速旋转时，可减少润滑油紊乱的搅动，使轴承损失功率减少。止推轴承的轴向位置，由调整垫调整，调整垫的厚度在装配时配合加工。

（4）联轴器

联轴器是连接主动轴和被动轴，传递运动和扭矩的一种装置，延迟焦化压缩机中使用的联轴器为膜片联轴器或齿套式联轴器。

膜片联轴器是在离心压缩机中采用的联轴器的一种，其最大的优点是：重量轻，综合补偿两轴相对位移的能力强，不需要润滑，维护方便。与齿式联轴器比较，无齿式联轴器的齿侧游隙，轻载启动性能好。

膜片联轴器挠性元件是由一定数量的薄的金属膜片叠合成膜片组，金属膜片为环形、多边形、束腰形等形式。同一圆上的精密螺栓，交错间隔布置，与主、从动安装盘连接。当机组存在轴向、径向和角向位移时，膜片产生波状变形，膜片一部分伸长，另一部分压缩，引起弹性变形，具有较强的综合补偿两轴相对位移的能力。

### 6.3.2.2 轴的密封装置

在离心式压缩机中，为了减少压缩机转子与固定元件之间的间隙漏气，通常都在汽缸两端设有前、后轴封；在汽缸内部设有轴封，平衡盘密封和叶轮的轮盖密封。

（1）干气密封

离心式压缩机密封有很多形式：迷宫密封、浮环密封、机械密封、抽气密封等。目前在焦化富气压缩机上普遍采用的是干气密封(即非接触式机械密封或气膜螺旋槽端面密封的简称)，该密封具有以下突出优点：端面非接触、可靠性高、寿命长；密封功耗低、节约能源；省去了庞大的密封油系统，占地少、总投资低；无污染、适用范围广和运行、维护费用低等。

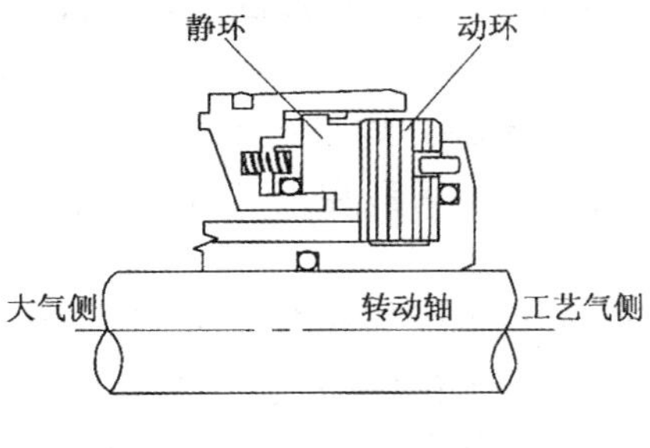

图6-5　干气密封原理图

干气密封工作原理和特点：干气密封主要是由一对动环和静环配合组成(图6-5)，动环上开有螺旋槽，通过旋转气体由进口进入螺旋槽的根部。环形面形成密封隔墙，该密封墙对气流产生阻力，气体被压缩，压力增高，产生的压力使静环从动环表面被推开。这样，密封面间始终保持一层极薄的气膜，使动环和静环之间存在间隙，密封始终工作在非接触状态，动环和静环的正常间隙为3～5μm左右。

在动力平衡条件下，作用在密封上的力可按图6-6所表示：闭合力$F_c$是由系统压力(即密封气压力)加上弹簧力而得到，开口力$F_o$是由系统压力加上由螺旋槽产生的压力而得到，当闭合力与流膜内产生的开口力相等时，即$F_c = F_o$时，密封工作处于平衡状态，动环与静环之间就产生一个稳定的间隙，对于大多数常用气体，膜厚度(密封面之间的间隙)在3～5μm左右。如果产生导致密封面之间的间隙减少的扰动时，由螺旋槽产生的开口力会显著地增加，使平衡恢复(如图6-7)。而当产生导致密封面之间的间隙增大的扰动时，由螺旋槽产生的开口力又会减少，使平衡恢复(如图6-8)。此外干气密封还可以串联使用，以提高密封的效果，具体结构如图6-9所示。

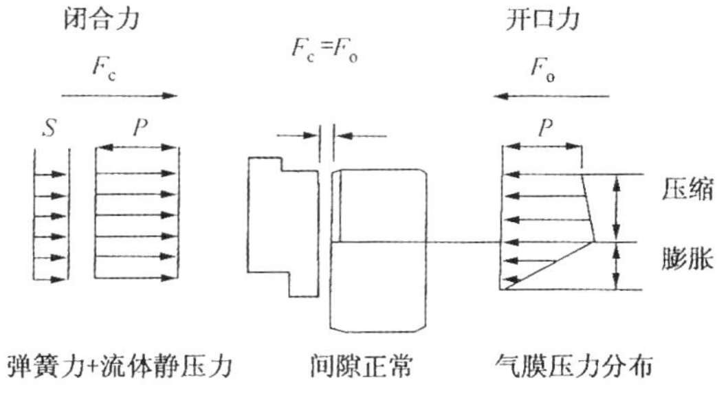


图6-6 作用于干气密封上的力

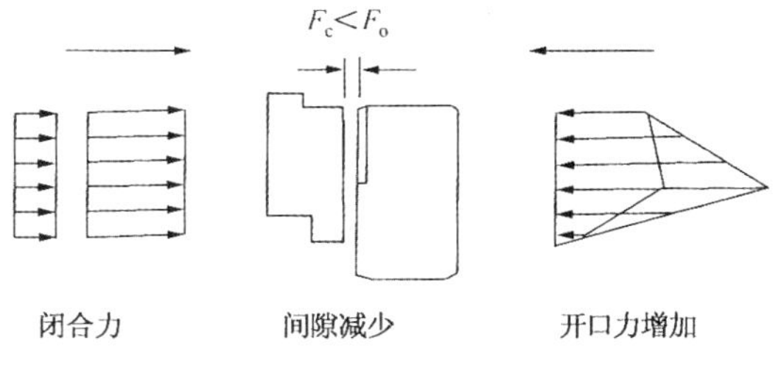


图6-7 密封面间隙减小时的受力情况

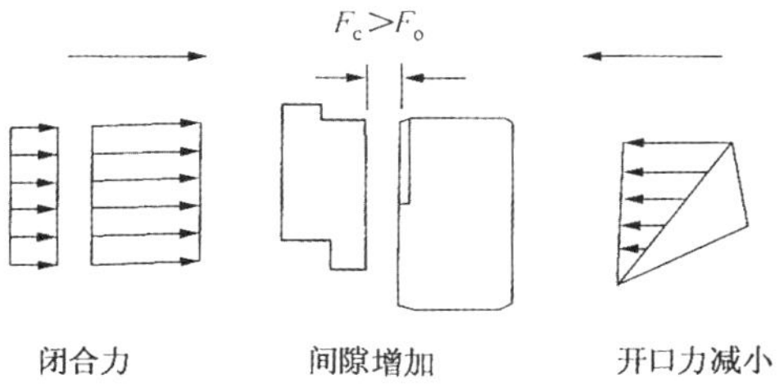


图6-8 密封面间隙增大时受力情况

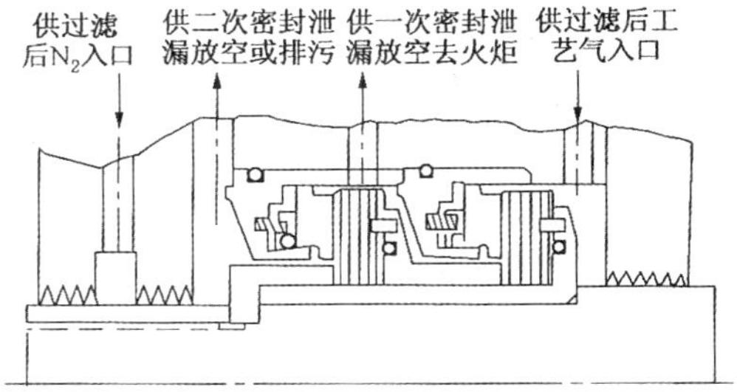


图6-9 串联式干气密封

(2) 迷宫密封

级间密封与平衡盘密封采用迷宫密封，在压缩机各级叶轮进口圈外缘和隔板轴孔处，都装有迷宫密封，以减少各级气体回流。迷宫密封一般是采用铝合金制成，用铝合金这种较软的材料主要是为了避免损坏轴套和叶轮。

为避免由于热膨胀而使密封变形，发生抱轴事故，一般将密封体做成带有L形卡台，密封齿为梳齿状，密封体外环上半用沉头螺钉固定在上半隔板或机壳上，但不固定死。外环下半自由装在下隔板或机壳上。

平衡盘密封也大多采用迷宫密封，这是为了尽量减少平衡盘两边的气体泄漏。对2MCL型压缩机，在两段之间，即转子中间部分的平衡盘上也要装迷宫密封，以减少中间级出口和压缩机最终出口间的气体泄漏，结构与级间密封类似。

迷宫密封的轴线断面呈梳齿状，也称为梳齿密封，是离心压缩机上使用最广泛的一种密封形式。图6-10所示是几种常用的迷宫密封结构。其中阶梯形多用于叶轮入口外周与壳体之间的密封；蜂窝密封多见于平衡盘外圆与壳体之间的密封；径向排列形用于轴封；平滑形与曲折形既可用作叶轮轮盖密封，也可用于轴封。平滑形密封轴的制造较简单，但密封效果不如曲折形密封。密封齿片可以制成镶嵌式结构，也可以与密封体制成整体结构。齿片材料应比轴软，一般采用铝、青铜等，以免因摩擦而损伤轴。蜂窝密封用0.2mm厚的不锈钢片焊成蜂窝状密封环，再与密封体焊成整体。

迷宫密封和轴之间有一定的间隙，所以只能减少泄漏而不能完全避免泄漏，故当用于轴封时，必然有一部分气体泄漏到大气中。对于无毒无害的气体，压力又不高的情况下，允许气体少量泄漏时可采用迷宫密封，如催化裂化装置中的主风机。但对于输送易燃易爆、贵重或有害于人体健康的气体，不宜采用该密封形式作轴封。

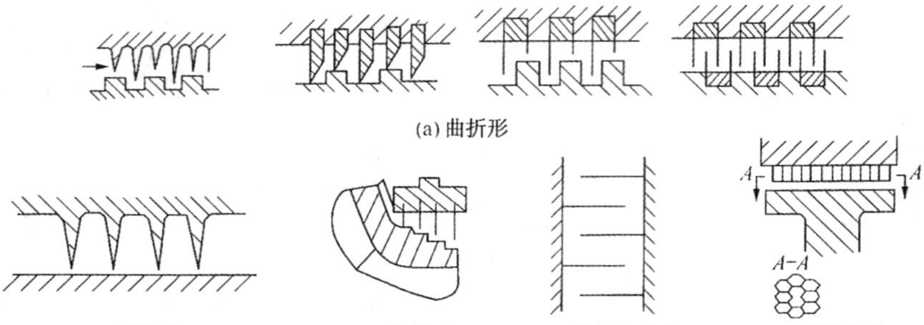


图 6－10　迷宫密封结构

离心式压缩机除本体外，还有一些辅助设备，如中间冷却器、气水分离器以及油系统。油系统与蒸汽透平共用。

**6.3.2.3　压缩机的性能曲线和调节方法**

（1）压缩机的性能曲线

图 6－11 为某延迟焦化装置 2MCL－527 型压缩机的性能曲线，不同流量时的出口压力（或压比）、功率和效率关系。

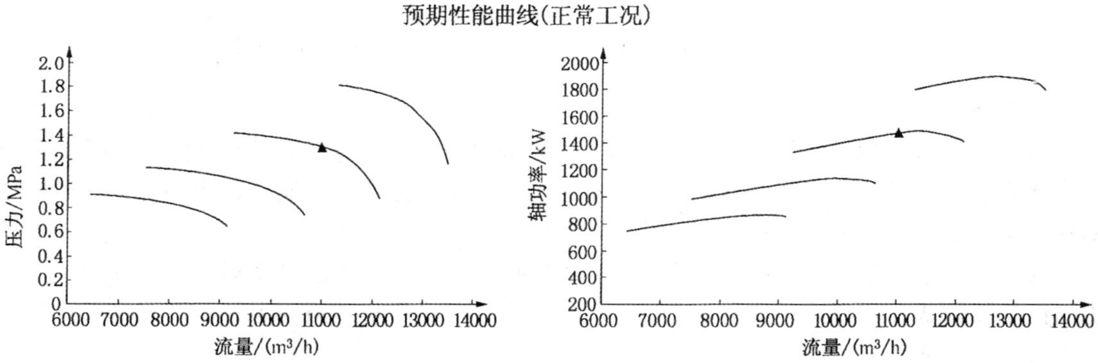


压缩介质：0　　相对分子质量：32.497　　进口温度：42℃　　进口压力：0.14MPa

转速/(r/min)：9988　　9512　　9036　　8561

图 6－11　2MCL－527 型压缩机的性能曲线

从上述性能曲线可以看出以下特点：

① 每个转速下都有一条对应的性能曲线，在同一转速下出口压力随流量的增加而降低。

② 最大流量限。当转速一定时，随着流量的增加，排气压力降低。当流量增加到一定程度时，排气压力下降非常快，当机组运行工作点进入最大流量限区域时，压缩机流道中某个截面处流速很高，流量达到临界值，流动损失、冲击损失增加很快，使压缩机的耗功全部用于克服损失，无力提高气体压力，反而会降低气体的出口压力。

③ 防喘振线。流量减小到一定程度，压缩机会出现喘振，这时的流量就称为喘振流量。为了压缩机的运转安全，防喘振流量要比喘振流量大 5% ～10%。

④ 最大转速限。考虑到转子的强度及松脱等因素，一般规定压缩机的最大连续转速为额定转速的105%。

⑤ 压缩机的稳定工作区。该工作区可以用四条不同的曲线围起来，即防喘振线、最大流量线、最高连续转速线和最低压力线。其中前三条由压缩机本身的性能所决定，第四条则是由工艺所决定的。

当压缩机和其他设备联合工作时，压缩机的工况就固定在某一工作点。一般情况下，这一点应该就是设计点。在压缩机运转时，装置的要求是经常变动的。如工厂的处理量有时要增大，有时又要减少，这就要求压缩机的流量也相应地变化，装置的阻力系数就相应地变化，这时要求压缩机出口的压力也相应地按所要求的变化，不管是机器的流量变化或是使机器的压力变化，都是要改变机器的性能，使其在另一个新的工作点工作，这种改变机械性能的方法就叫调节。

压缩机的流量调节方法可有这样几种：压缩机出口节流；压缩机进口节流；改变压缩机的转速；进气管装导向片；旁路或放空调节。

上述几种调节方法目前都有采用。下面将主要的进行比较：

① 压缩机出口节流。采用出口节流会带来附加损失。当调节量比较大时，阀门的附加损失数值也是很大的。特别当机器性能曲线比较陡的情况下，采用这种调节方法就很不经济。

② 压缩机进口节流。当进口节流和出口节流在完成同样的调节任务时，进口节流后压缩机的压比可比出口节流时的压比小一点，所消耗的功也就比出口节流时少。特别在压缩机性能曲线比较陡时(级数多、压比高的情况下)，二者之间的差别也较大。压缩机采用进口节流比出口节流要省功。进口节流的另一优点是节流后的喘振流量也向小流量方向移动，这就使得压缩机有可能在更小的流量下工作。目前进口节流是较常采用的调节方法。

③ 改变压缩机的转速。当压缩机转速变化时，压缩机的性能曲线也就移动。因此，当压缩机工况改变时就可以用调节转速来满足要求。改变转速是压缩机最经济的调节方法。因为当转速变化时，能量头同转速成平方的关系，这一点是其他调节方法所没有的，而且转速改变时并不引起其他的附加损失。

采用改变转速来调节的方法节省功最大。采用变速调节时，必须改变原动机的转速，这时最好采用蒸汽轮机来带动压缩机。如果采用电动机，为了便于变速就需使用直流机组或采用变频的方法，这就使设备复杂，造价也高。

如果在调节时需要增加转速，那么在选择原动机(蒸汽轮机)时就应使原动机有增速的余地。同时要注意压缩机轮盘强度、止推轴承的负荷等是否超过所允许的数值。

④ 旁路调节。当生产要求压缩机排气量小时，将其剩余部分经冷却器返回到压缩机进口的方法称为旁路调节。旁路循环调节使压缩机增加了循环量，白白消耗了功率，因此，单独采用这个方法的很少。这种方法在延迟焦化装置一般作为反飞动措施使用。即用其他的调节方法供气量减少到喘振点附近，当还需要进一步把气量减少到喘振点以下时，调节旁路阀开度，使旁路循环的气量与生产所需要的气量之和，比喘振点的流量稍大一些，避免压缩机进入喘振范围。

(2) 离心压缩机的喘振及其影响因素

喘振对压缩机是十分有害的，由于喘振时产生气流的强烈脉动和周期性振荡，使叶轮、叶片以至整个机组发生强烈振动，可能损坏压缩机的轴承、密封，甚至使压缩机的动、静部分发生碰撞而损坏整个机组。喘振可发生在某一叶轮流道内，也可以发生在压缩机的某一级、某一段或某一缸中，也可能发生在整个机组内。压缩机发生喘振可从下面几种现象加以判断：①压缩机管道气流发生异常的噪音，噪音时高时低呈周期性变化，严重时则会发生轰轰的吼声；②当压缩机接近喘振工况时，压缩机的进口流量和出口压力的变化很明显，发生周期性大幅度的脉动；③通过监测装置测试轴承的振动情况，当压缩机接近或进入喘振工况时，机体和轴承的振动值将明显增大，振幅也比正常时大得多。

为了防止压缩机发生喘振，气体流量应始终大于该转速下最小流量，压缩机在每一个转速下都有一个最小流量，将这些点连接起来，就成为一条喘振线。喘振线一般都是用实测法画出来的，它可以在出口压力(或压缩比) - 流量坐标中画出，也可以在转速 - 流量坐标中画出。只要流量落在喘振线的右侧，则可以防止喘振的发生。喘振线的形状一般是一条二次抛物线。

正常运转时，压缩机的气体流量落在防喘振线的右侧，不会发生喘振，但当压缩机的特性曲线发生位移或管网特性曲线发生变化，都可能使压缩机的工况点落入喘振区。导致压缩机特性曲线和管网特性曲线发生变化的因素很多，例如，气体入口温度、压力，气体的组成和蒸汽透平的转速、管网压力等。

① 入口气体冷却器或段间冷却器冷却水量减少，水温上升或冷却器结垢都可能造成入口气体温度上升。在同样的转速下，气体入口温度上升引起出口压力下降，也就是特性曲线下移，可能使新的工况点落入喘振区。

② 压缩机气体入口压力下降，当转速保持不变时，出口压力也必然下降(压缩比不变)，压缩机的特性曲线也会下移，而使新工况点进入喘振区。造成入口压力下降的原因有造气系统负荷降低、入口滤网堵塞或形成液封。此外密封漏气增大及其他漏损，也都可能造成气体入口压力的降低。

③ 气体组成的变化引起气体相对分子质量变化。如果相对分子质量减小，气体密度降低，压缩机的出口压力也降低，特性曲线下移，则可使新的工况点进入喘振区。

④ 如果蒸汽管网压力或蒸汽流量发生波动，或者是透平调速系统出现故障，则可能会使透平转速突然下降。例如，压缩机在同样的进气条件下，进口温度和进口压力稳定在某一数值上时，由于转速的突然降低，气体出口压力降低，特性曲线下移，使新的工况点落入喘振区。

⑤ 管网系统的压力变化引起管网特性曲线的变化，也可能使压缩机的工况点落入喘振区。例如，工艺系统中容器压力的上升，管道因结垢、堵塞等原因而使阻力系数增大等，都可能使管网特性曲线平行上移或变陡，使新工况点移至喘振线左侧而引发喘振。

另外，压缩机的叶轮结垢，防喘振调节系统的故障或滞后等原因，也可引发喘振。在以上的讨论中，为了叙述的方便，我们把压缩机特性曲线和管网特性曲线变化的原因分开讨论，但实际运行中压缩机和管网的特性曲线会因某种因素而同时变化，这样就更易造成喘振。所以，为防止压缩机发生喘振，很重要的一个原则是保证气体流量始终大于该转速下的最小流量。

### 6.3.3 汽轮机

#### 6.3.3.1 蒸汽透平的工作原理及其结构

(1) 蒸汽透平的原理

蒸汽透平是用蒸汽做功的旋转式原动机，又称为蒸汽轮机或简称汽轮机。蒸汽的热能转变成透平转子转动的机械功，需要经过两次能量转换。第一次转换是蒸汽流过透平喷嘴时，热能转变为蒸汽高速流动的动能；第二次转换是高速流动的蒸汽通过透平转子的工作叶片时，蒸汽高速流动的动能转变为透平转子的旋转机械功。

由于结构形式和蒸汽做功的情况不同，蒸汽透平分为冲动式和反动式两种。在冲动式透平中，蒸汽的热能转变成动能的过程仅在喷嘴中进行，工作叶片上仅是将蒸汽的动能转换为旋转机械功。由于沿汽流运动方向的叶片间槽的截面积不变，所以蒸汽在叶片间槽中不再膨胀，压力也无变化。其蒸汽参数变化情况如下：新蒸汽以压力 $P_0$ 和速度 $C_0$ 进入透平喷嘴，在喷嘴中膨胀后，压力降低到 $P_1$，速度上升到 $C_1$；然后进入透平的工作叶片，蒸汽流动方向改变，将其一部分动能转换为旋转机械功，而汽速也从 $C_1$ 降到 $C_2$，但压力不变，出工作叶片的压力仍为 $P_1$。

反动式蒸汽透平的工作原理比较复杂。在反动式汽轮机中，蒸汽在静叶片中(相当于喷嘴)膨胀，压力和温度均降低，流动速度增大，然后进入动叶片(即工作叶片)。由于沿蒸汽流动方向上动叶片间槽道的断面形状与静叶片间槽道断面形状的变化完全相同，所以蒸汽在动叶片中继续膨胀，压力继续降低。大家知道，一个物体对另一物体施加一个作用力时，这个物体必然要同时受到与其施加的作用力大小相等、方向相反的反作用力。喷气式飞机的飞行就是利用了这一原理，它是利用它尾部排出的高速气流的反作用力来高速飞行的。反动式蒸汽透平也利用了这一原理。由于蒸汽沿动叶片的内弧流动时方向是变化的，同时又因为蒸汽在动叶片中还要继续膨胀，因此，动叶片不仅受到冲动力的作用，还要受到高速离开动叶片的蒸汽反冲力的作用。动叶片上所受的作用力是冲动力和反冲力的合力。由此可知，反动式透平同时利用了冲动原理和反动原理。

在单级蒸汽透平中，蒸汽压降大(等于进出口管网压差)，热能降大，叶片排汽速度(又称余速)很大，而透平的热效率则低，单级透平的功率不大。随着工业生产对蒸汽透平提出蒸汽高参数(高温、高压)、大功率、高效率的要求，单级透平被多级透平所代替。蒸汽每经过一次从热能→动能→机械功的转换，称为一个级。在多级透平中，上一级的排汽就是下一级的进汽，蒸汽温度、压力逐级下降，蒸汽的总热降分配在各级工作叶片上，上一级排汽的动能在下一级得到了利用，因此透平余速小，效率高。多级透平的各级功率的总和就是透平的总功率。因此，在每一级的热能降不太大的情况下，即在每一级的蒸汽流速不太大从而使热损失较小、效率较高的情况下，透平可得到较大的总功率和较高的效率。工作叶片装在叶轮的外圆周上。级数不太多的透平，可把几个叶轮安置在一个汽缸内，级数较多时，可按压力高低依次安排在两个或多个汽缸中。第一级的喷嘴装在汽缸上；第二级的喷嘴装在汽缸内的隔板上。因此，多级透平是喷嘴或静叶片与动叶片相间排列的，所有的叶轮装在同一个旋转轴上，产生的机械功由轴传出。

蒸汽透平按热力过程分类又可分为背压式、凝汽式和抽汽凝汽式三种。背压式透平的蒸汽进入汽缸后经一级或几级膨胀后，以一定的压力和温度全部排出透平，排出的蒸汽供工艺或其他透平使用。凝汽式透平的进汽在汽缸内膨胀做功后，全部排入凝汽器凝结为水。抽汽凝汽式透平的进汽在汽缸中做功时，一部分蒸汽在中间抽出做其他用，其余部分继续在汽缸中做功，最后排入凝汽器中冷凝。

(2) 蒸汽透平的结构

蒸汽透平的本体包括静止部分和转动部分。静止部分通常由汽缸、喷嘴、隔板、汽封和轴承等部件组成。转动部分由叶片、叶轮(或转鼓)和主轴等部件组成。

汽缸的主要作用是将透平的通流部分(喷嘴、叶轮、隔板等)与大气隔开，保证蒸汽在透平内完成其做功过程。汽缸一般采用水平剖分，上半部称上汽缸(或称大盖)，下半部称下汽缸，它们之间的法兰用螺栓联接。

透平的各级(各个叶轮)之间用隔板隔开，喷嘴(静叶片)装在隔板上，隔板和旋转轴之间留有间隙。为防止级间串气而降低透平效率，间隙处装有汽封。另外，在转轴的两端也设有汽封称为轴封，以防止蒸汽从轴端漏出或空气从低压端漏入缸体。

喷嘴是蒸汽透平的主要部件之一。它的作用是将蒸汽的热能转变成动能，即使蒸汽膨胀、降压降温、提高流速，按一定方向喷射出来并进入工作叶片而转变为机械功。透平高压侧的第一级喷嘴装在汽缸高压端喷嘴室上，可用来调整透平的进汽量，因此，第一级喷嘴又称为调节级喷嘴。根据透平功率的大小，可以在全圆周内让所有喷嘴都进汽(大功率) 也可以部分进汽(小功率)。

蒸汽透平的轴承分为主轴承和推力轴承两种。主轴承的作用是承受转子的重力及其他附加力。另外一个作用是使转子中心与汽缸中心一致，以保证转子与汽缸、轴封、隔板等静止部件有适宜的间隙，防止发生摩擦而损坏部件。推力轴承的作用是承受转子的轴向推力，确定转子在汽缸中的轴向位置，也就是确定汽缸内各部件间的轴向间隙，如喷嘴与叶片之间，轴封的动静部分之间以及叶轮与隔板之间的间隙，防止间隙过小甚至消失而发生摩擦。

蒸汽透平中所有旋转部件的组合体称为转子。转子的功能是把蒸汽的动能转变为转轴的回转机械能，并由轴输出以驱动压缩机。转子由叶片、叶轮和转轴三个部件组成。叶片装在叶轮(或转鼓)上，叶轮套在转轴上，蒸汽对叶片的作用力由叶轮(或转鼓)传给转轴。

透平机组除了上述本体部件之外，还有一些辅助设备。主要有调节和保安系统(如主汽门、调速汽门、调速器、超速脱扣装置等)，乏汽冷凝系统(如表面冷凝器、抽气喷射器和凝水泵等)，油系统(透平使用润滑油、调节油等)。油系统的设备又包括油箱、油泵、过滤器、蓄能器、冷油器等。

**6.3.3.2 蒸汽透平的转速调节**

调节和保安系统是透平本体外最重要的部件，它是透平稳定、安全、经济运行的关键所在。调节系统的作用和任务与透平驱动的对象有关。在延迟焦化装置中，调节保安系统的主要任务是解决透平和压缩机间的功率匹配问题，即当压缩机 (主要是工艺系统参数)负荷变动时，调速系统自动、平稳地改变蒸汽流量，使机组在新转速下达到平衡，以满足工艺要求和机组的安全、稳定运行，同时还要最大限度地提高热效率。

WOODWARD 调节器是目前汽轮机常用的转速调节系统。调速系统是一种无差调节系统，即只要给定值不变，则无论负荷变化与否，机组转速都保持不变。调节器的输出通过放大器形成控制油动机的二次油。它的调速范围在额定转速的60% ~105%。

下面以 PG-PL 型(图 6-12)为例介绍其作用原理。调节器是由一个与汽轮机转速成比例的轴所驱动。转速的调节有气动或手动两种方式。当选择气动调节时，最小气动信号(一般是 0.02MPa)与汽轮机最低调节转速相对应。气动信号与汽轮机转速之间的比例关系是可以调整的，当选择手动调节时，气动信号需切断或限定在最小值。

调速器杠杆是可转动地支承在启动装置的下端，调节器的输出(位移)作用于杠杆的一端，相应在杠杆另一端的放大器套筒也就产生对应的位移，这样，放大器套筒和随动活塞之间的回油窗口开度就有了变化，也就是二次油压有了变化。二次油压通过阻尼器引入油动机的错油门中，并由其控制调节汽阀的开度。

转速调节系统

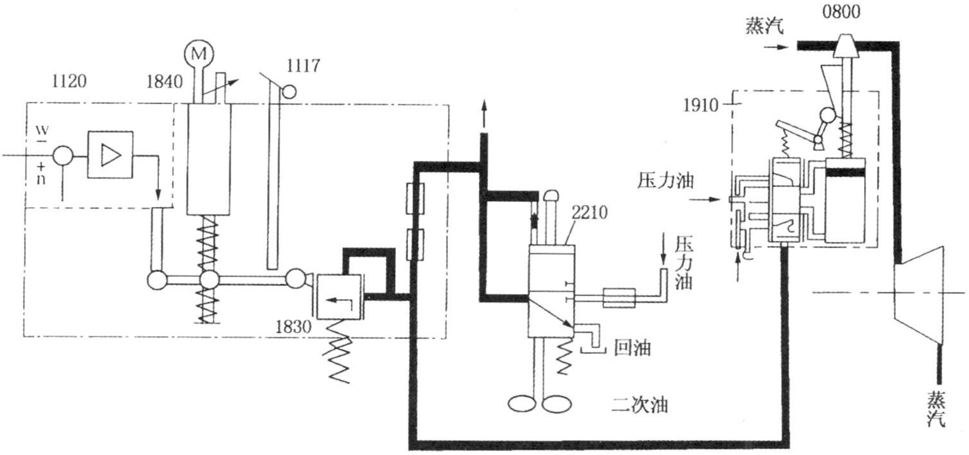


图 6－12 汽轮机调速系统(PG－PL)

0800—调节汽阀；1117—加速器；1120—Woodward 调节器；1830—放大器；

1840—启动装置；1910—油动机；2210—危急保安装置

如果转速降低，则放大器套筒下移，二次油回油窗口开度减小，二次油压升高，引起放大器力平衡改变，致使随动活塞产生相应位移，直至回油窗口开度与新的二次油流量平衡相适应。

二次油压的变化量取决于随动活塞的位移量及弹簧的特性，二次油压与随动活塞位移之间存在着近似的比例关系。

新型的 Woodward PC505 电子调速系统原理和 PG－PL 型相同，只是二次油压的生成由齿轮泵改为电液转换器，其控制图如图 6－13 所示。

PC505 接受转速探头送来的频率信号，经内部频率/电压转换器转换后与设定值比较，产生相应的 4～20mA 模拟信号，输至电液转换器，电液转换器把模拟信号转换成二次油压 0.15～0.45MPa，二次油压控制错油门，进而控制调节汽阀开度，控制蒸汽流量，使转速稳定在设定值。

#### 6.3.3.3 蒸汽的性质与透平的效率

蒸汽透平是以蒸汽作为工作介质(简称工质)的，因此，讨论蒸汽透平的热效率时，必须首先了解水蒸气的一些性质。描写蒸汽性质和状态的参数，除了最普遍采用的温度、压力、比容和干度之外，还有两个最重要的参数焓和熵。

焓是一种状态函数，以 $H$ 表示。热力学中规定，取温度为 0℃，以处在其本身饱和蒸汽压力下的水(准确地说，应为压力 $=622.8\times10^{-6}$MPa，温度 $=0.0075$℃)所具有的焓值为零，并以此作为焓值计算的基准。某一状态下的水或水蒸气的焓值等于单位质量的水在等压下自 0℃加热到这一状态所吸收的总热量，焓的单位可取用(MJ/kg)。焓值的大小决定于物系的温度和压力，温度、压力愈高，焓值越大。蒸汽透平就是利用蒸汽的膨胀，降低温度和压力，也就是降低其焓值，使热能转变为动能进而转变为机械能而对外做功的。蒸汽焓值降低越大，对外做功越多。由此可见，蒸汽热能的高低，也就是焓值的大小，即可表征蒸汽做功本领的大小。

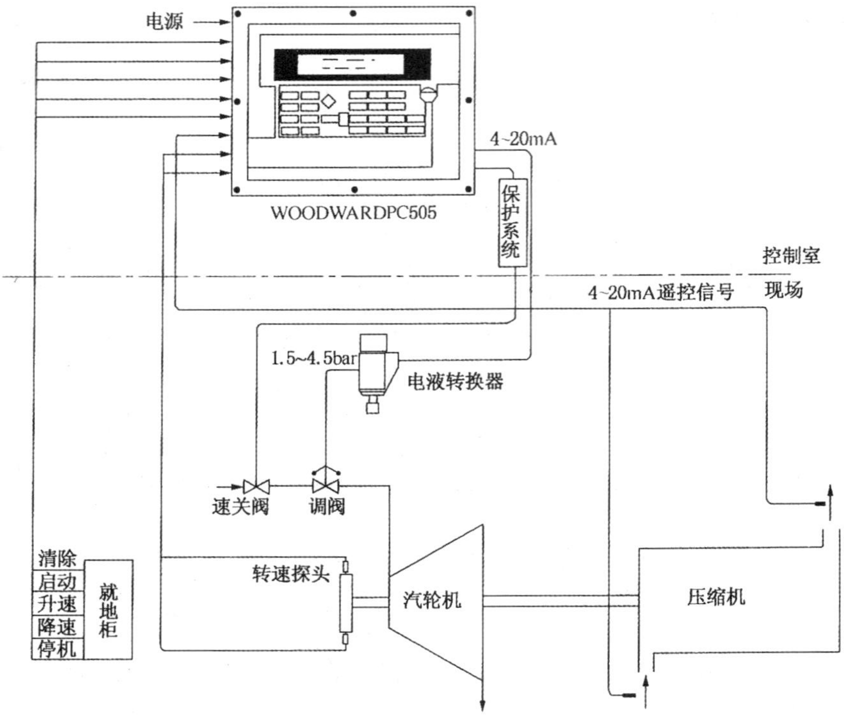


图 6－13　Woodward PC505 调速器作用原理图

1bar = $10^5$ Pa

在蒸汽透平中，能量的转换和传递表现为热能和机械功两种形式。很显然，蒸汽透平的运行过程如果处于一个理想绝热过程，则其焓值的降低就等于对外做的功。如果一个过程只传热不做功，则其焓值的变化等于它与外界传递的热量。根据热力学第一定律，可以用下式来描述焓－热功之间的关系。

$$\Delta H = H_2 - H_1 = Q - W$$

式中　$H_2$、$H_1$——过程前后工质的焓值，MJ/kg；

$Q$——系统与外界传递的热量(系统吸收热量时 $Q$ 为正，系统输出热量时 $Q$ 为负)；

$W$——系统与外界的机械功传递(系统对外界做功时 $W$ 为正，外界对系统做功时 $W$ 为负)。

在理想的可逆过程中，可做出最大的理论功。但在实际过程中都存在一定的不可逆性，因此，实际过程做的功总是小于最大理论功。要回答蒸汽在一个实际过程中做功的最大极限问题，必须引入蒸汽的另一个状态参数熵。

熵是一个比较抽象的物理量，可以这样理解其物理意义：物系熵值的变化可以用来表征热力过程不可逆性的程度，在可逆过程中，熵值不变；而在不可逆过程中，熵值增加；不可逆程度越大，熵值的增加也越大。熵和焓一样也是状态函数，即一定状态下的物系具有一定的熵值，通常以 $S$ 表示，其单位为(MJ/kg・℃)。

影响蒸汽透平功率和效率的因素，除了透平本身的结构特性所造成的不可逆损失之外，蒸汽的状态参数(包括进汽和排汽参数)也是关键因素之一。

① 在相同的进汽温度和排汽压力下，透平进汽压力越高，做功越多，热效率越高。但是，提高进汽压力也有不利的一面，即进汽压力提高后，排汽的干度降低，透平末级叶片有受冷凝水冲击和腐蚀的危险。另外，提高进汽压力，对蒸汽发生和过热设备、透平及管道的材质、制造和安装，都提出更高的要求，同时也增加了基建和维修费用。

② 在进汽压力和排汽压力不变的前提下，进汽温度越高，焓降越大，做功越多，效率越高。另外，随着进汽温度的提高，排汽的干度跟着提高。因此，透平末级叶片的冲击，腐蚀的程度将会减小。因而在提高进汽压力的同时，应同时提高进汽温度即蒸汽的过热度。这样不仅提高了蒸汽做功的能力，而且避免了末级叶片的冷凝腐蚀和湿气损失。

③ 当进汽压力、温度恒定时，降低排汽压力，将使蒸汽的焓降明显增大，透平热效率明显提高。但是，排汽压力降低后，排汽的干度将降低，这对末级叶片也是一个不利因素。同时，透平排汽压力的降低受到多种条件的限制，过分追求低排汽压力，将会得不偿失，因为提高表面冷凝器(排汽在其中冷凝)的真空度将增大能耗。实际上真空也不可能提得很高，它要受到冷凝器的结构和冷却水温度的限制。影响表面冷凝器真空度(实际上就是影响凝汽透平的排汽压力)的因素主要有：

a. 冷却水流量。冷却水流量大，流速大，可强化传热，降低蒸汽冷凝温度，因而提高了真空度。

b. 冷却水温度。在其他条件不变的情况下，冷却水温降低，排汽饱和温度也降低，使真空度提高。但是，循环冷却水的流量和温度是受外部条件制约的，一般调节裕量都不很大。因此，单纯以提高冷却水流量和降低温度来提高真空度的可能性较小，特别是在炎热的夏天。

c. 表面冷凝器水管结垢。传热面结垢，将降低传热效果，而使真空度降低，因此，要提高循环冷却水的水质，防止严重结垢，必要时应进行清垢处理。

d. 真空系统的严密性。真空系统不严密，空气将漏入冷凝器而严重破坏冷凝器的真空，从而使排汽压力和温度提高，降低透平的效率。另外，抽汽器的能力不够或冷凝器内存在不凝气体聚集的死角，或蒸汽带入的不凝性气体增加，也会降低冷凝器的真空度。

### 6.3.4 蒸汽透平－离心压缩机机组的维护操作要点

#### 6.3.4.1 机组启动和正常运行时的操作维护要点

机组启动时的注意事项：

① 机组启动前应首先进行蒸汽暖管，以 0.2～0.3MPa 的进汽压力低压暖管约 30min，然后根据疏水情况进行升压暖管，升压速度以 0.1～0.15MPa/min 为宜，管道升温速度为 10～20℃/min 较妥。

② 机组的辅助系统投入运行，如油系统、冷凝器的抽真空系统、冷凝器进冷却水、隔离气、干气密封等，同时明确各系统投用的顺序。

③ 充分进行低速暖机，暖机温度不能低于主蒸汽饱和温度，其目的是使各部件受热均匀。透平部件受热不均匀，有可能使转轴产生弯曲和引起过大的振动，严重时会损坏部件。

④ 升速过程按升速曲线进行，同时在升速过程中迅速通过临界转速区。

由于材料和制造过程中难以完全避免的不均匀现象，造成转子的重心和旋转中心或多或少存在一些偏差，因而使转子转动时产生离心力，由于这个离心力周期性地作用在转子上，就产生所谓强迫振动。当转速与转子本身自由振动频率相等时，转子即发生共振现象，振幅显著加大，可能造成机组各部件的损坏。机组产生共振时的转速就称为临界转速。很显然，机组在临界转速附近运转是很危险的，因此，应迅速避开这一转速区。一般大型透平的工作转速都高于第一临界转速而低于第二临界转速。因此，启动过程中应避免在临界转速区较长时间运转，机组操作人员必须熟知临界转速的范围，以防发生事故。

机组正常运转时主要监视的内容有：

① 蒸汽的参数和质量。蒸汽的温度、压力不符合要求，不仅会降低蒸汽透平的效率，还会因产生冷凝水(如进汽压力过高而使排汽干度降低)而使叶片受到冲击和腐蚀。蒸汽质量的另一个主要指标是其含盐量的多少。蒸汽中硅、钠等盐类含量增加，可能会使叶片通道结垢，不仅降低透平效率，还会产生腐蚀损坏，因此，要严格监测蒸汽质量。

② 真空度(凝汽式汽轮机组)。表面冷凝器的真空度是透平机组运行经济性的重要影响因素之一。真空度过低会威胁机组的安全。造成冷凝器真空度低的原因主要有冷却水流量低、冷却水温度高、冷凝器结垢、真空抽射器效率降低以及各种泄漏（不凝性气体漏入蒸汽中)等，操作中应时常加以检查和调整。真空度也不宜过高，真空度过高即排汽压力过低，可能使排汽干度降低，而造成末级叶片的冲蚀和腐蚀。

对于背压式汽轮机来说，同样要求排汽压力不能过低，过低可能使排汽干度降低，而造成末级叶片的冲蚀和腐蚀。同时，一方面在相同出口温度下所耗主蒸汽量增加；另一方面会造成在开机过程中很难并入蒸汽管网系统。

③ 轴振动。机组在运行过程中因种种原因而造成转轴的振动值上升。其中主要有转子本身不平衡、油膜振荡和汽源振荡等。转子在制造过程中难于完全避免质量的不均匀性，偏心现象就会引起转子的振动。机组组装前应对转子做静力平衡检查和动平衡试验，以消除偏心现象。油温和轴承润滑条件的不当也可能引起油膜振动。

另外，操作不当也可能加剧转子的振动，如启动时疏水不彻底、暖机不充分，升速和加负荷过快，停机后慢速盘车不当使转子产生弯曲等。安装检修质量不高也是引发振动的一个原因。

振动会使机械材料疲劳，强度降低，使用寿命缩短，严重的振动可能造成动静部分的摩擦、碰撞，而造成机组部件的损坏。大型压缩机组都设有轴振动监测仪表，操作人员应经常检查，分析其变化原因，及时采取措施加以消除。

④ 轴位移。机组正常运转时所产生的轴向推力由平衡盘和止推轴承共同平衡。当平衡盘的平衡能力降低，如平衡盘处的梳齿密封损坏，间隙增大可使平衡盘的效率降低；或者由于润滑油量少、油温高等原因，使止推轴承因磨损而降低了平衡轴向推力的能力，都可能使转轴沿轴向推力的方向发生串动，即轴位移加大。轴位移过大，会使机组的动、静部分发生摩擦、碰撞而损坏。机组都设有轴位移监视仪表，操作人员应加强监护，及时发现、及时分析、及时消除产生轴位移过大的因素。

⑤ 机组停车后应排尽透平中的积液，以免发生腐蚀和启动时的水冲击。

**6.3.4.2 防止压缩机喘振**

为防止压缩机发生喘振，操作中应注意下列问题：

① 操作中必须严格遵循“升压先升速，降压先降速”的原则，开车时应先将防喘振阀(回流阀)全开，当转速升到一定值后，再慢慢关小防喘振阀，使出口压力升到一定值，然后再升速，使升速－升压交替缓慢进行，直至工艺所要求的工况点。停车时先将防喘振阀打开一些，使出口压力降到某一数值，然后再降速，降压、降速交替进行，直到泄完压力再停机。

开停车前，应预先根据机组特性制定升速和降速曲线，操作人员应严格遵循曲线操作。

② 加强上、下游工序的联系，调整负荷改变运行工况时应预先通知，以做好调节的准备。

总之，严格遵守操作程序，精心操作，不断提高操作水平，压缩机的喘振现象是可以避免的。当轻微喘振发生时，一般不需停车处理，而应立即开大防喘振阀来消除喘振，然后再分析原因，采取防范措施。

## 6.4 机　　泵

### 6.4.1 辐射泵

辐射泵是延迟焦化装置的重要设备之一，其主要是把高温分馏塔底油输送至加热炉，使其加热后进入焦炭塔进行裂解反应。

目前延迟焦化装置在用的进口辐射泵有德国 KSB 生产的 HGBR－4/4 型辐射泵，它带有一个辅助润滑系统，采用滑动轴承，隔板式；日本 IDP 生产的 WTB 型辐射泵，采用滚珠轴承，壳体式。由于 KSB 生产的 HGBR－4/4 型辐射泵为节段式多级离心泵，在开停泵时，泵体温差变化较大，使泵大盖、各段密封面等之间热膨胀不均而泄漏，同时，还带有一套较复杂的强制润滑系统，所以现在国内采用日本 IDP 生产的 WTB 型辐射泵居多。随着国内技术的不断发展，国产辐射泵如 DTR 型也已问世，而且在部分炼油企业延迟焦化装置中使用。

辐射泵日常维护检查要点：

① 机泵正常操作应严格执行以下规定：

a. 要求滚动轴承温度≯70℃；

b. 电机定子温度≯95℃，电流不超过额定电流的 95%；

c. 轴承振动速度≯4.5mm/s；

d. 机械密封无泄漏。

e. 泵连续启动不得超过两次，泵的出口阀必须在电机启动后 5min 内打开。

② 严格执行润滑油的"三级过滤"和"五定"制度，按规定定期更换润滑油和润滑脂，并做好记录。

③ 严格执行备用泵盘车制度，备用泵保持泵体预热，并给好冷却水；保持电机电阻合格，随时可以切换使用。

④ 发现辐射泵抽空应及时调节出口阀(关小或关闭)，查明原因并消除，严禁辐射泵长时间抽空。

⑤ 加强封油系统的操作和维护。加强封油罐收油温度及液面检查，一般要求保证封油温度在(80±10)℃，并且连续不间断供给。

⑥ 搞好巡回检查，按时检查前后端面密封有无泄漏现象。

⑦ 根据泵出入口压力变化及时调整封油注入压力，保持封油压力大于泵入口压力 0.05MPa。

⑧ 焦炭塔切换时，密切注意泵出口压力及流量变化，严防憋压。

⑨ 随时了解泵入口压力、分馏塔底液面变化，严防泵抽空。

⑩ 要经常对泵的进出口压力、电流、封油压力、轴承箱油位油质、冷却水畅通情况、密封情况、轴承温度声音、各部位的振动情况、汽封蒸汽系统情况(以飘出少量蒸汽为宜)

及各紧固件螺栓松紧情况进行检查。

⑪ 要经常对平衡管进行检查其是否畅通。

⑫ 辐射泵预热时，预热速度不大于50℃/h，整个预热时间不小于8h，开始预热时，每15分钟盘车180°，泵体预热到250℃以上，改为每4小时1次，若发现盘车不动，不准硬盘，应停止预热，待检查处理好后重新进行；同时，在预热时严禁泵倒转。

### 6.4.2 高压水泵

高压水泵在整个除焦系统中占据非常重要的地位，其作用是：依靠叶轮的高速旋转，切焦水在离心力的作用下获得能量，为除焦提供所需要的压力。为满足除焦系统的需要，高压水泵的扬程、流量也随焦炭塔大型化而不断地提高。如某炼油厂焦化装置，当焦炭塔直径为6000mm时，高压水泵流量为180m³/h，扬程为1350m水柱；当焦炭塔直径为6400mm时，高压水泵流量为200m³/h，扬程为2160m水柱；当焦炭塔塔径为8800mm时，高压水泵流量为270 m³/h，扬程为3000m水柱。高压水泵与多级离心泵的结构大体相似，但有所区别，图6－14为延迟焦化装置高压水泵的结构图。

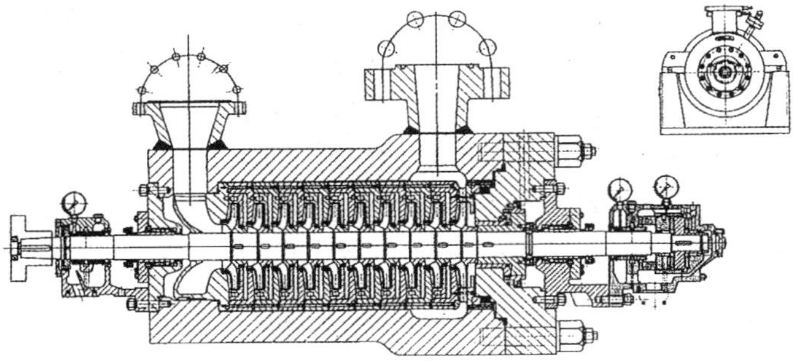

图6－14 延迟焦化装置高压水泵的结构示意图

高压水泵维护检查要点有：

① 开泵前的检查主要包括：电气部分、润滑油系统、高压水泵本体部分及联锁报警系统等是否正常。

② 泵启动后立即检查以下内容：

a. 电机电流不得大于额定电流。

b. 泵出口压力正常。

c. 泵径向轴瓦温度、止推轴瓦温度、电机轴瓦温度。各注入点前后润滑油温差不得大于20℃，若超标调整注入点油压。

d. 电机、泵体温升、泵入口压力、电机及泵振动情况。

e. 观察两路密封冲洗水及机械密封泄漏情况。

f. 经常检查润滑油的油量、油质、压力的工作情况。

g. 注意操作盘的运行情况，电压、电流等电器仪表处于正常值。

③ 正常操作与维护。

a. 经常对泵的进出口压力、电机电流、轴瓦温度、振动、声音、润滑油系统、冷却水畅通情况检查，并控制在规定的范围内。检查润滑油量、油质、油压等的工作情况，轴承箱不应有漏油现象。要求轴承温度波动小，当油温接近报警时，应检查冷却水并调整。

b. 倾听泵和电机的运行声音，如有噪音、震动等不正常情况，查明原因，及时处理。

c. 密切注意机械密封，查看两路密封冲洗水压力及密封温度。检查泵和电机的工作情况，若发现不正常噪音或振动，应查看主控柜显示操作面板的显示信号，及时汇报处理。

d. 切焦水罐低液位报警后，若切焦水提升泵不能及时向切焦水罐内补水时，应及时打开新鲜水线阀补水，维持除焦。

e. 注意主控柜显示操作面板各点自保报警信号。

f. 若高压水泵启动不起来，应查明原因再启动；但连续不得超过两次。经电工检查处理好后，并得到同意才能启动。

# 6.5 通用设备

## 6.5.1 分馏塔

其作用是把焦炭塔来的油气分离为各种油气馏分。在处理量较低时，通常采用单溢流浮阀塔盘。随着处理量的增加及技术的发展，逐渐采用双溢流条阀塔盘，同时，为防止塔顶油气及高温油品的腐蚀，筒体材质多采用20R +0Cr13Al。

## 6.5.2 换热器

在延迟焦化装置中，使用较多是浮头式管壳式（如渣油、柴油、蜡油、中段油等）和水浸式换热器，如表6－1所示。

**表6－1 换热器情况表**

| 介质 | 换热器类型 | 材质 | 举例 |
|---|---|---|---|
| 原料油<br>柴油<br>蜡油<br>中段油<br>顶循油 | 浮头式<br>浮头式<br>浮头式<br>浮头式<br>浮头式 | 介质温度＜240℃，壳体：碳钢，管子：碳钢；介质温度≥240℃，壳体：碳钢＋0Cr13Al（0Cr13），管子：Cr5Mo或渗铝碳钢 | 原料油－柴油换热器<br>原料油－柴油换热器<br>原料油－蜡油换热器<br>原料油－中段油换热器<br>顶循油－除盐水换热器 |
| 接触塔底油 | 水浸式 | 碳钢 | 接触冷却塔底油－循环水（水浸式冷却水箱） |
| 管壳式水冷器 | 浮头式 | 壳体/管子：碳钢 | 柴油稳定汽油水冷器 |

### 6.5.2.1 浮头式换热器

如图6－15所示，管束一端可在壳体内自由滑动，这样就不受冷热流体温差的限制。此外，检修时整个管束可以从壳体抽出，清洗和换管较方便，对流体也没有限制，因此，浮头式换热器在延迟焦化装置中得到了广泛的应用。

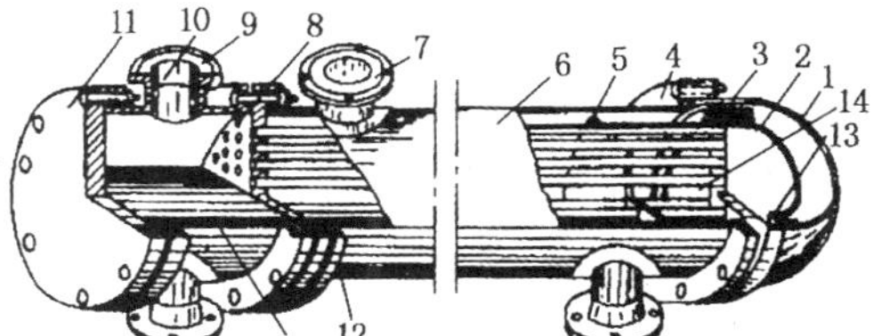

图6－15 浮头式管壳式换热器

1—头盖；2—浮头；3—浮头压圈；4—法兰；5—折流板；6—壳体；7—壳程进出口接管；8—固定端管板；9—管程进出口接管；10—管箱；11—管箱盖；12、13—法兰；14—浮动端管板；15—隔板

（1）管束的分程

一般来说换热器的管箱内都设置有隔板，将全部管子平均分隔成若干组，使流体在管内依次往返多次，以提高管程流速，改善传热效果。通常把流体在管束内由管箱到另一端（如浮头），或由另一端到管箱的流动次数叫管程数。管程数太多，流体的阻力增加，平均温差

降低，不利于传热过程的进行。一般管程数为 2、4、6。分程隔板的布置方法有平行布置法和 T 形布置法，见图 6－16 所示。

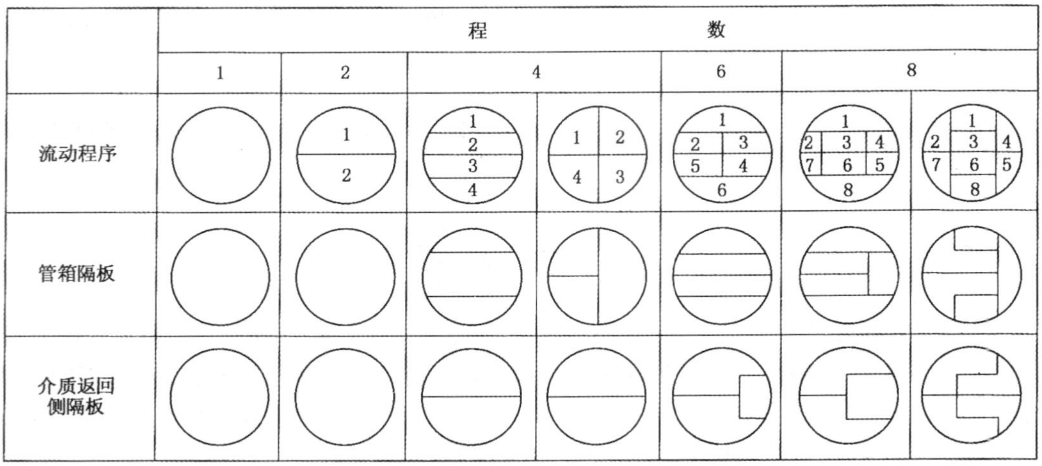


图 6－16　分程隔板的布置

（2）浮头式换热器的表示方法

示例 1：型号为：BES600－2.5－90－6/25－2I

封头管箱，公称直径 600mm，管程和壳程设计压力均为 2.5MPa；公称换热面积 90m²；碳素钢较高级冷拔换热管外径 25mm，管长 6m，2 管程，单壳程的浮头式换热器。

示例 2：型号为：BJS900－2.5－270－6/19－4I

封头管箱，公称直径 900mm，管程和壳程设计压力均为 2.5MPa；公称换热面积 270m²；碳素钢较高级冷拔换热管外径 19mm，管长 6m，4 管程，无隔板分流的浮头式换热器。

示例 3：型号为：BIU800－2.5/2.5－360－6/19－2II

封头管箱，公称直径 800mm，管程和壳程设计压力均为 2.5MPa；公称换热面积 360m²；碳素钢 PO 普通级冷拔换热管外径 19mm，管长 6m，2 管程，单壳程的 U 形管式换热器。

#### 6.5.2.2　水浸式换热器

水浸式换热器结构示意图见图 6－17 所示，在矩形水箱内放置几组蛇形盘管，整个盘管浸没在水里，使管内流体被冷凝冷却。这种冷却器内储水量较大，使用较安全，结构简单，也便于清洗检修，在延迟焦化装置接触冷却系统中应用较多。缺点是金属用量大，占地面积大，传热效果差。

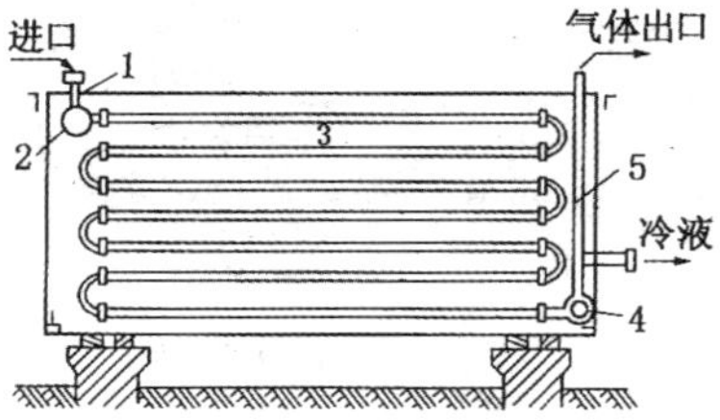


图 6－17　水浸式换热器

1—进口；2—集合管；3—蛇管；4—出口

### 6.5.3　空冷器

（1）空冷器的作用及特点

空冷器又称空气冷却器，是指利用强制通风或自然通风将管子里的介质冷却。基本结构部件有管束、风机、百叶窗、构架、风箱和附件。

按管束布置方式空冷器分为立式、水平式、斜顶式、V 形、圆环式、多边形等形式。水平式空冷器的特点是管束水平布置，用作冷凝器时，为防止冷凝液滞留在管内，管子有 3°或 1°的倾斜，管束长度不受限制，管内流体和外空气分布均匀，适用于多元组合、场地宽敞和新建的炼油厂。斜顶式空冷器的特点是管束倾斜呈人字形放置，夹角一般在60°，占地面积小、结构紧凑，管内介质和管外空气分布不均匀，易形成热风再循环，适用于老厂改造和场地较小的情况，特别适用于汽轮机空冷凝汽器。

按通风方式分空冷器可分为鼓风式、引风式和自然通风式。鼓风式空冷器的鼓风机装在管束下方，由于风机产生风压，迫使空气流过管束；引风式空冷器的风机安装在管束上方，风机将空气抽离管束时，会在风机下方产生一个微真空区域，使周围的空气被吸入并流过管束。

按冷却方式空冷器又分为干式空冷、湿式空冷(包括增湿型、喷雾蒸发型和湿面型)、联合型。最常用的空冷器是鼓风式、吸风式和斜顶式。

随着技术的发展，空冷器管束材质及结构向着冷却效果好、耐腐蚀性方向发展，同时，在工艺条件允许的条件下，向节能方向发展。如延迟焦化装置分馏塔顶空冷器管束材质采用ND钢、接触冷却塔顶空冷器采用变频调节、冷焦水空冷器由翅片改为板片结构等。

(2) 空冷器的使用

空冷器在使用过程中应注意堵头的泄漏情况、百叶窗腐蚀及密封情况、风箱腐蚀及密封情况、风机运行情况以及冷却效果的检查。在使用过程中还应注意以下几点：

① 设备运行中严禁超温、超压、超负荷；

② 定时对各密封面及胀口、管束进行检查，发现泄漏及时处理，检查维护时，人员不得在管束的翅片上行走；

③ 定时检查喷水设施，保持喷水畅通；

④ 管束应定期用压缩空气吹掉翅片上的灰垢；

⑤ 冬季应做好防冻防凝工作；

⑥ 定时对框架及其他物件外壁做防腐处理。

## 6.6 专用设备

### 6.6.1 高温阀门

由于延迟焦化装置焦炭塔、加热炉、分馏塔等部位温度较高，为确保装置的安全生产，重点高温部位主要采用铬钼钢阀门以及进口高温球阀。一般阀门的类型、材质等信息可从其型号中看出，比如Z41Y－40I DN350含义如下：

Z——闸阀；

4——连接方式为法兰连接；

Y——密封面材质为硬质合金；

40——公称压力为4.0MPa；

I——阀体材质为铬钼钢；

*DN*350——公称直径为350mm。

进口高温球阀与普通铬钼钢阀门相比，除了阀门配有电动头开关方便外，其最大的特点是阀体内密封为波纹管动密封并带有汽封，可以有效地防止高温阀门结焦，防止阀门泄漏。国内采用较多的是加拿大VELAN阀，国内已在研制开发旋塞阀。

### 6.6.2 焦炭塔顶盖

顶盖主要为除焦使用，目前在延迟焦化装置中使用的顶盖形式有头盖法兰式、气动阀门顶盖、液压头盖(即自动顶盖机)。

（1）气动阀门型式顶盖的使用

① 打开顶盖阀前，先检查气动管路系统有无漏风，油雾器是否有油，切换阀是否好用等；

② 先手动旋转气动头手轮 1 ~ 2 圈，再打开气动头风管阀门，让气动头带动阀门，直至全开；

③ 待阀门全开后，关闭气动头气源，再把钻具放入塔内；

④ 除完焦后，提出钻具，打开气动头气源，关闭阀门，待气动头停止工作后，再利用气动头手轮手动关阀，以确保在焦炭塔预热及正常生产时不发生内漏；

⑤ 在焦炭塔油气预热及正常生产时，发现顶盖阀闸板密封面处发生泄漏，应视具体情况采取相应的解决措施；如泄漏量较大，可立即加上顶盖。在日常工作中应同时做好气动头及阀门的维护检查工作。

（2）自动顶盖机

自动顶盖机采用多组液压螺栓密封，水平旋转开盖技术，适用于延迟焦化装置焦炭塔上塔口顶盖的自动开合，主要由本体部分、液压泵站、电气控制系统组成。本体部分由连接法兰、密封头盖、锁环及锁环油缸、液压螺栓、提升油缸、转动臂及液压转角器组成。如图 6 - 18 所示。

图 6 - 18　国产自动顶盖机

自动顶盖机关盖动作过程：关盖时，由液压转角器通过转动臂带动密封头盖，转到塔口上方的位置(如未能到达轴心位置，可调整转动臂下端的螺栓调节)，提升油缸带动密封头盖下降，直至和连接法兰接触，液压螺栓活塞受力(蝶簧同时受力变形)，液压螺栓活塞头部伸出到连接法兰的螺栓孔内，锁环油缸带动锁环转一个角度，锁紧螺栓头部(当压力撤去后，活塞不能再回退)，此时液压站关闭，由蝶簧提供密封力，使连接法兰与密封头盖密封，整个关盖动作完成。开盖：开盖过程与关盖相反，先将液压螺栓解除锁紧，再由提升油缸提升头盖，转角油缸使头盖回转平移暴露出塔口。自动顶盖机的电源总开关、高低压油泵电源开关、其他操纵开关、按钮及工作、电源指示灯装于配电箱的面板上，按照标牌指示操纵相应的开关就能实现设备的正常操作。

顶盖阀安全操作注意事项：

① 检查蝶簧变形情况：要求初始预紧力为 12.0MPa，若预紧力≥15.0MPa，则需要更换蝶簧。正常情况下，每 3 个月检查一次蝶簧预紧力。

② 液压螺栓塑变：

a. 其正常使用寿命为 2 ~ 3 年。

b. 应定期对液压螺栓底伸长量进行检查，若其伸长量大于改材料所允许的塑性变形量，则应更换。

c. 在操作方面，要求操作人员在锁紧环锁到位后，检查环锁与液压螺栓是否存在间隙，若存在间隙，则首先调整蝶簧预紧力，在无效情况下，应更换或检查液压螺栓系统。

d. 在操作方面，要求操作人员在蒸汽试压及油气预热时，应加强检查密封面是否泄漏，若由于液压螺栓未压缩到位所引起，则需检查或更换液压螺栓。

注意：只有先把液压螺栓伸长，才能操纵锁紧、松开开关，控制顶盖机锁环油缸的锁紧、松开，否则机械部分容易受到损害亦不能实现相应的动作。

为适应加工原料劣质化、装置建设大型化、降低循环比、缩短生焦时间、降低焦炭产率提高液收、提高装置处理能力、提高焦化除焦自动化水平、降低除焦人员的劳动强度、保障除焦人员的操作安全等多重原因，采用自动卸盖机已是延迟焦化工艺技术发展的必然趋势。国外焦炭塔塔底自动卸盖机早已普遍使用，有不同的结构形式，但是由于这些设备价格比较昂贵，国内目前还没有采用过。

自动底盖机主要由连接套筒、车架、下头盖、锁环机构、起升机构、行车油缸、保护套筒、液压螺栓、液压站、控制柜等部件组成。

### 6.6.3 四通阀

四通阀是实现焦炭塔新老切换的重要设备之一，其能否正常运行将直接关系到整个焦化装置能否正常运行。目前延迟焦化装置在用的四通阀有两种：手动旋塞四通阀和带控制面板电动四通阀。

#### 6.6.3.1 手动四通阀结构特点

四通旋塞阀(四通阀)，由铬、钼(Cr、Mo)合金体和旋塞配合而成。在旋塞的锥面上开有类似弯头形状的通道，旋塞在阀体中既可固定又可旋转，阀体四个方向的法兰与工艺管线对应相接。其中，两个出口分别去两个焦炭塔，一个出口去焦炭塔开工线，还有一个切断位置，即死点。为方便操作在手轮上标有去向的箭头。

为防止其密封面及阀体结焦,阀体上安装有两根汽封线,操作人员应定期检查其是否畅通。

#### 6.6.3.2 电动四通阀结构特点

电动四通阀与四通旋塞阀相比，同样有四个方向通道，但内部结构有明显的区别。电动四通阀内部采用球体结构，同时带用波纹管补偿；整个操作实现程序电动控制，大大减轻了操作人员的劳动强度，更重要的是减少了泄漏，保证了操作的安全可靠性。

电动四通阀有远程和就地两种控制方式。为确保操作安全，防止误操作而引起加热炉系统憋压，一般采用就地控制方式，并增设了联锁功能，即在新塔底进料电动球阀关闭状态下，四通阀不能进行切换。

为确保该四通阀长周期运行，在四通阀本体上增设多路蒸汽保护，其作用主要为：一方面是防止阀体内金属波纹管结焦，失去补偿作用；另一方面是防止密封面结焦，在频繁开关时，造成密封面损坏。

### 6.6.4 桥式起重机

起重机械是现代工业企业中实现生产过程机械化、自动化、减轻繁重体力劳动、提高劳动生产率的重要工具和设备。

桥式类型起重机有桥式起重机、特种起重机、梁式起重机、龙门起重机、装卸桥等。其特点是具有起重机构和大小车运行机构，除重物的升降运动外，还能做前后和左右的水平运动，三种运动的配合，可使重物在一定的立体空间内起重和搬运。

焦化装置使用的起重机械多为桥式起重机，额定载重为5t、10t、20t不同等级。桥式起重机一般由桥架、大车运行机构、起重小车(包括起升机构和运行机构)和驾驶室(包括操纵机构和电气设备）四大部分组成。

### 6.6.4.1 桥架

桥式起重机的桥架是金属结构，它一方面承受着满载的起重小车的轮压作用，另一方面又通过支承桥架的运行车轮，将满载的起重机全部重量传给了固定跨间支柱上的轨道和建筑结构。桥架的结构形式不仅要求自重轻又要有足够的强度、刚性和稳定性，还应考虑先进制造工艺的应用，达到结构合理、质量好和成本低的要求。

桥式起重机的桥架，是由两根主梁、两根端梁、走台和防护栏杆等构件组成，起重小车的轨道固定在主梁上，走台设在主梁的外侧，依靠焊在主梁腹板上的撑架来支托，其高低位置取决于车轮轴线的位置。走台的外侧设有栏杆，以保证检修人员的安全。端梁的两外侧亦设有栏杆。为了使桥架运输和安装方便，常把端梁制成两段，分别与两根主梁焊接在一起，成为半个桥架，待运到使用地点以后，再将两个半桥架用高强度螺栓联接在一起，成为一台完整的桥架。

### 6.6.4.2 大车运行机构

大车运行机构的作用是驱动桥架，使起重机沿着轨道作纵向水平运动。大车运行机构由电动机、制动器、减速箱、联轴节、传动轴、轴承箱和车轮等零部件组成。大车运行机构常见的驱动方式有三种：集中低速驱动、集中高速驱动和分别驱动，目前焦化装置大车运行机构多为分别驱动方式。分别驱动的特点是大车的运行机构中，中间没有很长的传动轴，而在走台的两端各有一套驱动装置，左右对称布置。每套驱动装置由电动机通过制动轮、联轴节、减速箱与大车走轮联接。由于省去了很长的传动轴，减轻了自重，安装与维修也较方便，实践证明使用效果良好。

### 6.6.4.3 起重小车

起重小车是桥式起重机的一个重要组成部分。它包括小车架、提升机构和运行机构三个部分。其构造特点是所有机构都是由一些独立组装的部件所组成，如电动机、减速器、制动器、卷筒部件、滑轮组件以及小车车轮组等部件，这些部件之间都采用齿轮联轴节把它们相互联接起来。齿轮联轴节的优点是可在一定程度上补偿各部件轴端出现的位置误差。起重小车由于采用了这种分组性较好的结构，简化了装配和维修工作。

在起重小车上还有一些安全保护装置，如上升高度限制器，其作用是当吊钩上升到最高位置时能切断电源；小车行程限位器的作用是当小车运行到桥架两端时，利用车架一侧的角钢撞尺使安装在桥架端部的行程限位开关动作，小车便自动停车；缓冲器的作用是减少小车行驶到轨道终点时的碰撞。

### 6.6.4.4 驾驶室

驾驶室是一个金属结构的小室，室内装有起重机各机构的电气控制设备及保护配电盘、紧急开关、电铃和照明设备等，它是起重机司机对起重机的各机构的运转进行操纵的地方。它可靠地悬挂在桥架靠近端梁附近一侧的走台下面，一般都设在无导电裸线的一侧。驾驶室的构造与布置，应使司机对工作范围具有良好的视野，并便于操作和维修，在驾驶室通往桥架走台的舱口门和通往端梁的栏杆门均装有安全开关，在开启舱口门或栏杆门时，安全开关动作，切断电源，起重机就无法动作，保护操作者和检修人员的人身安全。

### 6.6.4.5 行车安全要求

（1）检修前要求

① 当行车在正常运行或其他操作条件下出现故障时，操作人员应及时向当班班长汇报，

由当班班长向主管技术人员（或值班人员）说明故障情况，主管技术人员（或值班人员）开具作业票，当班班长根据作业票要求做好检修前安全措施的落实工作；

② 需要检修的行车移至不影响其他行车的位置，对因条件限制，不能做到以上要求时，应有可靠的保护措施，或设置监护人员；

③ 所有的控制器手柄置于零位；

④ 切断主电源、加锁或悬挂标志牌，标志牌应放在有关人员能看清的位置；

⑤ 车的卡轨器需固定牢；

（2）检修过程安全要求

① 行车保运人员接到当班班长通知后，凭施工作业票进行作业，同时，对施工作业票的内容及安全注意事项要清楚；

② 施工作业票中安全措施不落实或落实不全以及超出作业票检修范围的，行车保运人员有权拒绝作业；

③ 在检修时需起重配合的，起重人员需有起重证；若需要吊机配合的，行车保运人员应及时向当班班长汇报，由当班班长向主管技术人员或主管领导汇报协调解决；

④ 更换车轮、滚筒（提升、开闭）、减速器（大、小车、滚筒等）、钢丝绳、抓斗等部件时，当班班长应派人进行现场监护，现场监护人员要真正负起责任，确保各项安全措施真正落实；

⑤ 当行车保运人员施工结束后，应及时通知当班班长或主管技术人员进行现场确认，以确保施工作业票做到闭环管理；同时，对于开出的每一张作业票班长要及时回收登记；

⑥ 当行车检修完后，准备投用时，驾驶操作人员要确认检查一遍，查看其上是否还有行车检修人员及其他人员；

⑦ 对于安放在现场的抓斗（包括使用过的、修理过的、新的）应左、右半部分叉开摆放或垫枕木，以防止抓斗侧倾。

### 6.6.5 除焦设备

水力除焦系统是用高压水泵将除焦水通过工艺管线在钻具的喷嘴处汇聚成高压高速的水束，利用此水束将焦炭切碎，从而达到除焦的目的。在延迟焦化装置中，常用的有两种除焦设备，即有井架除焦和无井架除焦。

（1）有井架除焦

其组成部分有：高压水泵、钻机绞车、高压胶管、风动水龙头、钻杆、自动切换联合切焦器、塔底盖装卸机、除焦控制阀、除焦控制系统。

（2）无井架除焦

其组成部分有：高压水泵、补偿水龙带、水龙带绞车、入塔水龙带、水涡轮减速器、半自动或自动切换联合切焦器、塔底盖装卸机、三位除焦控制阀、除焦控制系统。

下面对上述两种除焦方式中的部分共有部件进行介绍。

#### 6.6.5.1 钻机绞车结构特点及使用注意事项

（1）钻机绞车结构特点

钻机绞车是整套除焦设备中的一个重要组成部分。老式的钻机绞车系统，其结构包括：电机、抱闸、五挡变速器、蜗轮蜗杆减速结构、滚筒等。新型钻机绞车逐渐向安全、程控系统发展。

新型钻机绞车主要部件有：变频电动机、联轴器、双液压推杆制动器、蜗轮蜗杆减速器、卷筒部分和机架。其原理是卷筒通过电动机驱动蜗轮蜗杆减速器而旋转，带动钢丝绳升降钻杆。当系统断电时，制动器工作，可以将钻杆停止在任何位置。

（2）使用钻机绞车注意事项

① 向钻机绞车蜗轮减速箱加好合格润滑油。油面以浸至蜗轮齿为宜，第一次加油应在运转半月之后更换，以后按润滑五定制度进行添加更换。

② 钻机油嘴、油杯齐全，加好润滑脂。

③ 制动器两边和对轮的间隙相等，且无磨损，灵活可靠，间隙应在0.9～1.0mm。

④ 电机接地完好，转向正确，正反转开关标记与钻杆升降一致。

⑤ 安全插销灵活好用，牢固可靠。

⑥ 所有地脚螺丝紧固，机身不振动。

⑦ 对轮连接可靠，对轮保持罩完好。

⑧ 定向轮和塔中心线一致。

⑨ 当切焦器钻到塔底部时，钢丝绳在滚筒上应留7～8个安全圈。

#### 6.6.5.2 切焦器

切焦器是水力除焦设备的执行元件，它利用从切焦器喷嘴中射出的高压水射流进行钻孔切焦。切焦器也是整套除焦设备中的一个重要组成部分。目前在各炼油厂延迟焦化装置中普遍使用全自动型切焦器，使用压力能达到20.0～30.0MPa。

水力除焦有两个基本工序：钻孔与切焦。在早期水力除焦装置中，通常采用钻孔器与切焦器分别来完成，后来出现了将钻孔器与切焦器合二成一的联合钻孔切焦器。但这种切焦器在钻孔与切焦工序转化过程中必须将高压水切换，将除焦器提出塔外由人工更换除焦器或堵塞喷嘴来完成，其时间一般需要15～25min，既延长了除焦时间，又增加了工人的劳动强度。自动切换联合钻孔切焦器，可以进行钻孔与切焦的自动切换，并且不需要将除焦器提出塔外，切换时间不到1min，简化了操作，降低了工人的劳动强度。

自动切焦器的自动切换是利用压力回零原理来工作的。阀芯位于阀套内，将阀套分隔为上、下两个空腔，空腔与二位四通阀相通。当高压水进入切焦器，一部分水流通过旁路进入二位四通阀，推动柱塞齿条移动，由棘轮－棘爪间歇运动机构完成高压水的换向（高压水由进入上腔切换为下腔，或相反），切焦器的阀芯向下（或向上）移动，并与下（上）阀座形成硬面密封，上（下）腔的高压水能保证密封的有效、可靠。如此，通过高压水的一次有效切换，即可实现钻孔位向切焦位的转换（或切焦位向钻孔位的转换）。

切焦器主要由阀体部分、防松法兰、二位四通阀、钻孔喷嘴和切焦喷嘴组成。

① 阀体部分。阀体（也叫本体），是主要的承压部件。高压除焦水通过阀体流向钻孔喷嘴或者切焦喷嘴。阀体用2Cr13锻造而成，阀体内有上阀套、下阀套、滑阀和过滤网等零件。过滤网是对高压水进行过滤，以免因高压水里含有杂质堵塞喷嘴。滑阀在阀体内上下运动，从而打开（或关闭）钻孔位和关闭（或打开）切焦位。在阀体上部是和钻杆相联接的螺纹部分。

② 壳体部分。壳体部分主要是保护切焦器内部零部件在焦炭塔内工作时不受损坏，以便顺利完成除焦过程。壳体部分有上保护罩、保护罩、下保护罩和下壳体等零件。在保护罩上，开有一大一小两个孔，大孔用于检修二位四通阀，在自动切换失灵后，也可以通过大孔来进行手动调节和切换。小孔用于检修和更换金属软管。壳体中的滑阀是自动切换的执行机构。

③ 防松法兰。防松法兰是防止切焦器和钻杆在运行过程中出现松动和脱落。防松法兰的下法兰焊接在切焦器的阀体上，上法兰卡在钻杆上。

④ 钻孔喷嘴。钻孔喷嘴安装在切焦器的下方，共四个喷嘴，一个按中心向下，另外三个按与中心线成35°角均匀地分布在下壳体圆周锥面上，钻孔喷嘴的直径为 $\phi9\sim\phi10$mm。为了不使高压水在通过喷嘴时产生紊流，还可在喷嘴之前增加一个整流器，以提高喷嘴射流质量。

⑤ 切焦喷嘴。切焦喷嘴安装在阀体的中部，共四个喷嘴，按成对反向水平布置，以达到反力矩的平衡，保持除焦时钻具的稳定。在切焦喷嘴前也有一个整流器，其作用也是为了提高喷嘴射流的质量。钻孔喷嘴和切焦喷嘴都采用先进的流线型喷嘴，各备有 $\phi9$mm、$\phi10$mm 和 $\phi11$mm 三种规格的备件，可根据高压泵的流量及实际需要来选择。

⑥ 二位四通阀。二位四通阀是切焦器自动切换的执行部件。从高压除焦水中引出少量($2\sim3m^3/h$)高压水，经过滤后做切焦器进行自动切换的动力。

#### 6.6.5.3 底盖机的结构特点及使用

塔底盖装卸机采用电动和双向液压系统。塔底盖装卸机在延迟焦化水力除焦系统中起着拆装塔底盖以及作为焦炭通道的作用。塔底盖装卸机是整套除焦设备中的一个重要组成部分。主要结构有：

① 车架：所有部件的安装基座。

② 油压起重柱塞及风动扳手旋转臂：油压起重柱塞上升下降，托运塔底盖及保护筒；风动扳手旋转臂用于拆装塔底盖上的锁紧螺栓。

③ 液压系统及配管：提供油压起重柱塞、保护筒升降动力，也是油压起重柱塞、保护筒的控制机构。

④ 传动机构：设备行走机构，由主动、从动轮组成。

⑤ 保护筒：用于连接除焦通道。分为内保护筒、外保护筒、下保护筒三部分。一方面保证高压水和焦炭一起落到镏槽内，不至于落在外面；另一方面，保证在切割锥体部分焦炭时高压水不致于伤人或影响附近地区的工作。

⑥ 拨叉支架：辅助备件，根据用户需要选用，拨动电缆滑车随车体移动。

#### 6.6.5.4 除焦程控部分

为降低除焦人员的劳动强度，可使用引进的自动底盖阀(或底盖机)，国内尚在研发的套筒式液压底盖机不太成熟，不宜推广。

第一代水力除焦成套设备是没有完整控制系统的。它只是完成了高压水泵、润滑油泵的启动和停止、管路上各截止阀的打开和关闭、钻机绞车上升和下降等最基本的操作机能。它的主要缺点是高压电机和水泵没有完善的自动保护措施；各阀需要多人同时操作，容易产生误操作；没有必要的安全联锁，容易造成人员和设备的事故等问题依然存在。随着塔径的增大，高压水泵的出口压力、高压电机的功率也在加大。这样，对设备和人员的保护问题就变得越来越突出，因此，出现了以美国太平洋公司生产的控制系统为代表的第二代控制系统。

第二代控制系统采用了 PLC 单机控制的结构，将除焦工艺流程和保护操作者的安全联锁逻辑交由计算机来控制，并且把对高压水泵和电机的保护也纳入控制范围。这样极大地提高了系统的可靠性、可操作性，也进一步降低了工人的劳动强度，使得第二代控制系统成为目前市场的主流。

延迟焦化装置水力除焦程序控制系统以可编程控制器为核心，它按水力除焦工艺的要求，对除焦控制阀、高压水泵、泵入口电动闸阀、泵出口电动球阀、塔顶给水电动球阀、钻机绞车进行监测和联锁控制。除焦控制阀应用于该系统，避免了高压水管道的水击现象，实现了自动切焦器快速切换；节约了能源；减轻了操作工人的劳动强度；简化了操作顺序；使水力除焦作业更快捷更安全。

（1）系统组成及功能

① 系统的组成。水力除焦程序控制系统硬件由主控柜、防爆操作台、变频调速柜、联络柜组成。除焦控制阀、塔顶给水电动球阀、钻机绞车、高压水泵为该系统的执行元件。

② 功能说明：

a. 主控柜。控制系统的核心 PLC 装在主控柜中，高压水泵状态检测装置(轴位移、振动检测)装在柜前面板上，柜内还装有其他控制器件。

b. 上位机操作台。主要显示功能：高压水泵运行状态检测及泵电机各轴承温度报警；塔顶给水电动球阀状态；泵入口电动闸阀及出口电动球阀状态；除焦控制阀的状态；高位水罐液位报警；润滑油站油温、油位、油压报警；各阀位相互不正常报警联锁解除；联络指示；塔顶给水电动球阀状态指示；自动切焦器状态指示；除焦控制阀状态指示；高压水泵运行指示；自动切焦器上下极限、进塔指示；钻具位移模拟显示。

c. 辅操台。主要操做功能：除焦结束操作；高压水泵紧急停止的操作；与焦炭塔顶平台联络操作；三个软联锁解除操作；一个硬联锁解除操作。主要显示功能：塔顶电动给水球阀状态；除焦控制阀的状态；泵入口电动闸阀及出口电动球阀状态；总报警显示(声、光)；联络指示。

d. 防爆操作台。主要操做功能：选塔操作；控制钻机绞车上升、下降、调速、停止；控制除焦阀回流、预充、全开动作；紧急停高压水泵操作；对主控室及塔底盖机平台联络操作；塔口保护联锁解除操作(以下简称联锁解除)；正压操作。主要显示功能是：绞车电源及频率指示；联锁解除、正压解除报警；联络指示；塔顶给水电动球阀状态指示；自动切焦器状态指示；除焦控制阀状态指示；高压水泵运行指示；正压状态指示；自动切焦器上下极限、进塔指示；钻具位移模拟、数字显示；塔顶盖气动闸阀状态。

e. 变频柜。主要操做功能是：绞车变频/工频切换操作。

f. 联络柜。主要操做功能：对泵房及塔顶操作平台发讯操作。主要显示功能：联络指示。

g. 除焦控制阀。

(a) 除焦阀信号说明：除焦控制阀有全开和回流阀位回讯器。

(b) 除焦阀控制说明：PLC 输出相应的控制信号，对应控制除焦阀处于三个位置(回流、预充、全开)。

（2）操作要求

① 启动高压水泵前必须确认所有阀门处于正确位置。

② 启动高压水泵前必须确认除焦控制阀仪表风压力正常、稳定。

③ 除焦过程中不要打开控制柜，所有检修在除焦前完成。

④ 水力除焦程控系统对操作人员的人身安全有严格的联锁保护措施，未经许可 不得改动或切除联锁，若要打开联锁解除开关需要主管技术人员或相关领导授权。

⑤ 主控柜 PCK 属于非防爆低压电器控制柜，在送电之前一定要确认其周围无可燃性介质，且塔顶防爆操作台送电正常后，方可送电。

⑥ 在塔顶防爆操作台断电开门检修时，由于FBK防爆柜部分电路与PCK主控柜存在一定联系，必须将系统完全断电后进行检修操作，并确认打开防爆柜柜体时周围无可燃性介质。

⑦ 当接近开关（接近开关是指钻杆位置测量开关，包括钻杆上下极限测量开关，钻杆进塔内5m处程序控制联锁测量开关，钻杆塔内模仪位置测量开关等。安装在井架各处及风动水龙头的支点轴承上，采用感应式测量仪表，当两者接近时，相互感应，回路闭合）故障失灵或由于其他原因无法取到信号，造成过程控制中下一步控制无法实现时（比如：进塔信号取不到时，塔顶水电动球阀就无法打开，除焦控制阀亦无法打开，影响正常除焦），为不影响正常生产，可将操作台操作面板上联锁解除开关拨到“开”位置，此时联锁解除指示灯和所选塔塔内指示灯同时亮，所选塔对应塔顶给水电动球阀自动打开；这时钻具上、下极限位联锁保护和钻具出塔口联锁保护失效，完全依靠操作人员人工观察进行除焦操作，必须注意安全。故障排除后，必须及时置联锁解除开关于“关”的位置。

⑧ 严禁使用绞车控制电源按钮直接启动绞车（启动绞车电源时两个上升下降旋钮必须在停止位置）。

⑨ 变频/工频控制方式的切换，必须在关闭绞车控制电源以后，由电气维修人员在变频柜内进行切换。

⑩ 变频柜必须在塔顶防爆操作台送电正常后，方可送电。

⑪ 当出现由于除焦控制阀不在回流位钻具出塔口绞车保护停车时，或者其他原因造成的停车时，一定要先将绞车升降控制开关拨到“停止”位置，再做下一步处理工作。

⑫ 在除焦作业过程中，操作人员要注意仪表盘（主控柜、防爆操作台和上位机）上受控对象所处状态显示，出现异常情况时，立即按下高压水泵紧急停泵按钮。

⑬ 要注意维护钻机绞车的制动器，确保其性能良好。否则，可能由于制动器损坏或调整不当，造成其他事故。

⑭ 在除焦完毕和意外断电时除焦控制阀阀位选择开关应拨至回流位。

# 第七章　自动控制及联锁

自动控制和联锁是保证装置安全、平稳运行的重要部分。随着计算机技术的发展，自动控制有了很大的进步。早期的装置一般只使用常规控制，控制方案设计也较为简单，现在大多数装置都采用 DCS 控制，部分装置还采用先进控制系统来提高装置的运行效率。由于装置大型化，双面辐射加热炉、进口高温辐射泵、进口电动球阀等先进设备投入运行，装置的联锁自动化水平也有了较大的发展。在这一章中我们将重点介绍装置的控制方案、DCS 控制、先进控制以及装置联锁保护设置方面的内容。

## 7.1　常规控制器及其参数整定

控制器的作用是将测量变送信号与设定值相比较产生控制信号，并按一定的运算规律产生输出信号。常规控制器有三种：比例(P)控制器、比例积分(PI)控制器、比例积分微分(PID)控制器。

### 7.1.1　比例控制器

比例控制器是最基本的控制器，它的输出信号变化量与输入信号(设定值与测量值之差即偏差)在一定范围内成比例关系，表达式为：

$$u(t) = K_c e(t) + u_0$$

式中　$u(t)$——控制器输出信号；

$e(t)$——设定值与测量变送信号之差；

$K_c$——比例系数(控制器增益)；

$u_0$——当偏差 $e(t)$ 为零时的输出信号值。

该调节器能较快地克服干扰，使系统重新稳定下来。但当系统负荷改变时，它不能把被调参数调到设定值，因而产生残余偏差。工业用控制器，都用比例度 $PB$ 来表示，它与比例系数的关系如下：

$$PB = \frac{100}{K_c}$$

通常 $1 \leqslant PB \leqslant 500$。图 7-1 表示使用比例控制器时，比例系数 $K_c$ 大小对受控变量过渡过程的影响。

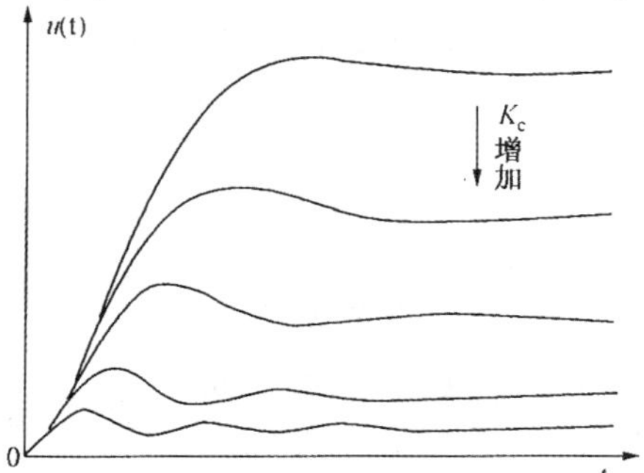

图 7-1　控制器放大倍数对过渡过程的影响

从图 7-1 中可见比例系数 $K_c$ 增加能使控制精度提高，但稳定程度变差。比例系数 $K_c$ 参数的整定就是对控制精度与稳定程度这两项指标进行平衡。比例调节控制器适用于负荷变化较少，迟滞不太大而工艺要求不高又允许有余差的调节系统。

### 7.1.2　比例积分控制器

比例积分控制器(PI 控制器)的输出既有随输入偏差成比例的比例作用，又有偏差不为零输出一直要变化到极限值的积分作用，并且这两种作用的方向一致，表达式为：

$$u = K_c\left(e + \frac{1}{T_i}\int_0^t e\mathrm{d}t\right) + u_0$$

式中 $T_i$——积分时间。

如果偏差为零，则积分控制器的输出不变。视偏差是正或负，偏差积分后使控制器输出 $u$ 向上或向下变化。所以，该控制器既能较快地克服干扰，使系统重新稳定，又能在系统负荷改变时将被调参数调到设定值，从而消除余差。积分时间一般为0.01～25min，积分时间与纠正偏差的速度有关，积分时间愈小，积分作用愈强。

比例积分调节器适用于对象调节时间常数较少，系统负荷变化较大(需要消除干扰引起的余差)，迟滞不大(时间常数不是太大)，而被调参数不允许与给定值有偏差的调节系统。

### 7.1.3 比例积分微分控制器

应用比例积分微分调节器(PID 调节器)时，当干扰一出现，微分作用先输出一个与输入变化速度成比例的信号，叠加在比例积分的输出上，用以克服系统的滞后，缩短过渡时间，提高调节品质。微分时间一般为0.04～10min，微分时间与测量参数的变化速度有关，微分时间愈小，微分作用愈弱。通过调整调节器的这三个可变参数，使被调参数在受到干扰作用后能以一定的变化规律回复到给定值。

比例积分微分调节器适用于容量滞后较大，迟滞不太大，不允许有余差的对象。

### 7.1.4 PID 参数的整定

PID 控制器的参数整定是根据被控过程的特性确定 PID 控制器的比例系数、积分时间和微分时间的大小。PID 控制器参数整定的方法很多，概括起来有两大类：一种是理论计算整定法。它主要是依据系统的数学模型，经过理论计算确定控制器参数。这种方法所得到的计算数据并不能直接使用，还必须通过工程实际进行调整。另一种是工程整定法，它主要依赖工程经验，直接在控制系统的试验中进行，方法简单易于掌握，在工程实际中被广泛采用。PID 控制器参数的工程整定法主要有：临界比例法、反应曲线法和衰减法。三种方法各有其特点，但无论采用哪一种方法所得到的控制器参数，都需要在实际运行中进行最后调整与完善，现在采用较多的是临界比例法。利用该方法进行 PID 控制器参数的整定时首先应预选择一个足够短的采样周期让系统工作，然后仅加入比例控制环节，直到系统对输入的阶跃响应出现临界振荡，记下这时的比例放大系数和临界振荡周期，最后在一定的控制度下通过公式计算得到 PID 控制器的参数。PID 参数的设定通常是靠经验及工艺的熟悉，再参考测量值跟踪与设定值曲线，从而调整 PID 的大小。在 PID 控制器参数的工程整定中，设定 PID 参数可参考以下的经验数据：温度 $T$：$P=20\%\sim60\%$，$T=180\sim600s$，$D=3\sim180s$；压力 $P$：$P=30\%\sim70\%$，$T=24\sim180s$；液位 $L$：$P=20\%\sim80\%$，$T=60\sim300s$；流量 $F$：$P=40\%\sim100\%$，$T=6\sim60s$。调节的过程还可参考以下的口诀：参数整定找最佳，从小到大顺序查，先是比例后积分，最后再把微分加。曲线振荡很频繁，比例度盘要放大，曲线漂浮绕大弯，比例度盘往小调。曲线偏离回复慢，积分时间往下降，曲线波动周期长，积分时间再加长。曲线振荡频率快，先把微分降下来，动差大来波动慢，微分时间应加长。理想曲线两个波，前高后低4比1，一看二调多分析，调节质量不会低。

## 7.2 装置的常用控制

为了平稳控制生产过程，除了需要选用正确的仪表来测量、传送各种参数外，还需要针对不同的控制需要，设计合适的控制方案。下面简要介绍焦化装置各部分的几种控制方案。

### 7.2.1 原料罐的液位控制

原料缓冲罐液位的变化直接影响到装置生产的平稳，为提高缓冲能力，原料罐的液位一般都控制在80%左右，调节的幅度不大。采用的控制方案为单参数控制，通过调节入装置原料量来控制液位。典型的控制示意图如图7-2所示。

为保持原料罐液位的稳定，防止原料泵抽空，原料罐的液位控制设置了两套变送器，两套仪表互相对照、互为控制备份。一套选用较小测量范围的浮球(筒)变送器，信号送入控制系统用于控制；一套选用较大测量范围的双法兰变送器，信号也送入控制系统。一旦其中一套变送器发生故障时，可凭借另一套变送器继续实现相应的控制。当原料液位下降时，进装置原料控制阀开大，提高入原料罐的原料量；当原料罐液位上升时，进装置原料控制阀关小，降低入原料罐的原料量。

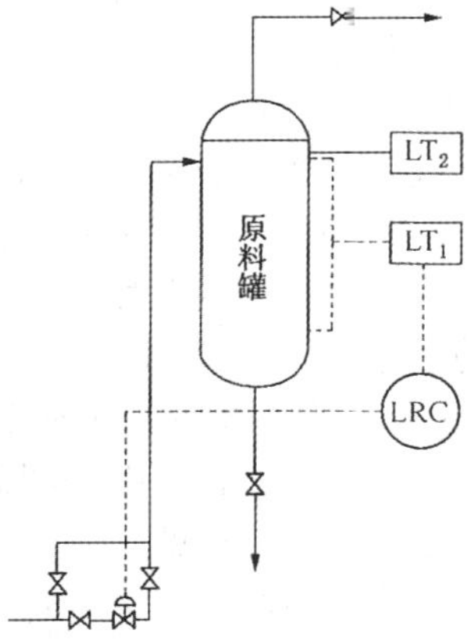

图7-2　原料罐液位控制示例

### 7.2.2 加热炉的温度控制

在焦化生产中，对加热炉辐射出口温度的控制指标要求相当严格，一般要求辐射出口温度波动控制在±1℃范围内。因此，加热炉的控制是焦化装置控制中较复杂、控制精度要求较高的部分。加热炉的干扰因素较多，再加上传热滞后和测量元件滞后，要实现温度控制系统平稳操作难度较大。所以，一方面要选择合适的控制系统结构，另一方面要排除干扰影响。对加热炉出口温度影响较大的因素有：

① 进料流量、组成及温度变化。

② 注水(汽)量及温度变化。

③ 燃料量及组成变化。

④ 炉膛温度的波动。

因此，针对干扰的不同，加热炉控制方案也相应的有所不同。

#### 7.2.2.1 辐射出口温度－炉膛温度串级控制

在讨论辐射出口温度－炉膛温度串级控制之前，先看一下串级控制的原理，如图7-3所示。

主变量 $Y_1$：使它保持平稳是控制的主要目标。

副变量 $Y_2$：它是被控制过程中引出的中间变量。副对象 $G_{p2}(s)$：它反映了副变量与操纵变量关系的通道特性。

主对象 $G_p(s)$：它反映了主变量与副变量关系的通道特性。

主控制器 $G_{c1}(s)$：它接受的是主变量的偏差，其输出是去改变副控制器的设定值。

副控制器 $G_{c2}(s)$：它接受的是副变量的偏差，其输出是去操纵阀门。

副回路：处于串级控制系统内部的，由副变量测量变送器、副控制器、控制阀、副对象组成的回路。

主回路：若将副回路看成一个以主控制器输出 $r_1$ 为输入，以副变量 $y_2$ 为输出的等效环节，如图7-3中虚线所示，则串级系统转化为一个单回路，这个单回路就是主回路。

所谓的串级控制就是以一个控制器的输出来改变另一个控制器的设定值。两个控制器都有各自的测量输入，但只有主控制器具有自己独立的设定值，只有副控制器的输出信号送给被控制过程。具体的辐射出口温度－炉膛温度串级控制示意如图 7－4。

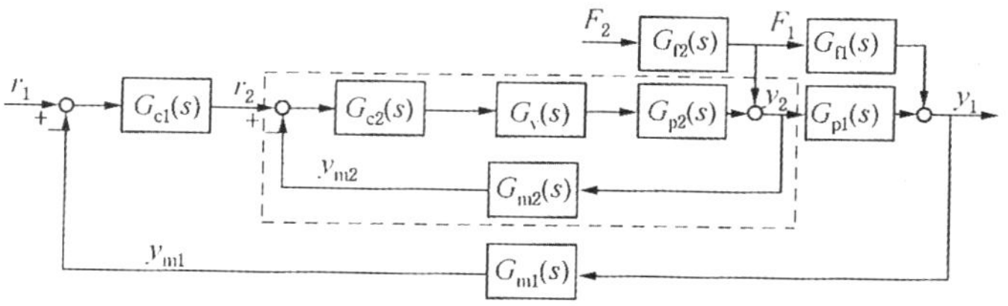


图 7－3　串级控制原理图

图 7－4 中 $TC_1$ 是指加热炉辐射出口温度，$TC_2$ 是指炉膛温度。在这种控制方案中燃料热值、进料流量、进料温度等干扰因素的影响首先反映为炉膛温度的变化，以后才影响到炉出口温度，而前者的滞后远较后者小。因此，把炉膛温度控制作为副回路，炉膛温度作为副变量（$Y_2$）；辐射出口温度控制为主回路，辐射出口温度作为主变量（$Y_1$），组成串级回路。这样就把原来滞后的对象一分为二，副回路起超前作用。当干扰因素反应到炉膛温度时就迅速调节，保持辐射出口温度的平稳。但是为保护加热炉，炉膛的温度波动范围不应过大，因此，在参数整定时，对副控制器不应整定得过于灵敏。另外，由于炉膛热量分布差别较大，炉膛温度测量点选择不当，会造成辐射出口温度控制滞后或波动大，因此，有些装置为平稳控制加热炉各部分的温度会切除炉膛串级控制，就变成了图 7－5 所示的温度单参数控制。

图中 *TC* 是指辐射出口温度，*FC* 是指燃料的流量。这种控制方案根据辐射出口温度直接调节燃料量，要求燃料总管压力比较平稳。采用这种控制方案的优点是控制简单，缺点是加热炉的负荷较大时，燃料的压力和热值稍有波动，炉出口温度就会显著变化。同时当加热量改变后，由于传热及测温元件的滞后，调节作用不及时，辐射出口温度会出现较大波动。

#### 7.2.2.2　加热炉辐射出口温度－燃料流量串级控制

图 7－6 是加热炉辐射出口温度－燃料流量串级控制图。图中 *TC* 是指辐射出口温度，*FC* 是指燃料的流量，*PC* 指燃料压力。这种方案也设定主副两个控制回路，主要的干扰因素是燃料热值，而对于性质相对稳定的燃料来说，热值控制可转化为燃料流量或压力的控制。因此，采用辐射出口温度控制回路作为主回路，辐射出口温度作为主变量；燃料流量或压力控制作为副回路，以燃料流量或压力作为副变量；利用副回路及时测量到燃料流量或压力波动的干扰，并加以控制。这样由于调节和反馈的通道都缩短了，因而加热炉出口温度的超调量减少，从而可以提高控制质量。从控制理论来说，串级控制系统副回路克服干扰的能力比

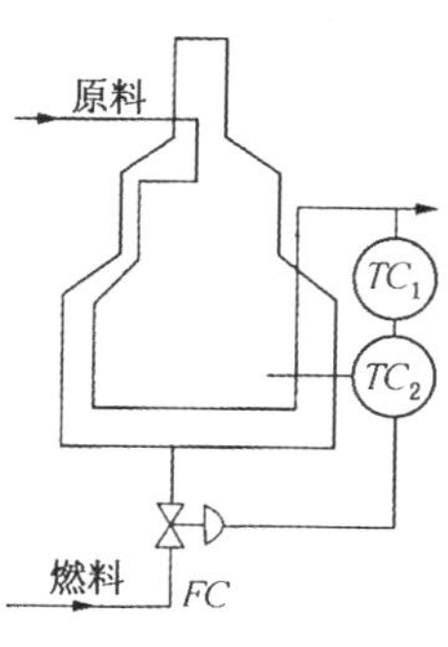


图 7－4　辐射出口温度－炉膛温度串级控制图

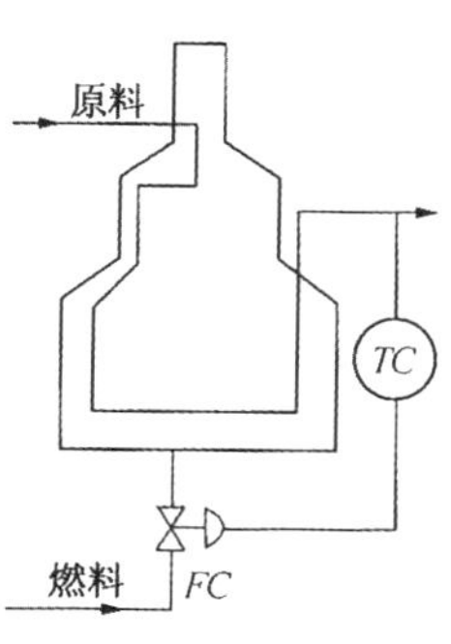


图 7－5　温度单参数控制图

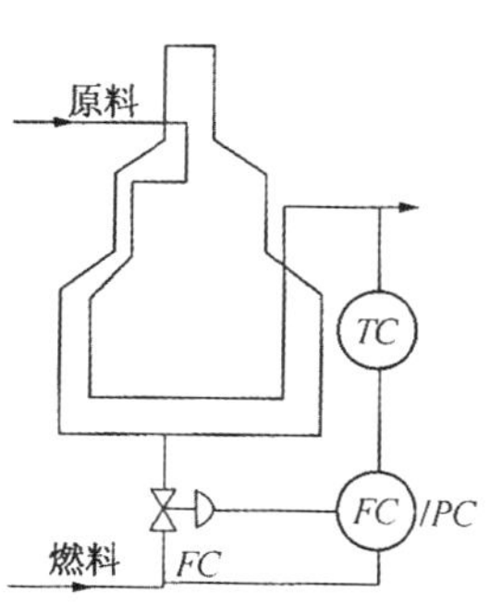


图 7－6　加热炉辐射出口温度－燃料流量串级控制图

单回路克服干扰的能力提高较多，对于主回路的干扰，虽然副回路不能直接克服它，但由于副回路减少了时间常数，改善了对象动态特性，加快了调节过程，因而也减少了动态偏差。

### 7.2.3 分馏塔系统的控制

分馏系统的控制要求是：平稳塔、容器(罐)液面，控制好各段回流量，合理地调整热平衡，保证产品质量合格。其常见的控制可以分为以下六个系统，其中最重要的是分馏塔蒸发段温度及塔底液位的控制。

(1) 分馏塔蒸发段温度的控制

分馏塔蒸发段温度控制如图 7-7 所示。

对流油或经过换热的原料油在分馏塔底与焦炭塔来的高温油气换热，冷凝下来的循环油进入分馏塔底。调节塔蒸发段温度时，如果指示温度高于给定温度则三通调节阀会增大上进料的量，进料渣油与焦炭塔来油气换热增加，分馏塔蒸发段温度降低，从而使油气带到塔上部的热量减少，进入塔底循环油增加，循环比增大；反之，则增大下进料量，进料渣油与焦炭塔来油气换热减少，从而分馏塔蒸发段温度上升，油气带到上部的热量增加，进入塔底循环油减少，循环比减小。

(2) 分馏塔底液位的控制

分馏塔底液位控制如图 7-8 所示，在辐射量一定的情况下，调节塔底液位时，如果实际液位高于给定液位则降低加热炉对流量，从而使塔底液位降低；反之，则增大加热炉对流量，塔底的液位就会上升。

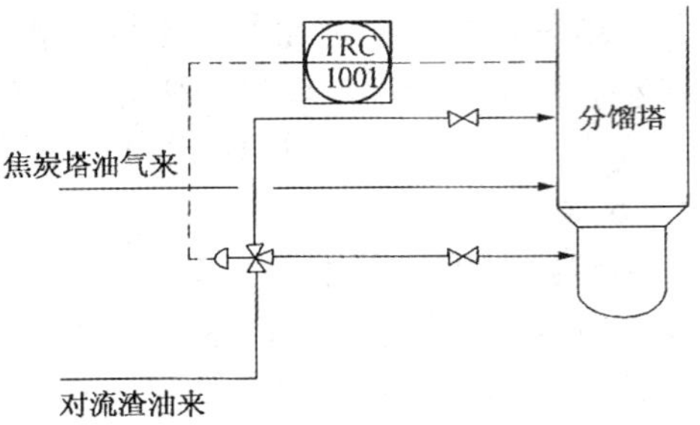


图 7-7 分馏塔蒸发段温度控制图

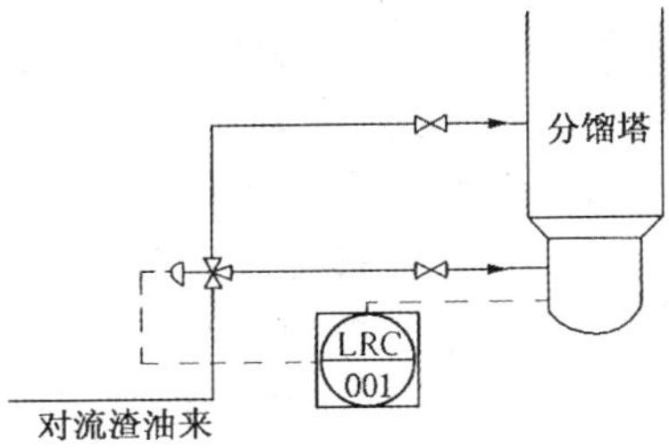


图 7-8 分馏塔底液位控制图

(3) 蜡油系统

蜡油设有集油箱液位自动控制和回流温度自动控制。当蜡油集油箱液面下降时会自动关小蜡油出装置量，直到液面测量值与给定值一致。蜡油温度控制三通调节阀装在换热器进、出口及旁路管线上。当蜡油集油箱温度测量值高于给定值时，调节器输出信号自动调节气动三通调节阀，关小旁路，蜡油回流取热增加，回流返塔温度下降，从而降低蜡油集油箱温度。

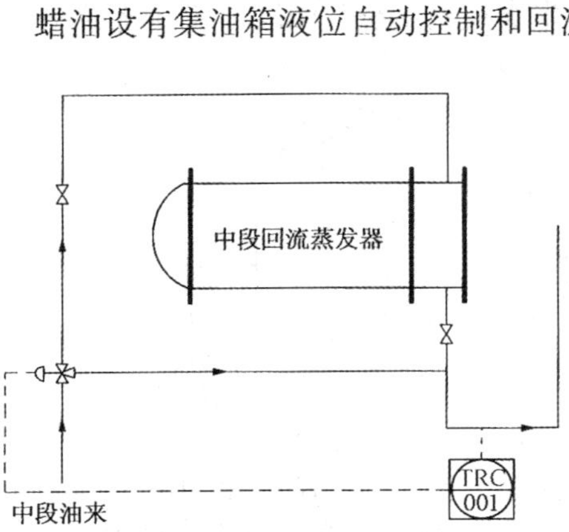


图 7-9 中段回流温度控制图

(4) 中段回流

中段回流也有一个温度控制系统，如图 7-9 所示。三通调节阀装在换热器进、出口及旁路管线上。当中段返塔温度测量值高于给定值，调节器输出信号就去自动调节气动三通调节阀，关小旁路，中段回流取热增加，从而使回流返塔温度下降。

（5）柴油系统

柴油系统的自动控制回路与蜡油控制回路基本相同，有柴油集油箱液面控制及柴油抽出温度控制。其中柴油集油箱液面由柴油出装置流量自动控制，柴油集油箱温度及回流温度由在换热器进出口及旁路上的三通控制阀控制。

（6）塔顶循环回流

塔顶温度控制与塔顶循环回流量组成串级控制，温度是主变量，回流量为副变量，通过调节塔顶循环回流量来控制塔顶温度。此外，还设有塔顶冷回流流量控制作为控制塔顶温度的补充手段。

（7）粗汽油系统

分馏塔塔顶油气分离器设有液面自动控制，控制粗汽油出分馏塔的流量。其脱水包设有油水界位自动控制，根据界位情况，自动控制含硫污水出装置。

### 7.2.4 离心式富气压缩机的控制

在通常情况下，离心式压缩机的喘振主要是负荷减少所致，而负荷的升降则是由工艺条件所决定的。为不使压缩机出现喘振，需要确保在任何转速下，通过压缩机的实际流量都不小于喘振极限所对应的最小流量 $Q_B$。根据这一思路，设计出固定极限流量法和可变极限流量法这两种防喘振控制系统。

（1）固定极限流量法

采用部分循环法，始终使压缩机流量保持大于某一固定流量，从而避免进入喘振区运行，这种方法叫做固定极限流量防喘振控制。压缩机不论运行在哪一挡转速下，只要满足流量大于喘振极限流量的条件，压缩机就不会出现喘振。用固定极限法所设计的控制方案结构较为简单，如图7－10所示。

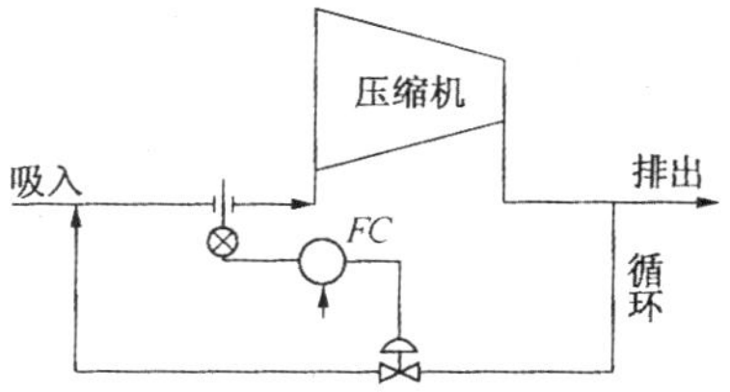

图7－10　固定极限流量防喘振控制方案

图7－10中的流量控制器，即以 $Q_B$ 值（喘振极限流量）作为其固定设定值的防喘振控制器。$Q_B$ 的取值应以现场压缩机能达到的最高转速所对应的喘振极限流量为好。压缩机正常运行时，控制器的测量值恒大于设定值，而旁路控制阀是气关阀。当压缩机吸气量小于设定值时，旁路阀打开，压缩机出口气体经旁路返回至压缩机入口，气量又增大到大于 $Q_B$ 值。这时虽然压缩机向外供气量减少了，但防止了喘振的发生。这种方法的不足之处在于当压缩机低速运行时，压缩机的能耗过大，这对压缩机负荷需经常改变的生产装置就不够经济。但从另一方面讲，则有控制方案简单、系统可靠性高、投资少等优点。

（2）可变极限流量法

为了减少压缩机的能量损耗，在压缩机负荷有可能经常波动的场合，可以采用调节转速的办法来保证压缩机的负荷满足工艺上的要求。因为在不同转速下，其喘振极限流量是一个变数，它随转速的下降而变小。所以最合理的防喘振控制方案应是在整个压缩机负荷变化范围内，使它的工作点沿着喘振安全操作线而变化，即只要保证每一转速下的流量大于该转速下的喘振流量，就可以防止压缩机的喘振。根据这一思路设计的防喘振控制系统，就称为可变极限流量法防喘振控制系统，它的原理如图7－11所示。

当测量值大于设定值时，旁路控制阀始终关闭。而当测量值小于设定值时，则控制器开启控制阀到一定位置，故能防止喘振出现，确保压缩机的安全运行。

实际生产中大多数离心式压缩机防喘振都采用固定极限流量防喘振控制，但也有些压缩机采用人工给定防喘振阀位的控制方法，原理示意如图 7－12 所示。

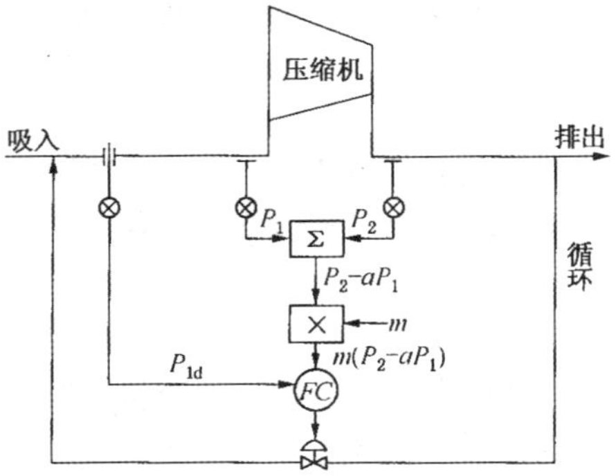


图 7－11　可变极限流量法防喘振控制系统原理图

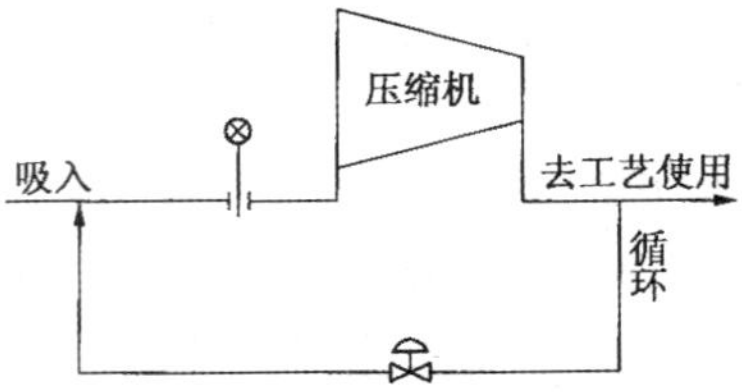


图 7－12　人工控制流量法防喘振控制系统原理图

由操作人员根据压缩机的各点温度、振动和富气压力、流量的变化等人为给定控制阀的阀位，确定由出口返回入口的循环量。

### 7.2.5　吸收稳定系统的控制

（1）压缩富气冷却系统的控制

来自分馏塔顶油气分离器的富气经气压机压缩冷却后，进入油气分离器使富气、凝缩油和水三者分开，压缩富气和凝缩油分别进入吸收塔和解吸塔。其主要控制如下：

① 凝缩油流量与油气分离器液面组成串级调节。油气分离器的液面是靠它与解吸塔进料量串级调节来控制的。液面是主参数，解吸塔进料量为副参数。

② 油气分离器的脱水包处设有油水界面自动控制，根据界位情况自动调节出装置含硫污水量。

③ 油气分离器顶压缩富气出口管线上设有富气流量记录。

（2）吸收、解吸塔的控制

① 吸收塔的液面控制。在吸收塔位于解吸塔上面的双塔流程中，因为吸收塔底富吸收油全部经冷却器冷却后自流进入油气分离器，吸收塔底不存在液面，故不需要设立液面控制系统。只需要在安装配管时，保持一定的液封即可。只有在用泵送富吸收油时才需要液面调节器。

② 入吸收塔的粗汽油量由流量控制阀来控制。

③ 入吸收塔顶吸收剂（稳定汽油）设流量自动控制，通过控制回流量来控制吸收塔顶温度。

④ 吸收塔中部设置了中部取热循环回流控制。吸收塔中部取热循环回流是一个简单的液相闭路循环系统，只设置中部流控和温度指示，通过控制中部回流量来控制吸收塔温度。

⑤ 解吸塔底如使用分馏塔柴油回流做热源时，可采用塔底重沸器出口温度控制换热三通调节阀，也可采用解吸塔气相负荷（塔顶解吸气流量或解吸塔差压）控制换热三通调节阀的控制方案。

⑥ 解吸塔塔底脱乙烷汽油流量与解吸塔底液面组成串级调节。利用这一串级调节既能维持解吸塔中的液面在一定范围内，又能控制稳定塔的进料量平稳。

（3）再吸收塔系统的控制

① 再吸收塔顶的贫吸收油为分馏柴油，其流量的大小由流量控制阀控制。

② 再吸收塔底设液面自动调节阀及富吸收油流量记录，通过开关阀位，将富吸收油自压返回分馏塔，并设立富吸收油流量记录。

③ 再吸收塔顶设压力自动调节阀及塔顶干气流量记录。

（4）稳定塔系统的控制

① 稳定塔底温度是由塔底重沸器的出口温度来控制，而重沸器出口温度是靠调节热源旁路上的三通调节阀来控制的。

② 稳定汽油自塔底重沸器抽出分为两部分：一部分送至吸收塔顶作为贫吸收剂，大部分由塔底液面调节器控制送出装置，并设有流量记录。

③ 稳定塔顶回流设有流量控制。

④ 液态烃出装置流量与稳定塔回流罐液面组成串级调节。

⑤ 稳定塔顶压力控制有两种方案：一种为“卡脖子”控制方案，即利用稳定塔顶馏出管线上的调节阀来控制稳定塔顶压力；另一种为热旁路控制方案。一般的装置都采用后一种方案，如图 7－13 所示。

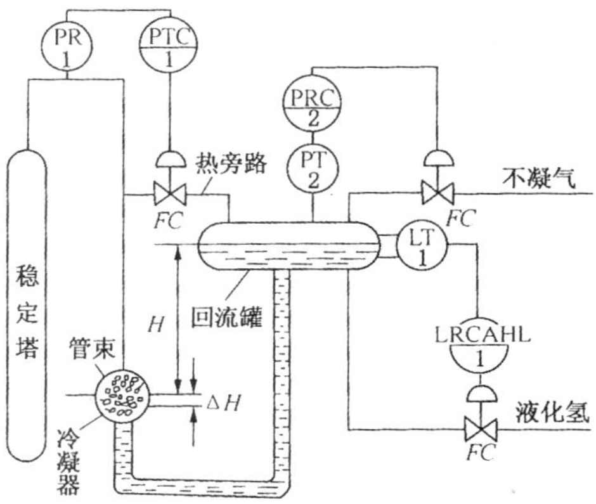


图 7－13　稳定塔顶压力热旁路控制图

冷凝器的安装位置比回流油罐低，而且冷凝液从罐底进入，通过热旁路控制可以改变塔与回流油罐的压力差，并且自行调节冷凝器冷却面积使产品冷后温度稳定。这种压力控制方案在生产操作中要求塔顶压力与回流罐的压力条件选择适当，即塔顶与回流罐之间的压力差 $\Delta P$ 要适宜。塔与回流罐的压差一般都是通过调整冷后温度和回流罐顶部不凝气加以控制的。

另外，稳定塔顶压力控制中也有使用分程控制的，就是采用一台控制器操纵几个阀门，并且是按输出信号的不同区间去操纵不同阀门的控制方式。原理示意如图 7－14 所示。

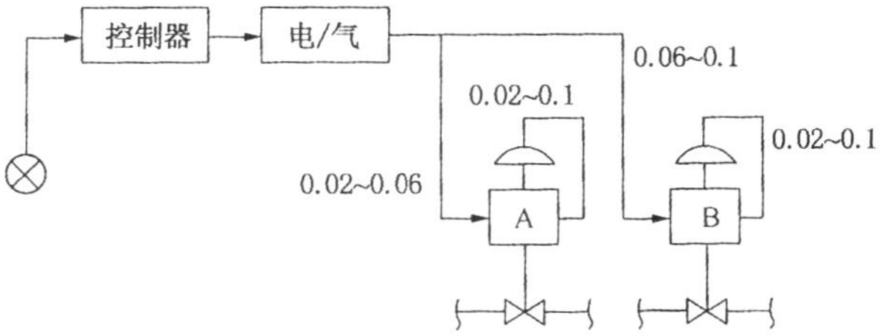


图 7－14　分程控制系统示意图

在图 7－14 中一台控制器操纵着两个阀门。为了实现分程的目的，需借助于附设在每只控制阀上的阀门定位器对信号的转换功能。如图 7－14 中的 A、B 二阀，若要求 A 阀在控制器输出信号压力为 0.02～0.06MPa 变化时做阀的全行程动作，则要求附在 A 阀上的阀门定位器，对输入信号在0.02～0.06MPa时，相应输出为0.02～0.1MPa；而B阀上的定位器，应调整成在输入信号为0.06～0.1MPa时，相应输出0.02～0.1MPa。按照这些要求，当控制器输出信号小于0.06MPa时A阀动作、B阀不动；当信号大于0.06MPa时，则A阀动至极限、B阀开始动作。

在稳定塔顶压力控制过程中，当压力过高时总是要求先关小热旁路，然后再打开不凝气放低压瓦斯阀。为了满足这种工艺上的特殊需要，采用分程控制系统，用压力控制器输出信号的不同区间来控制这两只阀门。具体如图7－15所示。

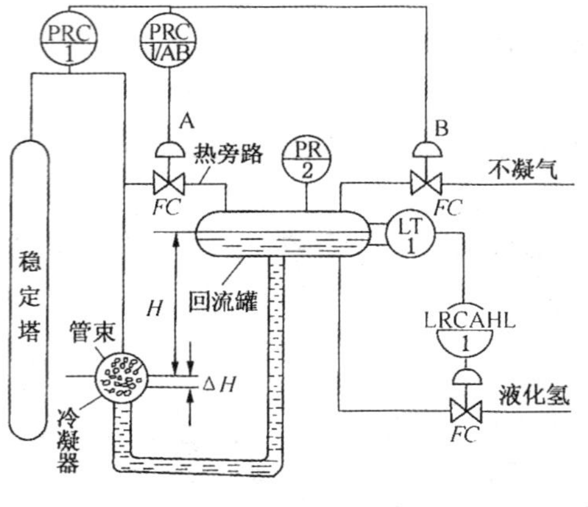


图7－15　稳定塔顶压力分程控制示意图

当塔顶压力超过规定范围时，首先控制器输出使热旁路阀A关闭，使冷凝器的换热面积增大，入回流罐的液态烃温度下降，回流罐的压力下降。当热旁路阀A全关，塔顶压力仍旧过高时，控制器使低压瓦斯阀B打开，继续降低回流罐压力从而使塔顶压力下降到正常范围。

设计分程控制还能够起到另一个作用就是扩大控制阀的可调范围，改善控制系统的品质。分程控制用于扩展可调范围时，总是采用两只同向动作的分程控制阀并联地安装在同一流体管道上，如图7－16所示。

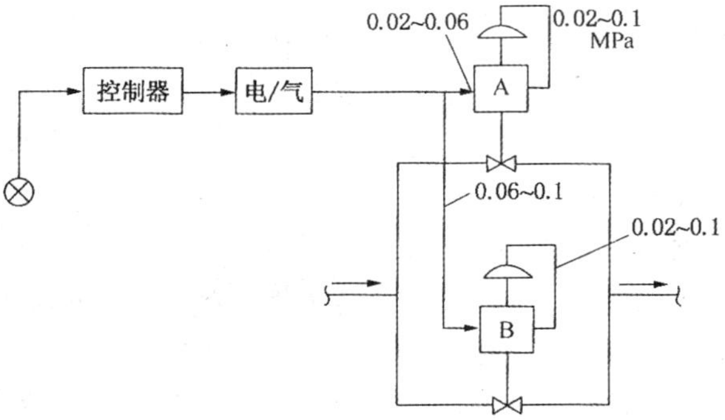


图7－16　用于扩展范围的分程控制示意图

### 7.2.6　脱硫系统的控制

① 脱硫塔顶的贫液设置流量控制。

② 脱硫塔底设有液面自动调节，通过阀位动作，将富液自压返回再生塔。

③ 脱硫塔顶压力设有压力自动调节系统及干气流量记录。

④ 再生塔顶设立压力自动调节系统及酸性气流出装置量记录。

⑤ 酸性气分液罐设有液面自动控制及返回再生塔的酸性水流量记录。

### 7.2.7　焦高的测量

焦高是焦炭塔生产中非常重要的一个参数，目前测量的方法是在焦炭塔壁的不同高度安装测量用料位计，通过测量数据和进料量来推算生焦的高度。目前普遍采用的焦炭塔料位计有中子料位计和γ料位计。

（1）中子料位计的原理

中子料位计是在焦炭塔壁上安装中子源和中子管，中子源发射的中子穿过塔壁经过焦炭层时，产生的慢中子被反射回来，被中子管接收，根据中子管接收的慢中子数量来测定被测物中含 H、C 含量的变化，判定塔内在测定高度的物料是水、焦炭还是泡沫层。具体如图 7－17 所示。

（2）γ 射线料位计的原理

γ 射线料位计也是在焦炭塔壁上安装 γ 射线源，在放射源对面的塔壁上安装光电倍增管。由于 γ 射线通量密度的衰减具有特殊性，在无阻挡物时其能量密度与距离的平方成反比衰减，在有阻挡物时则成指数规律衰减，所以，通过测量能量密度的衰减变化来确定被测点是否有焦炭。具体如图 7－18 所示。

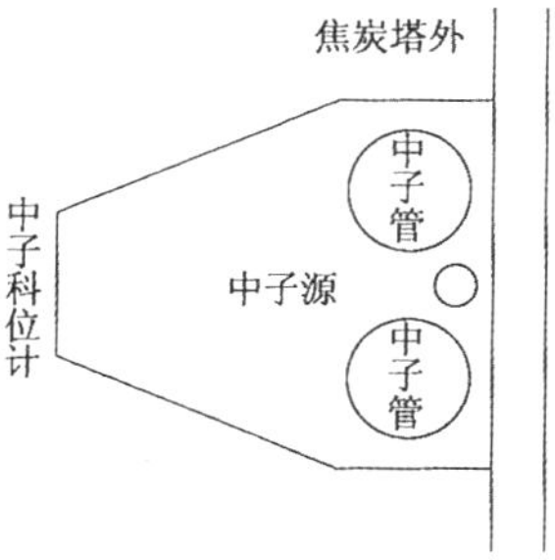


图 7－17　中子料位计安装示意图

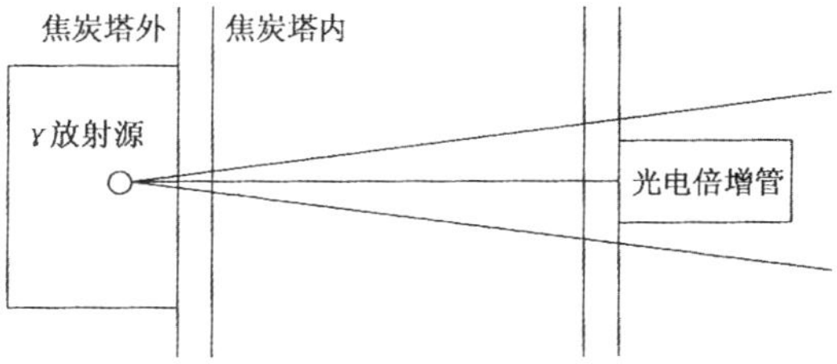


图 7－18　γ 料位计安装示意图

中子料位计与 γ 射线料位计的区别在于中子不会衰减，使用时中子源的强度与装置的直径大小无关，而 γ 射线的能量密度会衰减，因此，使用时要根据焦炭塔直径的大小来确定放射源的强度，焦炭塔直径越大所需要的 γ 射线源强就越高。

## 7.3　焦化装置的高级控制和优化控制

### 7.3.1　DCS 控制系统

DCS 是 Distrtbuted Control System 的英文缩写，其本意为集散控制系统，它是计算机技术、控制技术和网络技术高度结合的产物。DCS 通常采用若干个控制器（过程站）对一个生产过程中的众多控制点进行控制，各控制器间通过网络连接并可进行数据交换。操作采用计算机操作站，通过网络与控制器连接，收集生产数据，传达操作指令。因此，DCS 的主要特点归结为一句话就是：分散控制、集中管理。早期的 DCS 可以提供集中的信息画面，并从画面得到必要的信息。通过 DCS 可以完成最基础的自控操作，包括过程监视、常规过程控制、数据的一般处理、操作台人机联系等，但是不能改变既定的控制模式。现在的 DCS 控制功能更加完善，它能实现过程控制、数据采集和顺序控制，方便地使用先进控制算法，还能与其他系统相连，成为企业信息管理系统的一部分。目前国内的延迟焦化装置已普遍采用这种控制系统，典型的 DCS 体系结构如图 7－19 所示。

从图 7－19 中可以看到，DCS 系统大致分为三级：过程控制级、监控级以及管理级。过程控制级的功能是完成生产过程中的数据采集和调节控制。它的输入内容有传感器的信号（温度、压力、流量、液位），以及开关量、频率量等，经过计算处理后，向执行机构输出驱动信号。监控级的作用是提供各种软件供工程师和操作者进行组态、监视和维护，并在此接入各种先进控制的算法。常用的控制算法包括：四则运算和方根计算、PID 调节、逻辑运算、选择性控制、超前滞后补偿、前馈反馈控制、串级控制、连续控制、顺序控制、PID 参数自整定自适应等。管理级通过网络可与其他的管理系统相连，将 DCS 的数据提供给其他控制系统。

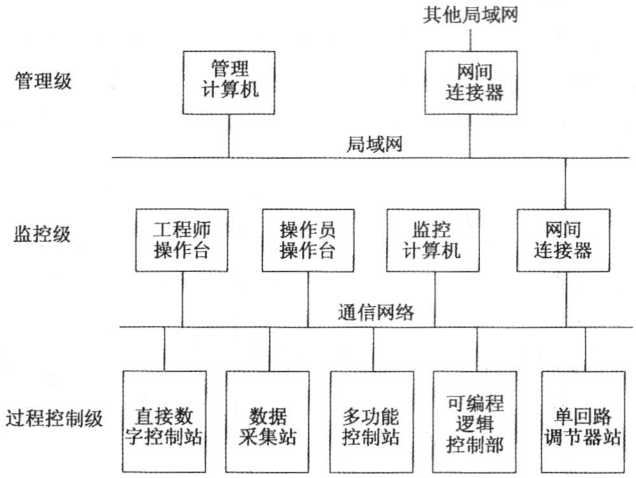


图 7-19 DCS 系统结构图

目前焦化装置使用的 DCS 型号较多，有横河、霍尼韦尔、爱默生等多家公司的产品，但其基本功能相同。现在运行的 DCS 操作平台类似于 Windows 操作平台，它包括系统控制站和显示操作站，以鼠标及键盘操作为主，装置内所有仪表及安全监测信号全部进入 DCS 系统。操作人员的日常操作都在显示操作站上完成，其主要功能有：

① 组态。包括系统组态、控制方案组态、显示回路组态等。

② 显示。包括系统显示和过程显示，基本上都采用分级显示的方法。系统显示主要显示系统的配置组态、系统的报警、系统的维护和系统的状态等。过程显示主要可显示每一个回路和过程报警、过程状态、过程操作、控制回路的参数等。具体的显示画面分为工艺流程图、联锁逻辑图、历史趋势图及仪表参数画面，根据装置的要求还可以把机泵状态等信息显示在 DCS 中。

③ 操作。不同的 DCS 系统在具体的操作上差别较大，但都包括启动系统、画面调用、仪表控制、报警处理以及历史趋势图的读取等内容。

### 7.3.2 先进控制系统

#### 7.3.2.1 先进控制系统介绍

(1) 发展概况

在石化装置技术发展过程中，自动控制始终占据着重要的地位。自从控制理论创立以来，自动控制理论经历了经典控制理论和现代控制理论两个重要发展阶段。前者以传递函数为基础，主要解决单变量系统的反馈控制问题，而后者以状态空间法为基础，着重解决多变量系统的优化控制问题。其过程控制的发展大致经历了四个阶段。

① 直接数字控制(DDC)。主要发展阶段在 20 世纪 70 年代以前，控制算法以 PID、串级、比值和前馈等模拟信号为主，以常规调节仪表为主要操作手段。20 世纪 80 年代以后逐

渐以计算机操作代替常规仪表操作。

② 集散型控制(DCS)。主要发展阶段在20世纪70至80年代，它实现了人对生产过程的集中管理和分散控制，同时还降低了存在的硬件风险。与集散系统同时推出的还有可编程逻辑控制(PLC)系统。初期DCS主要用于处理模拟量信号，PLC主要处理数字量信号，随着技术的发展，DCS和PLC出现了融合的趋势。

③ 先进过程控制。随着集散控制系统的普及，使在工业装置上实施先进过程控制和优化控制技术成为可能。目前普遍的做法是将上位机和集散系统结合起来，构成两级计算机优化控制系统。在算法上，应用了多变量解耦控制、多变量约束控制、预测控制、推断控制和估计、人工神经元网络控制以及各种基于模型的控制等先进过程控制方法。先进过程控制的运行周期一般是分钟级的，其工作区域往往是正常生产中工作点附近的范围，在此范围内可以对工艺对象进行线性处理，但上述工作区域往往是由操作人员设定的，所以先进过程控制获得利益的大小最终还是由人来影响的。

④ 综合自动化控制系统。20世纪90年代开始，管控一体化、智能化工厂、供应链管理、电子商务建设等概念及技术逐渐兴起，以往局限于装置级控制、仅仅与生产结合的自动化技术借助计算机技术的发展得到迅速提升和发展，形成与市场需求紧密结合，包括生产计划和调度、操作优化、先进控制和常规控制等内容的递阶控制系统。

(2) 先进控制

先进控制之所以能够提高装置的操作水平，增加经济效益，主要是它能够降低被控制目标的标准偏差，从而实现卡边操作。如图7－20所示。

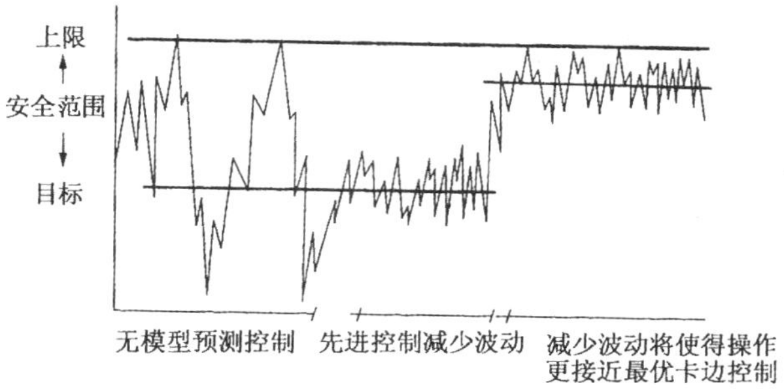


图7－20　先进控制与常规控制的区别

比如对于分馏塔，在日常操作时由于受焦炭塔预热、切换，装置甩油的引入，富吸收油返塔温度波动等因素的影响，分馏塔的中部温度(柴油抽出口温度)波动会较大，柴油干点波动也会比较大。为确保柴油干点的合格，日常操作上，操作人员很难将柴油抽出温度长期控制在操作上限。但在实施先进控制后，可以降低整个分馏塔温度的波动程度，降低柴油干点的波动，这样就可以将柴油抽出温度尽量向上提，将柴油的干点控制在质量指标的上限附近，实行卡边操作，提高柴油收率，提高装置的经济效益。

其他操作也是这样，通常的工艺过程控制都是在一个区间内进行的，也就是在操作弹性区间内。这个区间是由几个约束条件包围而成的，如图7－21所示。

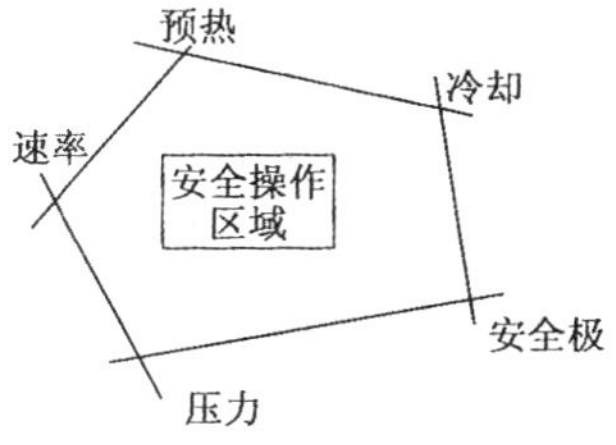


图7－21　工艺过程的操作弹性区间

常规操作时，操作人员为了保证产品质量合格以及安全的要求，通常会将操作点放在操作区域的中央，远离所有的约束条件以保证当装置受到某个强烈干扰时能够留下最大可能的调整时间。但从挖潜增效的角度出发，正确的操作点应该处于操作弹性区间的某一卡边处。而实际操作中由于受控制阀阀位的极限、设备工作极限和工艺操作弹性等因素影响，人工控制时操作点难以持续保持在卡边状态。先控技术就是要采用成熟的寻优方法，根据对操作弹性区间的不断分析，找到最佳操作点，并利用现有的调节手段，将装置稳定在该最佳操作点，实现操作的优化。

#### 7.3.2.2 先进控制的基本概念

先进控制 APC 是 Advanced Process Control 的英文缩写，通常将基于数学模型而又必须用计算机来实现的控制算法，统称为先进控制。如计算变量控制、相对增益控制、前馈控制、解隅控制、纯滞后控制、预估控制、自适应控制等。目前在石化工业中应用的较多、较为先进的是模型预测控制技术，所以有许多人把 APC 误认为就是模型预测控制。

在这里我们以动态矩阵控制为例，介绍模型预测控制的基本原理。

（1）术语解释

① 对象。是指能够完成特定操作的设备，比如加热炉、焦炭塔、分馏塔等都被称为对象。

② 状态。是指能够说明一个系统的变量组，比如对于加热炉系统，出口温度、炉膛温度、对流量、辐射量等参数的集合，就是加热炉的状态。在每一时间下的状态集合，即为状态空间。

③ 过程。任何被控制的运动状态被称为过程，比如原料在加热炉中加热过程等。

④ 模型。模型是以数学结构用来反映过程的运动特点的一种形式。

⑤ 系统。在石化生产中，系统可以理解为隔离体系。例如，计划实施焦化装置先进控制，那么可以将加热炉、焦炭塔和分馏塔作为一个隔离体系，即一个系统来考虑。

⑥ 独立变量。指在系统中可以独立变化的变量，可以理解为数字意义上的自变量，是系统的输入量。它们的改变不受系统中其他变量的影响，这些改变的做出或者由操作人员来完成，或者是由外界（即环境）带来。独立变量分为两类：操纵变量（MV）：可由操作人员或控制机构调节的变量，或可以更简单地理解为实际操作过程中的调节手段，例如，常规控制系统中单回路的设定值、手操器的输出等。干扰变量（DV）：有时也被称为前馈变量（FF），即我们通常提到的可测不可控的变量。此类变量来自于系统外部，系统能够感受到它的影响，并且因此会发生状态上的改变，偏离正常的状态点，例如，环境温度、蒸汽压力、燃料气密度等。

⑦ 非独立变量。非独立变量更多的时候被称为被控变量，是指在系统中不能直接进行调节，而只能受到独立变量的影响而改变的变量。从动态特性角度，被控变量又可被划分为，自衡被控变量：当系统的平衡关系被破坏后，经过一定时间（稳态时间）后，能自动地稳定在新的平衡点上的被控变量，被称为自衡被控变量。积分变量：积分变量也被称为斜坡变量，当系统的平衡关系被破坏后，经过一定时间（稳态时间）后，不能自动地稳定在新的平衡点上的被控变量，被称为积分变量。

⑧ 稳态时间。是指当一个独立变量发生变化后，系统中受到影响的被控变量达到新的平衡过程所用的时间。

⑨ 阶跃响应。是指独立变量 1 个工程单位的阶跃改变而引起被控变量发生变化的现象。在一个稳态时间内被控变量的变化轨迹被称为阶跃响应曲线。阶跃响应曲线包含了过程动态和稳态两方面的信息。

⑩ 软仪表。在过程控制中，有一些重要的产品质量指标（如汽、柴油的干点、焦炭挥发分等），因限于技术条件、设备投资，不能使用在线测量只能依靠离线分析来取得。但是由

于化验分析的时间较长，对生产调整的指导不及时。因此，人们通过建立预测模型来确定质量指标同操作参数之间的关系，以便依据操作参数对未来的质量指标进行估计。采用上述预测模型构成的预测器（一般由计算机软件来实现）可起到测量仪表的作用，我们就称其为“软仪表”。

（2）动态矩阵控制（DMC）的基本原理

动态矩阵控制是一种用被控对象的阶跃响应特性来描述系统动态模型的预测控制算法，它具有算法简单、计算量小、鲁棒性较强等特点。结构原理如图7－22所示。

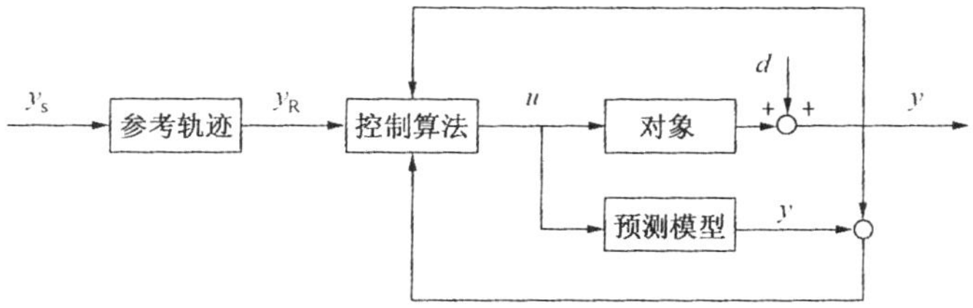


图7－22　DMC结构示意图

其中各模块功能如下：

① 预测模型：预测模型用来获得对象未来输出的预测值，它是被控对象的模型。在工艺允许的条件下，可以直接在控制输入处施加阶跃或脉冲信号，得到对象的阶跃响应数据或脉冲响应数据，通过辨识算法即可获得被控对象的模型。

② 参考轨迹：在实际控制中，当系统目标发生改变时，若要求系统输出迅速跟踪这一变化，往往需要对系统输入施加大幅度的调节量，这在工程上常常很难办到；即使能够完成，也往往导致非独立变量的大幅度波动。所以，在预测控制中一般都设定一条参考轨迹，分步骤均匀调节系统输入，最终使系统输出由当前状态过渡到目标状态。

③ 控制算法：一般包括模型预测、滚动优化和反馈校正三个部分，以便计算出合理的当前和未来时刻的控制量，使输出符合预先设定的轨迹（参考轨迹）。

DMC就是通过这几个模块来实现预测变化，跟踪设定点，最终达到优化控制的目的。

（3）模型辨识

预测模型的建立通常有两种基本方法：机理分析法和测试法。机理分析法建模目前在实际的先进控制项目中尚不多见，测试法是工程中常用的方法。由于过程的输入输出一般可以测量，而过程的动态特性必然表现在这些输入输出数据中，利用相同的算法对所获得的输入输出数据进行分析从而获得被控对象数学模型的过程，即被称作辨识。

模型辨识的分类：

① 非参数模型辨识：亦称为经典的辨识方法。该方法获得的模型是非参数模型，例如，以曲线的形式反映对象特性，工程中一般采用阶跃响应的方法。

② 参数模型辨识：亦称为现代的辨识方法。工程中以最小二乘法应用较为广泛。

（4）参考轨迹

装置生产就是要将生产状态稳定在产品合格、效益最大的操作区间内。出现干扰后，我们也希望系统能够快速平稳地进行调节，使系统平滑地过渡到另一个稳定的状态。通常模型预测控制器对被控变量会采取四种控制方式。

① 设定点控制：通常会使控制器的调节非常积极，可能会导致控制器施加较大的调节

作用，尤其当控制器内部的模型和过程偏差较大时，控制器的调节总处于振荡状态。

② 区域控制：为被控变量设定一个合理的上下限，当被控变量处于要求范围的中间区域时，控制器调节时对该变量的关注会较少。当出现干扰或要求范围发生了变化时，当该变量向边界区域变化时，控制器对该变量的关注将提高，对该变量误差的调节权重将慢慢增大，如果该变量最终“跑出了”要求的范围，调节权重将变得非常大，使该变量返回受控状态。

③ 参考轨迹控制：控制器会要求被控变量沿一条事先定义的曲线轨迹平滑运动，以避免超调的发生。

④ 漏斗控制：当被控变量处于要求范围之外时，控制器将调节相应的操纵变量使被控变量在事先定义的漏斗区域内返回正常范围，如图7－23所示。

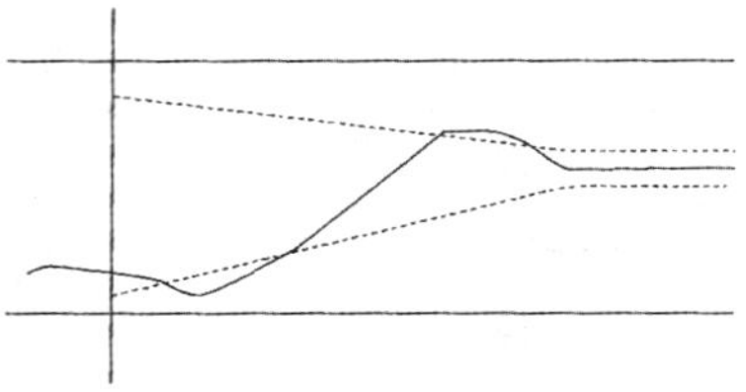

图7－23　漏斗方式控制示意图

图7－23中，阴影部分代表被控变量的变化轨迹“跑出了”漏斗区域，控制器此时会施加相应的调节作用使被控变量重新返回漏斗区域。

（5）控制算法

预测控制的目的是求出未来各个时刻操纵变量的调节量，使系统输出在未来的某个时刻达到目标值，使模型的输出值尽可能接近设定值，保证操纵变量的调节量尽量平缓。因此，控制算法首先要根据模型的性质推断预测步程内各时刻系统输出的结果；然后根据预测控制任务的要求，求取操纵变量调节量的大小；再采集系统输出、计算误差，将误差以反馈的形式引入控制回路中，对模型预测值进行校正；利用滚动优化，计算实际应施加于系统的调节量，并将调节量施加到调节中。如此不断循环，力求在每个有限的时段内保证过程动态最优。

#### 7.3.2.3　延迟焦化装置先进过程控制技术

（1）延迟焦化装置实施先进控制的必要性

近年来焦化装置原料日益劣质化而对产品质量、设备腐蚀、环境保护等方面的要求不断提高，因此，对装置的操作也提出了越来越高的要求。当前装置操作的发展趋势是在尽量提高处理量的同时，尽可能地实现装置液收率的最大化。但是，焦化产品的收率和性质主要取决于原料性质和操作参数。在给定的原料下，焦化产品性质又决定了操作参数（如辐射出口温度、焦炭塔压力和循环比等），而焦炭塔又具有间歇操作的特点，切换四通阀、预热都会对分馏塔的平稳操作造成较大影响。如果仅仅采用常规控制，很难实现装置各系统内部及系统之间变量的协调控制，保持操作的长期、安全、最优、卡边控制，因此，焦化操作很有必要实施先进控制。

（2）延迟焦化装置实施先进过程控制的目标

总的说来，延迟焦化装置先进控制的主要目标有：

① 提高装置处理能力。

② 在满足产品质量的前提下，提高目标产品的产率。

③ 平稳加热炉的操作，降低氧含量、提高热效率。

④ 降低循环比。

⑤ 改善产品质量。

⑥ 实现卡边操作。

⑦ 减少因焦炭塔切换、预热等操作对分馏塔生产的影响。

针对某一具体装置，上述目标还可以细化为：

① 加热炉/焦炭塔系统控制目标：在满足加热炉管表面温度和炉膛温度、加热炉管线速及焦炭塔生焦高度的前提下增加处理量；平稳加热炉操作，控制氧含量，提高加热炉效率；实现加热炉各辐射分支流量的平衡操作，预防加热炉管结焦；满足对加热炉炉管表面温度、出口温度和各控制阀阀位等变量的控制要求；预估焦炭塔的空高。

② 分馏系统的控制目标：保证产品质量合格；在线预测产品质量，实现卡边控制，提高目标产品收率；控制循环比；控制分馏塔的温度、压力、侧线抽出量及各段回流量；提高对分馏塔高品质热量的利用；对焦炭塔切换四通阀、预热等操作变量进行监测和前馈补偿调节，缓解分馏操作造成的影响。

③ 吸收稳定系统控制目标：提高产品回收率；在产品指标的优化点进行操作；控制温度、热负荷、回流比、压力和产品产率；满足被控变量的工艺约束；在线预测产品的质量，实现卡边控制。

（3）对焦炭塔预热、切换等操作前馈信息进行控制

焦化装置中一般由一台加热炉与两台焦炭塔对应相连为一组，一台焦炭塔进行生焦时，另一台已冷焦完毕的焦炭塔则进行水力除焦，除尽焦的焦炭塔经赶空气、试压、预热至规定温度后，生焦到一定高度的焦炭塔切至该焦炭塔运行，如此轮流切换。例如，生焦周期为24h的延迟焦化装置，对分馏塔而言，每天的固定时间里都会有焦炭塔预热切换事件发生。对于焦炭塔这种周期性频繁切换对分馏塔操作带来的扰动，从控制角度来看，完全可以用前馈信息来说明及调节。但与传统的前馈变量不同，焦炭塔的周期性切换是一种离散的前馈事件。影响分馏塔稳定操作的主要有焦炭塔预热、切换四通阀、小吹汽。应用焦炭塔顶压力与分馏塔底压力之间的压差，焦炭塔塔顶温度与分馏塔塔底温度以及它们的变化率等在线测量信息可在线准确地确定预热开始、切换四通阀、小吹汽等事件。实际生产表明，焦炭塔生焦上限（或焦炭塔空高限制）、加热炉炉管进口压力（或焦炭塔塔顶压力）上限、炉管壁温度上限、分馏塔汽液负荷及气压机处理能力限制等是影响装置处理量的约束条件。

（4）加热炉多变量控制

加热炉多变量控制器的主要目的是提高装置处理量、保证平稳操作和长周期运行。以二炉四塔、双面辐射加热炉的焦化装置先进控制为例，加热炉及原料罐可设计为一个单一多变量控制器。为了改善多变量控制器的在线应用率，该加热炉多变量控制器还可进一步分割成五个子控制器（每个平行的加热炉分别为一子控制器，原料罐为一子控制器）。当某一加热炉清焦时，其相应的子控制器为切除状态，其相应的操纵变量被控变量不参与加热炉多变量控制。加热炉保持原有加热炉出口温度与燃气压力串级控制系统。对于各加热炉子控制器，其主要操纵变量包括各路炉管进料流量设定值、炉管出口温度的设定值以及烟道挡板开度。前馈变量包括各路炉管内注水（蒸汽）流量设定值以及预热、切换等事件变量。被控变量包括加热炉总处理量，各路炉管进料之间的偏差，各路炉管出口温度以及它们之间的偏差、各路炉管进口压力、各路炉管管壁辐射、对流、炉膛管壁温度、焦炭塔塔底进口温度、焦炭塔塔顶压力、烟气含氧量以及燃气压力调节阀位，各路加热炉进料调节阀阀位。

原料罐液位子控制器操纵变量包括进料量设定值、加热炉各路流量设定值。被控变量包括原料罐液位及原料罐进料控制阀阀位，装置处理量以及各加热炉处理量之间的偏差。当加热炉需要清焦、炉管表面温度限制了加热炉的处理量时，可通过调节各加热炉处理量，使其装置总处理量最大。此外，还可监控烟气含氧量，提高加热炉的热效率。实际应用表明，为了最

大程度地提高处理量，可根据料位计数据在线校正生焦率参数，进而确定在满足生焦高度限制条件下加热炉进料量最大化，并作为各单一加热炉处理量的上限。加热炉多变量控制器使其在满足焦炭塔空高、加热炉进口压力、管壁温度、炉膛温度条件下，使整个装置处理量最大。

(5) 分馏塔的多变量控制

分馏塔多变量控制器的主要目的是在切换四通阀等频繁扰动下保持平稳操作、提高轻油收率。在原有的塔顶温度与塔顶回流的常规串级调节下，分馏塔的操作变量包括塔顶压力设定值、塔顶温度设定值、汽油、柴油及蜡油出口抽出量设定值、各段循环回流设定值、塔下部洗涤油流量设定值，以及塔底温度调节器的阀位。前馈变量包括焦炭塔预热、切换等事件变量、各加热炉各路进料设定值、环境温度等。被控变量包括塔各部位温度、各馏出油的温度、塔上下部差压，汽油、柴油及焦化馏出油成分预测变量(诸如95%馏出温度或干点等)、循环比、柴油抽出液位、塔顶压力、回流阀位、馏出液及中间回流阀位等。

(6) 吸收稳定单元多变量控制

焦化富气经压缩后送至吸收稳定单元，经分离后得到干气、液化气和稳定汽油。稳定吸收系统的单一多变量控制器操纵变量主要包括吸收塔的塔顶压力设定值、塔顶回流设定值、塔底温度设定值，稳定塔塔顶压力设定值、塔顶回流设定值、塔底出料流量设定值。前馈变量主要包括吸收剂(粗汽油)流量及温度、环境温度，冷却水温度等。被控变量包括吸收塔的差压、稳定塔经压力补偿的塔顶、塔底温度、稳定塔经压力温度补偿的塔顶、塔底温度，液态烃 $C_5^+$ 及 $C_2^-$，稳定汽油蒸气压。该多变量控制器的主要目的是在满足约束条件下平稳生产，实现不同生产方案的卡边操作，同时进一步节能降耗。

## 7.4 装置的自动保护系统

随着装置大型化的发展，对各工艺参数的控制要求不断提高，在重要的参数控制中都设有自动报警功能，以防止事故的发生。此外加热炉、辐射泵及富气压缩机组都是装置的主要设备，同时也是关键设备，如果出现任何可能破坏这些设备生产的异常情况，都会使生产难于维持，处理不及时或处理不当，还可能引发恶性事故。因此，在这些重要的设备上都装有自动保护联锁装置。一般来说联锁应具有以下几个特点：

① 一般调节器是两位式的，即只有全开或全关两种状态。

② 调节阀选用单芯或偏心旋转阀，闭合严密、可靠性大，对于大口径自保阀采用动作可靠的汽缸阀。

③ 为了提高自保阀的动作速度，主要阀门前加装了用电信号控制的电磁阀。

④ 有自锁机构，发生自保动作后自保设施不能自动恢复正常操作，需要人工去复位，以保证恢复时能做到充分准备并且安全。

⑤ 设有预报警信号，当操作发生异常时，首先发出报警信号，可以使操作人员有一定的时间去判断并及时处理，如果异常情况继续恶化，当达到自保动作条件时，自保系统会作自动处理，防止事故进一步扩大。

焦化装置的联锁主要有：工艺联锁和设备联锁，其中工艺联锁有加热炉联锁，设备联锁有辐射泵、压缩机、高压水泵等重要设备的联锁，下面分别进行介绍。

### 7.4.1 加热炉联锁控制

为了保证加热炉的安全生产，防止事故的发生，所有的加热炉都设有联锁保护系统。至于应在哪些部位设置联锁保护，则视具体情况而定。

（1）以燃料气为燃料的加热安全联锁保护系统

在以燃料气为燃料的加热炉中，主要存在的危险是：

① 被加热工艺介质流量过少或中断。此时加热炉管不吸热，必须采取安全措施，切断燃料气控制阀，停止加热，否则会使炉管结焦，烧坏加热炉管子，严重时会使炉管破裂造成生产事故。

② 火焰突然熄灭。此时，瓦斯还在继续进入炉膛，会在燃烧室里形成危险的燃料气－空气爆炸混合物，在高温的炉膛内，极易闪爆，引发爆炸事故。

③ 燃料气压力过低、流量过小。燃烧器会出现回火，使火焰熄灭，引发炉膛内闪爆事故。

④ 燃料气压力过高。燃烧器喷嘴会出现脱火，会在燃烧室上部和对流室里引起二次燃烧或形成大量燃料气－空气混合物，也有可能造成灭火，导致爆炸事故。

因此，在以燃料气为燃料的加热炉中需设置入炉进料的低流量联锁、火焰中断联锁、燃料气压力联锁等。

（2）以燃料油为燃料的加热炉安全联锁保护系统

在这类加热炉中主要危险是：

① 进料流量过小或中断会引起炉管结焦；

② 燃料油压力过高会引起脱火，过低会引起回火，都会引起炉膛内闪爆。

③ 雾化蒸汽压力过低或中断会使燃料得不到良好雾化，甚至无法燃烧，引起火焰熄灭，引起炉膛内闪爆。

燃料油加热炉联锁设置基本上与以燃料气为燃料的加热炉相似，表7－1是燃气型加热炉联锁动作表。

**表7－1　加热炉联锁动作表**

| 自保项目 | 动　作 | 自保项目 | 动　作 |
| --- | --- | --- | --- |
| 燃料气压力低 | 燃料气阀自动关<br>进空气预热器挡板关<br>烟道挡板打开<br>风道快开门打开 | 进料流量低 | 进料阀切断<br>燃料气阀自动关<br>进空气预热器挡板关<br>烟道挡板打开<br>风道快开门打开 |
| | | 引风机停<br>鼓风机停 | |

### 7.4.2　辐射泵联锁

辐射泵是焦化装置中最重要的机泵之一。投用较早的焦化装置中采用的大多是带润滑系统的辐射泵，因此，在联锁中除了对泵、电机轴温设置联锁外，还对润滑系统设置了联锁。当前设计的装置中采用的辐射泵不再带有润滑油系统，只设置电机轴温联锁。表7－2是典型的带润滑系统辐射泵的联锁动作表。

**表7－2　辐射泵联锁动作表**

| 自保名称 | 动　作 | 自保名称 | 动　作 |
| --- | --- | --- | --- |
| 前端轴温超指标 | 停泵 | 润滑油总管压力过低 | 停泵 |
| 后端轴温超指标 | 停泵 | 润滑油总管压力正常 | 允许开泵 |
| 推力瓦温超指标 | 停泵 | 润滑油总管压力高 | 停辅助油泵 |
| 电机轴温超指标 | 停泵 | 润滑油总管压力低 | 开辅助油泵 |

### 7.4.3　离心式压缩机联锁

离心式压缩机的转子是在高速旋转的状态下进行工作的，高速旋转的转子为气体介质的升压输送提供能量，运转过程中，有时会有超温、超压、振动以及磨损、断轴等情况的可能。因此，设置的保护措施有以下几种：

① 温度保护措施。包括轴瓦温度、润滑油温度联锁等。

② 压力保护措施。包括润滑油压力联锁等。

③ 机械保护措施。压缩机转子轴位移、轴振动及转速联锁等。表 7 – 3 是典型的以背压式汽轮机为动力的离心压缩机的联锁动作表。

表 7 – 3　离心式压缩机联锁动作表

| 名　　称 | 动　　作 | 名　　称 | 动　　作 |
|---|---|---|---|
| 压缩机主推轴温度高 | 先报警后停机 | 润滑油总管压力低 | 开润滑油备泵 |
| 压缩机副推轴温度高 | | 调节油总管压力低 | |
| 压缩机后径向轴温度高 | | 速关油压低 | 由控制系统控制停机 |
| 压缩机前径向轴温度高 | | 汽轮机转速过低 | |
| 汽轮机前径向轴温度高 | | 主汽阀开度低 | |
| 汽轮机后径向轴温度高 | | 进口阀启动位置正常 | 允许启动汽轮机 |
| 汽轮机主推轴温度高 | | 防喘振调节阀全开 | |
| 汽轮机副推轴温度高 | | 润滑油压力正常 | |
| 润滑油总管压力低 | | 润滑油温度正常 | |
| 汽轮机排气压力低 | | 冷却水流量正常 | |
| 压缩机轴振动大 | | 速关阀开 | |
| 压缩机轴位移大 | | | |
| 汽轮机轴振动大 | | | |
| 汽轮机轴位移大 | | | |

### 7.4.4　往复式压缩机联锁

同离心式压缩机的联锁设置情况相似，往复式压缩机的联锁设置也是为了防止机组在运行中出现超温、超压、振动以及磨损、断轴等事件的发生。表 7 – 4 是典型的往复式压缩机的联锁动作。

表 7 – 4　往复式压缩机联锁动作表

| 名　　称 | 动　　作 | 名　　称 | 动　　作 |
|---|---|---|---|
| 润滑油总管压力低 | 开辅助油泵 | 润滑油总管压力高 | 停辅助油泵 |
| 润滑油总管压力过低 | 停机 | 电机定子温度高 | 停机 |

### 7.4.5　高压水泵联锁

高压水泵的联锁内容与其他机泵相似，主要的触发点有润滑油压力、泵轴承温度、电机定子温度等。表 7 – 5 是典型的高压水泵的联锁动作(除焦程序控制系统除外)。

表 7 – 5　高压水泵联锁动作表

| 名　　称 | 动　　作 | 名　　称 | 动　　作 |
|---|---|---|---|
| 高压水泵润滑油泵出口总管压力低 | 开辅助油泵 | 高压水泵前端轴瓦温度高 | 停泵 |
| 高压水泵润滑油泵出口总管压力过低 | 停泵 | 高压水泵电机前端轴瓦温度高 | 停泵 |
| 高压水泵润滑油总管压力低 | 停泵 | 高压水泵电机后端轴瓦温度高 | 停泵 |
| 高压水泵后端轴瓦温度高 | 停泵 | | |

### 7.4.6　除焦程序控制系统联锁

随着除焦系统自动化程度以及高压水泵压力的提高，除焦系统除了高压水泵自身的联锁外，还增加了除焦程序控制系统联锁，主要包括：除焦焦炭塔与绞车控制联锁、高压水泵与出、入口阀控制联锁、高压水泵控制联锁等。

#### 7.4.6.1 选塔及塔顶给水电动球阀与绞车控制联锁

每次只能选一个塔进行除焦作业。当选塔确认完成后，所选塔的塔顶给水电动球阀打开，未被选中塔的塔顶给水电动球阀处于关闭位置。

① 当联锁解除开关处于投用位，塔口接近开关动作与绞车下降条件同时满足，则塔顶给水电动球阀自动打开。当钻机绞车上升达到规定值且除焦控制阀处于回流位时，塔顶给水电动球阀自动关闭。

② 联锁解除开关切除联锁时，所选塔的塔顶给水电动球阀自动打开。

③ 只有所选塔对应的钻机绞车才允许动作，未被选中塔的钻机绞车无法动作。绞车上升达到规定值且除焦控制阀处于非回流位时，绞车自动停车。此时，绞车只能下降不能上升，直至除焦控制阀回到回流位，绞车才允许继续上升且自动关闭塔顶给水电动球阀；绞车上升至上极限位置时，绞车自动停车，此时绞车只能下降不能上升；绞车下降至下极限位置时，绞车自动停车，此时绞车只能上升不能下降；顶钻时，绞车钢丝绳松弛，张紧器保护动作，绞车自动停止下降，但可以上升。

#### 7.4.6.2 高压水泵及泵出、入口阀控制联锁

被选中高压水泵的出、入口阀自动打开，未被选中高压水泵的出、入口阀不动作。除焦结束且高压水泵停止运行后，按除焦结束确认按钮，被选中泵的泵出、入口阀自动关闭。

#### 7.4.6.3 除焦控制阀的联锁控制

除焦控制阀初始位置为回流位，其允许动作的条件是选塔确认完成，所选塔的塔顶给水电动球阀打开。除焦控制阀允许从预充位旋至全开位的条件是管线压力必须达到预充压力开关设定的压力值。

#### 7.4.6.4 高压水泵控制联锁

（1）高压水泵跳闸条件

① 高压水泵包括电机与齿轮箱等设备本体跳闸条件(包括高压水泵各轴瓦温度、振动和位移状态联锁跳闸，电动机定子绕子温度、轴瓦温度状态联锁跳闸，齿轮箱轴瓦温度状态联锁跳闸等)。

② 高压水泵工艺部分状态跳闸(包括高压回水罐低液位联锁，润滑油总管压力低联锁)。

③ 阀位不正常(泵出、入口阀状态位置不正常，塔顶给水电动球阀状态位置不正常，除焦控制阀、塔顶给水电动球阀状态位置不正常)。

（2）高压水泵启动条件

① 工艺启动条件(切焦水回水罐液位、润滑油总管压力达到规定值)。

② 无任何跳闸条件及紧急停泵信号(泵跳闸或紧急停泵后，必须进行联锁复位，复位后上述信号消除，才能再次启动高压水泵)。

③ 除焦控制阀处于回流状态位置。

④ 阀位正常(泵出、入口阀状态位置正常；塔顶给水电动球阀状态位置正常；除焦控制阀、塔顶给水电动球阀状态位置正常)。

⑤ 完成选泵、选塔作业。

⑥ 选中的塔对应的塔顶给水电动球阀和泵出、入口阀打开。

#### 7.4.6.5 程序控制联锁的切除

程序控制联锁的切除分为两部分，一部分是硬联锁切除开关，在操作台上，必须用钥匙才能切除；另一部分是软联锁切除开关，主要为高压水泵轴瓦温度、振动、位移等联锁，可在 PLC 控制电脑上进行旁路。

## 7.5 安全检测仪表

焦化装置的安全检测仪表主要有可燃气体报警仪和有毒气体报警仪。

### 7.5.1 概述

泄漏气体检测器（气体报警仪）作为安全生产不可缺少的仪器在焦化装置中被广泛使用。泄漏气体检测器主要分成两类：一类是可燃性气体报警仪，另一类是有毒气体报警仪。可燃性气体报警仪主要检测炼油过程中产生的烃类物质、挥发性的油品以及氢气等，目的是为了防止该类气体在空气中达到足以引起爆炸的浓度。有毒气体报警仪主要是用来检测硫化氢气体，自焦化装置大量处理含硫、高硫的原料渣油以来，装置内安装硫化氢气体检测仪显得尤为重要，它可以有效地防止硫化氢中毒事故的发生，保证作业人员的人身安全。

### 7.5.2 可燃性气体检测原理

接触燃烧式传感器是目前可燃性气体检测仪最广泛使用的传感器元件。其主要是用直径约 0.05mm 的铅金丝绕成螺旋状，并切成相同的一小段，在铅金旋圈外分多次涂上氧化铝载体，做成白色多孔元件（补偿元件），取其中一个作为补偿元件（该元件不与可燃性气体进行接触燃烧）。另一个在载体上面涂以含铅、钯的溶液，使元件表面形成触媒体，这种元件叫检测元件。当含氧气的可燃性气体接触到检测元件表面时，能产生接触燃烧反应（由于检测元件表面涂铅、钯触媒，因此，气体在爆炸下限以下可以燃烧）。检测元件的构造如图 7－24 所示。

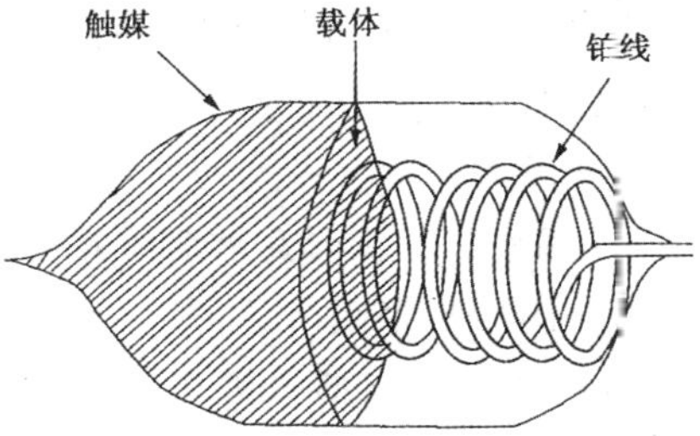


图 7－24 检测元件的构造

检测电路由补偿元件和检测元件组成惠斯登电桥电路，如图 7－25 所示。电路通以稳定的电压给元件加热。在无可燃气体的情况下，电桥处于平衡状态，当检测元件接触到含氧可燃气体时，在检测元件表面进行接触燃烧反应。这种反应热使检测元件的温度上升，电阻发生变化，而补偿元件的表面因没有涂铅、钯触媒，因此补偿元件对可燃性气体是惰性的，不产生燃烧反应，补偿元件电阻仍保持不变。检测元件燃烧反应电阻变化与可燃性气体浓度在一定范围内成比例关系，也就是电桥电路因检测元件电阻变化而输出电流也变化，其输出电流与可燃性气体浓度大约成线性关系，我们利用这个原理就可检测可燃性气体的浓度。

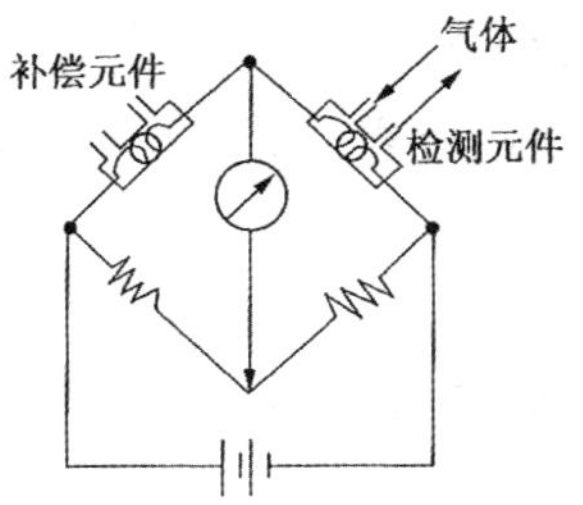


图 7－25 接触燃烧式的基本电路

### 7.5.3 毒性气体检测原理

#### 7.5.3.1 定电位电解式传感器的构造

对有毒气体进行检测报警的仪器大部分使用定电位电解法传感器。这种传感器对毒性气体检测灵敏度高，由于不同气体电解电位不同，因此，对气体选择性好，用这种方法能检测数十种不同毒性气体。定电位电解式传感器构造如图 7－26 所示。

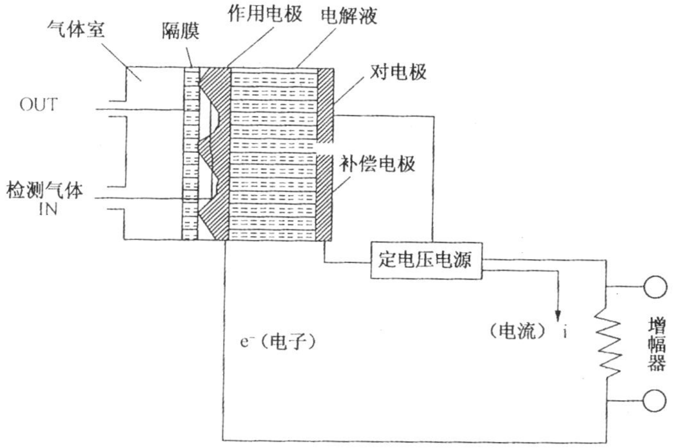


图 7－26　定电位电解式的原理图

其构造是在塑料的容器内装有隔膜、作用电极，对电极和电解液预先通过电压电源向两极间输送氧化电位，当要测定的气体通过隔膜进入传感器时，在作用电极和电解液的界面处发生氧化反应，与要检测气体的浓度相对应的电子到达电极处，扩散电流流向两极。因该扩散电流与气体浓度成比例，通过增幅等电路便可在仪器中检测气体浓度。

**7.5.3.2　电位电解传感器的反应原理**

(1) 一氧化碳气体

当 CO 接触到作用电极时会发生 $CO + H_2O \rightarrow CO_2 + 2H^+ + 2e$ 阳极反应，另外，对电极在空气中和氧接触会发生 $1/2O_2 + 2H^+ + 2e^- \rightarrow H_2O$ 阴极反应。整个反应为 $CO + 1/2O_2 \rightarrow CO_2 \uparrow$。

由于阳极反应时多 2 个电子，对电极反应时少 2 个电子，此时增幅器的回路发生电流，即可检测 CO 的氧化反应电流，由此可测定 CO 浓度。

(2) 硫化氢气体

当硫化氢气体接触到作用电极时会发生 $H_2S + 4H_2O \rightarrow H_2SO_4 + 8H^+ + 8e^-$ 阳极反应。另外，对电极在空气中和氧接触时，会发生 $2O_2 + 8H^+ + 8e^- \rightarrow 4H_2O$。整个反应为 $H_2S + 2O_2 \rightarrow H_2SO_4$。

由于阳极反应时多 8 个电子，对电极反应时少 8 个电子，此时增幅器的回路发生电流，即可检测硫化氢的氧化反应电流，由此可测定硫化氢的浓度。

# 7.6　分析仪表

焦化装置使用的分析仪表主要有氧化锆分析仪。其原理如图 7－27 所示。

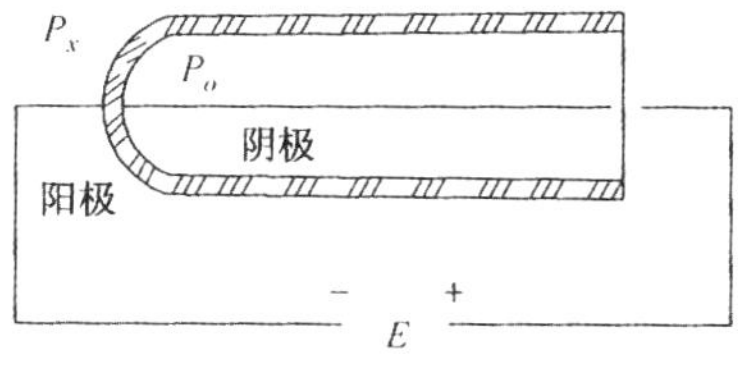


图 7－27　氧化锆分析仪原理图

氧化锆($ZrO_2$)是一种固体电解质。在高温时，它能传导气体中的氧离子，因此，如果在氧化锆的两侧表面涂有多孔型的铂作电极，则当两侧的氧浓度不同时，高浓度侧的氧分子会夺取铂电极（阴极）上的自由电子，以离子流的形式到达低浓度侧，并在那儿经铂电极（阳极）释放出多余的电子，从而形成浓差电势。

阴极 $$O_2 + 4e \longrightarrow 2O^{2-}$$

阳极 $$2O^{2-} \longrightarrow O_2 + 4e$$

两极之间的电动势 $E$ 可由能斯特公式求得。即：

$$E = \frac{RT}{nF}\ln\frac{P_o}{P_x}$$

式中 $R$——气体常数，8.315J/℃·mol；

$T$——绝对温度；

$F$——法拉第常数，965.27J/mV·eq；

$n$——参加反应的电子数；

$P_o$——参比气体，即空气中的氧浓度；

$P_x$——被测气体中的氧浓度。

简化后，上式即为：

$$E = 0.0496T\lg\frac{20.95}{P_x}$$

如果把温度 $T$ 固定，只要测得氧电势 $E$，就可知道被测气体中的氧浓度 $P_x$。

# 第八章　腐蚀与防护

随着炼油工业的发展，加工能力超1000万吨/年的大型炼油企业不断增加，原油资源和炼油技术的竞争激烈，优化资源、降本增效已成为企业生存发展的主要手段。而高硫高酸劣质原油与低硫轻质原油的差价，成为各个炼油厂不断提高自己加工高硫高酸劣质原油能力的动力。但大量加工高硫高酸劣质原油必然会加速装置和设备的腐蚀，因此，加大对设备腐蚀的防护和监测力度成为保证安、稳、长运行的重要基础。

## 8.1　腐蚀的类型

### 8.1.1　腐蚀的定义

腐蚀是指材料(包括金属和非金属)在其周围环境的作用下引起的破坏或变质现象。腐蚀可看作是材料和设备的癌症，具体包括：材料因与环境反应而引起的损坏或变质、材料与环境的有害反应以及除了单纯机械破坏之外的一切破坏。

### 8.1.2　腐蚀的分类

腐蚀的分类方法很多，可以从腐蚀环境、腐蚀机理、腐蚀形态类型、金属材料、应用范围或工业部门以及防护方法等方面加以分类。

### 8.1.3　焦化装置常见的腐蚀类型

目前焦化装置常见的腐蚀类型有：高温硫腐蚀、湿 $H_2S$ 腐蚀、电化学腐蚀( $NH_4Cl$、$NH_4HS$、NAC 腐蚀)、酸性水腐蚀、胺应力腐蚀开裂等,具体如图 8－1、图 8－2 及表 8－1 所示。

**表 8－1　腐蚀类型表**

| 序　号 | 腐蚀类型 | 序　号 | 腐蚀类型 |
|---|---|---|---|
| 1 | 硫化 | 17 | 脱碳 |
| 2 | 湿 $H_2S$ 损伤(鼓泡/HIC/SOHIC/SSC) | 20 | 磨蚀/磨蚀－腐蚀 |
| 3 | 蠕变/应力开裂 | 22 | 胺开裂 |
| 6 | 环烷酸腐蚀 | 27 | 热冲击 |
| 7 | 硫氢化氨腐蚀 | 30 | 短时过热－应力开裂 |
| 8 | 氯化铵腐蚀 | 34 | 软化(球墨化) |
| 11 | 氧化 | 38 | 烟气露点腐蚀 |
| 12 | 热疲劳 | 45 | 胺腐蚀 |
| 13 | 酸性水腐蚀(酸性) | 48 | 氨应力腐蚀开裂 |
| 15 | 石墨化 | | |

注：硫化：碳钢和其他合金钢在高温环境下与硫化合物发生反应造成腐蚀。氢的存在会加速腐蚀。常见的部位有焦化加热炉的高温部位。

① 氢鼓泡。氢鼓泡可能在管道或压力容器的壁厚内、ID、OD 上以表面凸起的形式出现。鼓泡是由于金属表面硫化物腐蚀产生的氢原子扩散进入钢铁，在钢铁的不连续处如夹杂物或叠片结构积聚造成的。氢原子结合生成氢分子，很难扩散出去，造成压力升高，局部发生变形，形成鼓泡。鼓泡是由于腐蚀产生的氢引起的，不是工艺过程中产生的氢气。

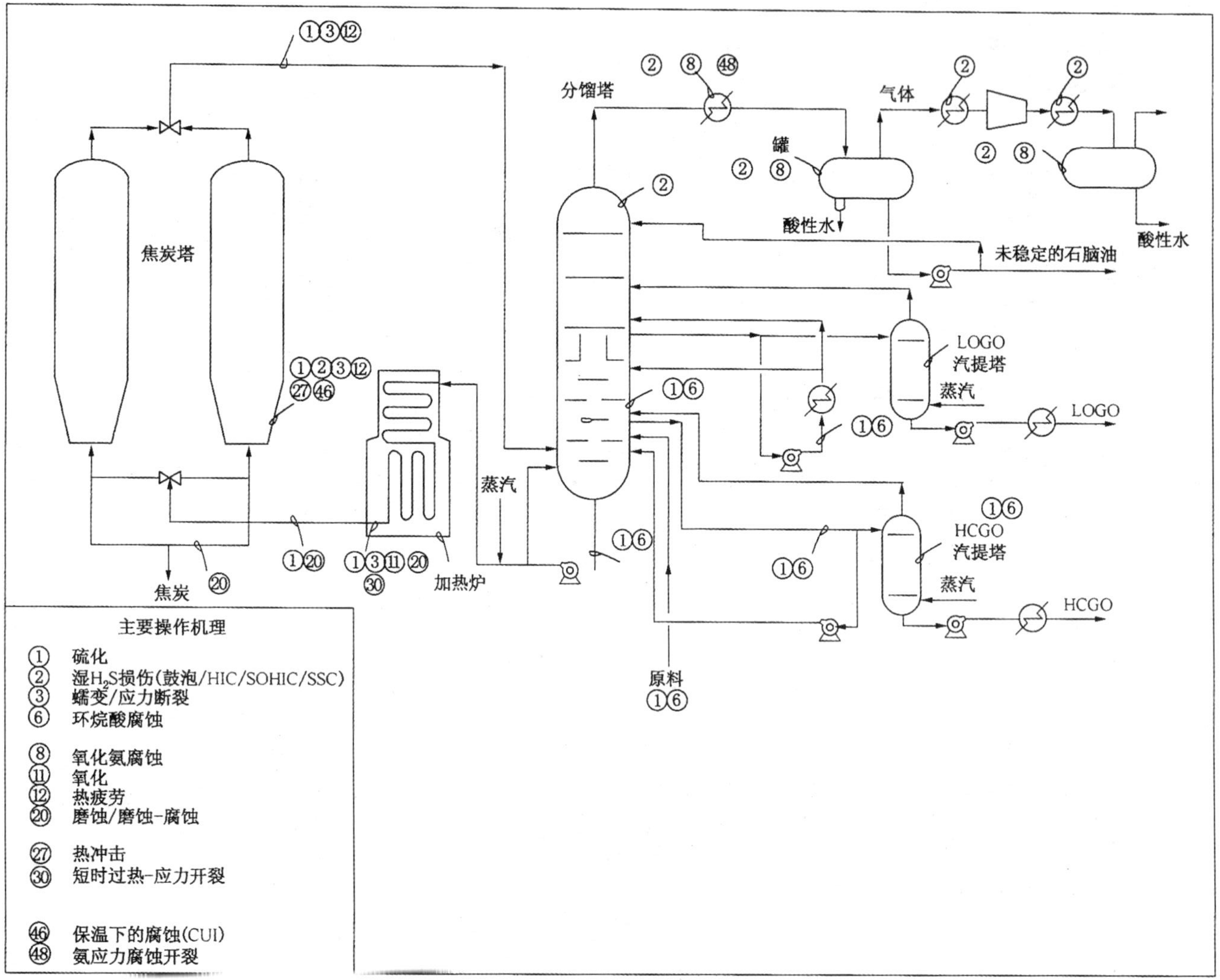
①③⑫
焦炭塔
①②③⑫
㉗㊻
①⑳
①③⑪⑳
㉚
加热炉
焦炭
⑳
蒸汽
分馏塔
② ⑧ ㊽
②
①⑥
①⑥
原料
①⑥
罐
② ⑧
酸性水
气体
②
②
② ⑧
酸性水
未稳定的石脑油
LOGO
汽提塔
蒸汽
LOGO
①⑥
①⑥
HCGO
汽提塔
蒸汽
HCGO
①⑥
主要操作机理
① 硫化
② 湿H2S损伤(鼓泡/HIC/SOHIC/SSC)
③ 蠕变/应力断裂
⑥ 环烷酸腐蚀
⑧ 氧化氨腐蚀
⑪ 氧化
⑫ 热疲劳
⑳ 磨蚀/磨蚀-腐蚀
㉗ 热冲击
㉚ 短时过热-应力开裂
㊻ 保温下的腐蚀(CUI)
㊽ 氨应力腐蚀开裂

图 8－1　延迟焦化装置

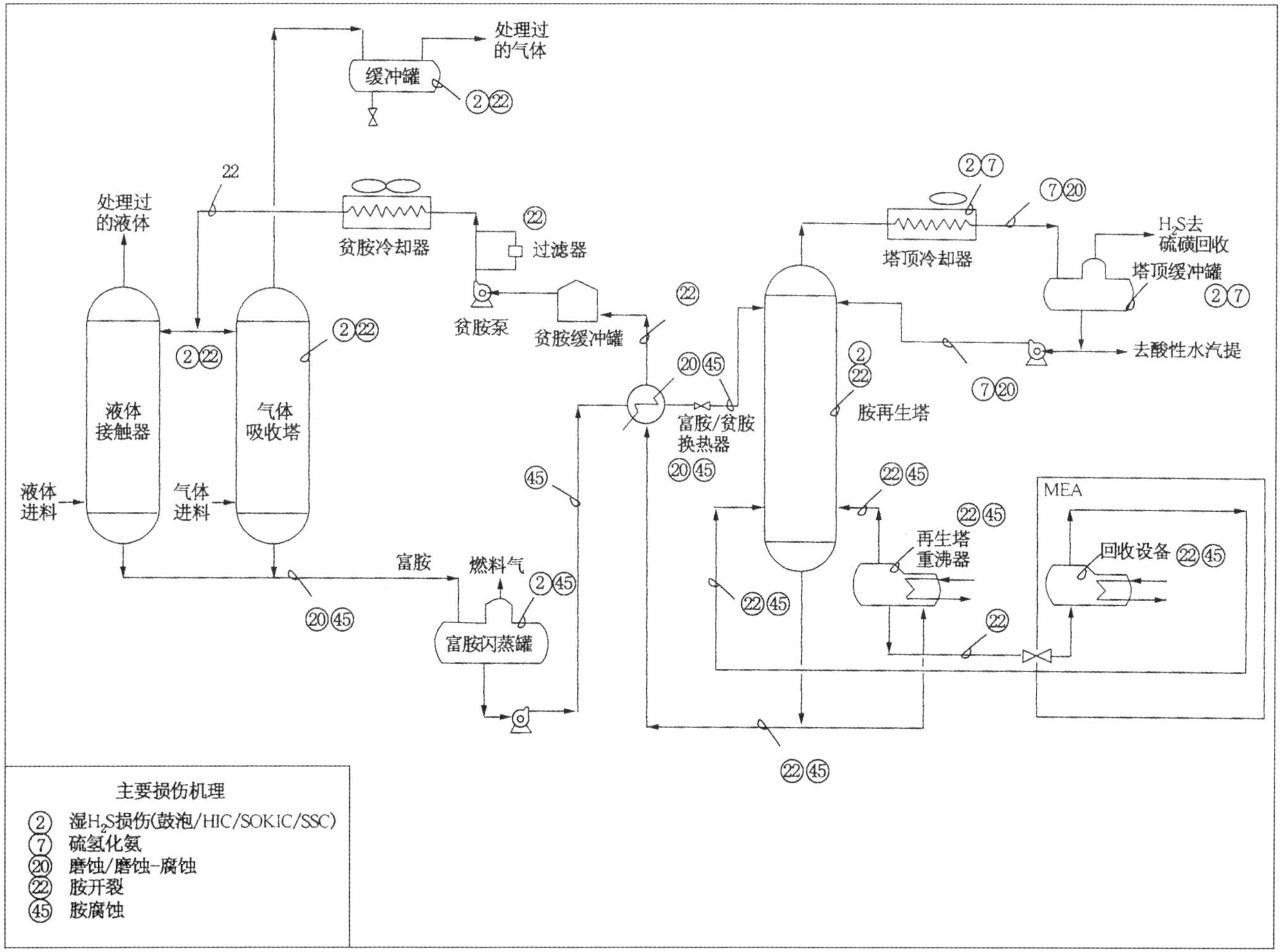
处理过
的气体
缓冲罐
②㉒
22
处理过
的液体
贫胺冷却器
㉒
过滤器
贫胺泵
贫胺缓冲罐
㉒
②㉒
②㉒
液体
接触器
气体
吸收塔
液体
进料
气体
进料
富胺
燃料气
②㊺
⑳㊺
富胺闪蒸罐
㊺
⑳㊺
富胺/贫胺
换热器
⑳㊺
②⑦
⑦⑳
$H_2S$去
硫磺回收
塔顶冷却器
塔顶缓冲罐
②⑦
去酸性水汽提
⑦⑳
②
㉒
胺再生塔
㉒㊺
㉒㊺
再生塔
重沸器
㉒㊺
MEA
回收设备 ㉒㊺
㉒
㉒㊺
主要损伤机理
② 湿$H_2S$损伤(鼓泡/HIC/SOKIC/SSC)
⑦ 硫氢化氨
⑳ 磨蚀/磨蚀-腐蚀
㉒ 胺开裂
㊺ 胺腐蚀

图 8－2　胺处理装置

② 氢致开裂（HIC）。氢鼓泡可以在钢铁表面不同的深度、平板的中间或靠近焊缝处形成。在一些情况下，深度（平面）稍微不同的附近或相临的鼓泡连接在一起形成裂纹。在鼓泡之间的内部连接裂纹通常有一个台阶状的形貌，因此，HIC 有时也被称为"阶梯状开裂"。

③ 应力引发的氢致开裂（SOHIC）。SOHIC 和 HIC 相近，但是是一种潜在危害更大的开裂，表现为裂纹相互堆积在其他裂纹的顶部。结果产生一条穿过整个厚度的裂纹，垂直于表面，由高水平的应力驱动（残余或施加的）。它们通常在靠近焊缝热影响区的基体金属上发生，由 HIC 损伤或其他裂纹和缺陷如硫化物应力裂纹引发。

④ 硫化物应力腐蚀开裂（SSC）。硫化物应力腐蚀开裂是指金属在水和硫化氢存在下，由拉伸应力和腐蚀共同作用造成的开裂。SSC 是一种氢应力开裂，主要是由于金属表面硫化物在腐蚀过程中产生原子氢造成的。

SSC 可以在金属表面焊缝和焊缝热影响区的高硬度区发生。高硬度区有时在没有进行焊后热处理的焊缝堆焊过渡层和附属焊缝中发现。焊后热处理对于降低易产生金属 SCC 的高硬度区和残余应力是有利的。有时高强度钢对 SSC 较敏感，但它们只在炼油厂特定地方应用。一些含残余元素的碳钢容易在焊缝热影响区形成高硬度区，但在正常的应力释放温度下不用回火处理。正常情况下，使用预热可以降低这些焊缝硬度问题。

SSC 在延迟焦化装置的脱硫单元表现得较明显。

蠕变/应力开裂：在高温环境中，金属部件会在屈服应力的负荷作用下缓慢连续地变形。这种受压部件随时间的变形称为蠕变，蠕变造成的损伤最终会导致开裂。加热炉炉管、管托、吊架或其他加热炉部件更容易发生。

环烷酸腐蚀：主要发生在常减压装置及处理含环烷酸油品的下游装置中，是一种高温腐蚀。在加工高 TAN 原料的延迟焦化装置的 LCGO 和 HCGO 中有 NAC 的报道。

硫氢化氨腐蚀（碱式酸性水）：在处理碱式酸性水的装置存在严重的腐蚀，在分馏塔下游气体浓缩单元会发现高浓度的 $NH_4HS$。

氯化铵腐蚀：均匀或局部腐蚀，通常为点蚀，一般发生在氯化铵或胺盐沉积物下，通常没有自由水相的存在。FCCU 和焦化分馏塔塔顶和顶回流系统会发生氯化铵结盐和腐蚀。

氧化：在高温下，氧气和碳钢及合金钢反应生成氧化物膜，通常发生在用于加热炉燃烧的氧环境中（大约占空气的 20%）。氧化发生在加热炉和其他燃烧设备，当金属温度超过 1000°F（538℃）时，在高温环境下的管线设备会发生氧化。

热疲劳：是由于温度变化导致的循环应力造成的。损伤以开裂的形式存在，发生在相对运动或不同膨胀受限的金属部件上，尤其是在重复的热循环下。在焦化塔器壁，热疲劳是一个主要问题。热疲劳也会发生在焦炭塔裙座，在此处塔和裙座的温度变化推动了热疲劳。

酸性水腐蚀（酸性）：在 pH 4.5～7.0 之间含 $H_2S$ 的酸性水中发生碳钢腐蚀，$CO_2$ 可能也会存在。酸性水主要发生在焦化气体分离装置的塔顶系统。

石墨化：石墨化是某种碳钢和 0.5Mo 钢长期在 800～1100℉（427～593℃）范围内操作微观组织发生变化，造成强度、延展性和/或耐蠕变性能的下降。温度升高，这些钢中的碳化物相不稳定，会分解成石墨瘤，这种分解现象称为石墨化。存在于焦化装置主要的热壁管线和设备。

脱碳：由于碳和碳化物的移除，只剩铁基体导致钢铁强度损失。脱碳发生在高温环境的热处理过程中，包括暴露在火中或在高温气体环境中。暴露在高温或火焰中的所有设备都可能发生脱碳。

磨蚀是由于材料表面之间的相对运动或与固体、液体、水滴或其他任何化合物的碰撞造成的表面材料机械移除加速。

磨蚀-腐蚀是由于通过磨蚀去除了保护性膜或垢而造成腐蚀，或通过磨蚀和腐蚀将金属表面暴露而造成进一步的腐蚀。所有在流动流体中的设备都会遭受磨蚀和磨蚀-腐蚀。包括管线系统，尤其是弯头、弯管、三通、泵、鼓风机、叶轮、换热器管、蒸汽机叶片、管嘴、延迟焦化处理焦炭的设备，泵、压缩机和其他转动设备的磨损。

胺应力腐蚀开裂：胺开裂是钢铁在拉伸应力和腐蚀的联合作用下常见的一种形式，腐蚀发生在碱胺溶液系统，该系统用于去除/吸收各种气相和液相碳氢物流中的 $H_2S$ 和/或 $CO_2$ 和它们的混合物。胺开裂是一种碱应力腐蚀开裂的形式，多数发生在没有热处理的碳钢焊缝或邻近区域上。在贫胺环境中所有的未经焊后热处理的碳钢管线和设备，包括再生塔和换热器以及其他任何可能接触胺携带物的设备。

热冲击：热疲劳开裂的一种形式，当在一个相对短的时间内热应力增加非常高且不均匀时，由于膨胀或收缩的差异，在设备的一部分发生。如果热膨胀/收缩受到限制，会产生材料屈服强度以上的应力。热冲击通常发生在一个冷的液体与一个热的金属表面接触时，焦化装置的高温管线和设备都会受影响。

短时过热-应力开裂：由于局部过热，会导致在相对低的应力水平下的永久变形。通常造成膨胀，最终导致应力开裂失效。有结焦倾向的加热炉如焦化装置通常加热量更大，以保证炉出口温度，因此，也更容易遭受局部过热。

软化(球墨化)：球墨化是钢铁暴露在 850~1400℉(440~760℃)范围内时，微观组织发生变化，在该环境中，碳钢中的碳化物相不稳定，会从常规的平面形状聚集成球状，或从低合金钢如 1Cr-0.5Mo 中小的、细微分散的碳化物转变成大的块状碳化物。球墨化会造成强度和/或耐蠕变性能的损失。球墨化会影响焦化装置中的热壁管线和设备。

烟气露点腐蚀：烟气中的硫和氯会在燃烧产物中形成 $SO_2$、$SO_3$ 和 HCl。当温度足够低时，烟气中的这些气体和水蒸气会凝结形成硫酸、亚硫酸等，导致严重的腐蚀。所有使用含硫燃料的加热炉烟囱处都存在硫酸露点腐蚀的危险。

胺腐蚀：胺腐蚀主要是指发生在胺处理工艺碳钢设备上的均匀或局部腐蚀。腐蚀不是由氨引起的，而是由溶解的酸性气体($CO_2$ 和 $H_2S$)、氨降解产物、热稳定胺盐(HSAS)和其他杂质引起的。再生塔重沸器和再生塔是温度和胺物流湍流最高的部位，会导致明显的腐蚀问题。贫/富胺液换热器富胺液一侧、热贫胺管线、热富胺管线、胺溶液泵和回收装置也是腐蚀问题发生的部位。

氨应力腐蚀开裂：含有氨的水蒸气会造成一些铜合金的应力腐蚀开裂(SCC)；碳钢在无水的氨中容易发生 SCC。对于脱硫碳钢管线，裂纹会发生在暴露的未热处理的焊缝和热影响区上。

## 8.2 设备的腐蚀与危害

原油中含有的硫化物其主要类型有游离硫、元素硫、硫化氢、硫醇、硫醚、二硫化物、环状硫化物、烷基硫酸酯、烷基硫酸酯、磺酸、烷基亚砜、磺酸盐及噻吩等。就其腐蚀性而言，一般将原油中的硫分为活性硫和非活性硫。活性硫具有较高的腐蚀活性，能直接与金属反应，造成金属腐蚀，如元素硫、硫化氢、硫醇，其与铁的反应分别为：

$$S + Fe \longrightarrow FeS$$

$$H_2S + Fe \longrightarrow FeS + H_2$$

$$RCH_2CH_2SH + Fe \longrightarrow FeS + RCHCH_2 + H_2$$

非活性硫指那些通常不能与金属直接发生反应的硫化物，如硫醚、亚砜、噻吩等。研究结果表明，随着石油馏分沸点的提高，馏分油中硫醇硫和二硫化物的比例迅速下降，硫醚硫的比例先增后减，而噻吩类硫化物的比例则持续增加。此外，硫醇硫和硫化氢主要分布在沸点为50～250℃的馏分中，元素硫和二硫化物硫主要分布在100～250℃的馏分中，即原油中的活性硫主要分布在沸点小于250℃的轻质馏分中。硫醚类和噻吩类硫化物则主要分布在沸点高于200℃的馏分中，沸点越高，这类非活性硫的比例越高。活性硫是否对装置产生腐蚀与反应条件密切相关。温度越高，活性硫产生腐蚀反应的可能性越大，当温度低于200℃时，油中的活性硫通常只有一部分产生腐蚀。此外，同一种原油中各种活性硫的含量差别较大，中东原油中一般以硫醇和二硫化物为主，各种类型活性硫一般分布在50～350℃的轻馏分中，且在170℃左右含量最高。不同原油活性硫的含量差别较大，如伊朗轻质油、伊朗重质油、沙特轻质油、沙特中质油中活性硫的含量较高，而科威特、伊拉克原油中的含量较少。通过对原油中活性硫的分析，可以估计炼油装置不同部位的腐蚀速率，研究原料性质与装置腐蚀的关系，对评价装置安全运行周期具有一定的实际意义。

### 8.2.1 加热炉的腐蚀

（1）辐射炉管高温氧化腐蚀

在炉子火嘴燃烧过程中，氧气的供应量总是有些过剩，因此，烟气中总有一定量的剩余氧气存在。在高温条件下氧气与钢表面的铁发生化学反应生成四氧化三铁和三氧化二铁。这两种化合物组织致密、附着力强，阻碍了氧原子向钢中扩散，对钢起到保护作用。随着温度的升高，氧的扩散能力增强，四氧化三铁和三氧化二铁膜的阻隔能力相对下降，扩散到钢内的氧原子相对增多，这些氧原子与铁生成另一种形式的氧化物氧化亚铁。氧化亚铁结构疏松、附着力很弱，对氧原子几乎无阻隔作用，因而硫化亚铁层越来越厚，极易脱落，从而使四氧化三铁和三氧化二铁层也附着不牢，使钢暴露出新的表面，这样又开始新一轮的氧化反应。

（2）辐射室炉管弯头腐蚀减薄穿孔（典型的高温 $S-H_2S-RSH$ 腐蚀和局部冲蚀叠加腐蚀）

辐射室炉管弯头腐蚀减薄穿孔的原因之一是焦化原料减压渣油硫含量大幅度增高，高温 $S-H_2S-RSH$ 腐蚀加剧；原因之二是焦化处理量加大，介质线速度提高，减压渣油在分馏塔底部携带焦粉增多，由局部冲蚀特性可知，冲蚀速率随气流速度、固体颗粒携带量增大而增大，在弯头等部位流体受阻或方向改变的地方局部冲蚀加剧，并将金属表面硫化氢、硫醇和单质硫等和金属直接进行化学反应形成的FeS保护膜冲刷脱落，使金属界面不断更新，更加剧了迎介质面弯头部位的腐蚀速率。

（3）空气预热器高温烟气硫酸露点腐蚀

露点腐蚀的机理：含硫的瓦斯气和燃料油在燃烧过程中生成含有 $SO_2$ 和 $SO_3$ 的高温烟气，在加热炉的低温部位，$SO_2$ 和 $SO_3$ 与空气中水分共同在露点部位冷凝，产生硫酸露点腐蚀。硫酸首先与Fe反应生成 $FeSO_4$，$FeSO_4$ 在烟灰沉积物的催化作用下与烟气中的 $SO_2$ 和 $O_2$ 进一步反应生成 $Fe_2(SO_4)_3$，而 $Fe_2(SO_4)_3$ 对 $SO_2$ 向 $SO_3$ 的转化过程也有催化作用。当pH值低于3时，$Fe_2(SO_4)_3$本身也会对金属造成腐蚀，生成 $FeSO_4$。这样整个系统形成了 $FeSO_4 \longrightarrow Fe_2(SO_4)_3 \longrightarrow FeSO_4$ 的腐蚀循环体系。

(4) 注水炉管低温露点腐蚀

燃料中通常含有2% ~3%的硫及硫化物，燃烧中大部分形成二氧化硫。二氧化硫中约有1% ~5%在一定的条件下与氧形成三氧化硫。干式三氧化硫对设备几乎不发生作用，但当它与烟气中的水蒸气(5% ~18%)结合形成硫酸蒸气时，却大幅度提高了烟气的露点。这样当接触烟气的设备及管道表面温度低于露点时，易发生酸液的凝结并强烈地腐蚀金属。

(5) 对流炉管的高温硫腐蚀

高温硫腐蚀机理为化学腐蚀。针对焦化装置而言主要发生在分馏塔底循环线(350 ~380℃)、辐射进料段(350 ~380℃)、对流出口线(340℃)、大油气管线(400℃)、蜡油抽出线(350℃)等高温部位。由于焦化装置高温管线中介质的特点，使在这些管道中发生的硫腐蚀又有其特殊性。在高含硫原料中，硫化物的形态是多种多样的。主要包括以下几种：单质硫(S)、硫化氢($H_2S$)、硫醇(RSH)、硫化醚、噻吩等形式。其中，单质硫、硫化氢、硫醇能与钢材发生反应腐蚀钢材，称为活性硫。而硫醚、噻吩等本身不与钢材直接反应，只是在一定的高温条件下他们将分解出硫化氢，而硫化氢能与钢材发生反应。几种活性硫同钢材发生反应的条件也有所不同(针对碳钢而言)。

① 硫化氢同铁在240℃以上时，会发生明显的化学反应生成 FeS，在360 ~390℃之间达到最大。

② 在350 ~400℃的温度下，单质硫同铁很容易进行反应。同时，在此温度下，硫化氢会分解出活性单质硫，活性单质硫和铁的作用极其强烈。

③ 在200℃以上，尤其是在350 ~400℃复杂硫化物也分解出硫化氢，加强介质的硫化氢分解，使腐蚀加强。

$$Fe + H_2S \longrightarrow FeS + H_2 \text{(大于 200℃)}$$

$$H_2S \longrightarrow S + H_2 \text{(温度在 350 ~400℃之间)}$$

$$Fe + S \longrightarrow FeS$$

$$RCH_2CH_2SH + Fe \longrightarrow RCHCH_2 + FeS + H_2 \text{(大于 200℃)}$$

由于高温硫腐蚀生成的硫化膜(对碳钢为硫化铁)的 PBR(氧化物的离子体积同金属原子体积比)为2.6 ~2.7，这样就在 FeS 硫化膜内产生较大应力，在这种较大应力的作用下，硫化膜容易破裂，无法保持膜的致密性，也就无法隔断活性硫同金属基质的接触，这样腐蚀就会持续不断地进行。同时，当流体介质有固体颗粒存在时，固体颗粒在高速流动时对流化膜的磨损作用使硫化膜更容易破裂、脱落，这样渐渐加速了钢材的硫腐蚀。

(6) 加热炉保温衬里保温钉腐蚀脱落

其主要原因是高温硫腐蚀。因此，一方面要控制瓦斯气、油中的硫含量；一方面要从选材上考虑。

### 8.2.2 分馏塔的腐蚀

(1) 分馏塔的高温硫腐蚀

分馏塔高温硫腐蚀主要存在于分馏塔底部，以及连接上述设备的管线等高温重油部位。腐蚀形态为均匀腐蚀。

在分馏塔中高温硫腐蚀环境主要分 $S + H_2S + RSH$ 和 $H_2 + H_2S$ 两种。大约在260℃，石油中的有机硫化物开始分解，转化为硫化氢和元素硫，然后由它们与钢铁表面直接作用产生腐蚀。腐蚀属纯化学腐蚀，腐蚀按下面的方程式进行：

$$Fe + H_2S \longrightarrow FeS + H_2$$

$$Fe + S \longrightarrow FeS$$

在温度为350～400℃时，低级硫醇也能与铁直接反应造成腐蚀，反应式为：

$$RCH_2CH_2SH + Fe \longrightarrow RCHCH_2 + FeS + H_2$$

在高温条件下，活性硫与金属直接反应，其中以硫化氢的腐蚀性最强，表现为均匀腐蚀。

高温硫腐蚀的影响因素有活性硫、总硫和温度。当温度高于240℃时，随着温度升高，硫腐蚀逐渐加剧。在343～371℃时硫化物分解生成 $H_2S$ 最快；在350～400℃时，$H_2S$ 还能够分解生成S和 $H_2$，S的活性比 $H_2S$ 更强，所以腐蚀更加剧烈；到430℃时，腐蚀最为剧烈；480℃以上时由于硫化物分解接近完全，腐蚀速度开始下降。在高温硫的腐蚀过程中，还出现一种递减现象，腐蚀速度开始很大，一段时间后腐蚀速度会恒定下来。这是生成的FeS保护膜阻滞了腐蚀反应进行的缘故。当介质流速高的时候，保护膜容易脱落，腐蚀会继续进行。

（2）环烷酸腐蚀

随着原油勘探技术的不断发展，高酸值原油被不断地发现和开采。在炼制酸值较高的原油（大于0.5mgOH/g）时，炼油一次加工装置的高温重油管线、加热炉管、分馏塔集油箱及相应的换热器等部位，易发生主要由环烷酸引起的锐槽沟状腐蚀。

环烷酸是原油中有机酸的总称，是原油中主要的酸性氧化物，其化学性质与脂肪酸相似，具有普通有机酸的所有性质。环烷酸的分子结构通式如下：

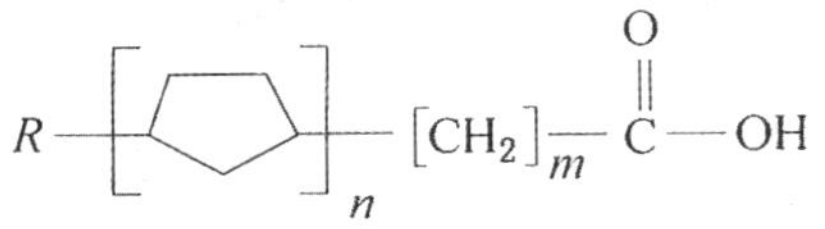

其中 $R$ 为较低碳原子数的烷基侧链，$n$ 为1～5，$m$ 通常大于1。

在蒸馏过程中，沸点不同的环烷酸在不同的馏分油中富积，形成具有腐蚀性的非水电解质，从而造成这些部位的腐蚀。环烷酸的腐蚀主要为化学腐蚀，反应方程式为：

$$Fe + 2RCOOH = Fe(RCOO)_2 + H_2$$

$$Fe + H_2S = FeS + H_2$$

$$FeS + 2RCOOH = Fe(RCOO)_2 + H_2S$$

由于腐蚀生成的环烷酸铁可以溶解在油中，金属表面相对光洁，因此，使腐蚀不断进行。而 $H_2S$ 的存在可以生成一层硫化亚铁保护膜，为金属提供一定的保护作用。这也是低硫高酸原油比高硫高酸原油更容易发生环烷酸腐蚀的原因。环烷酸腐蚀主要发生在炼油厂蒸馏装置的高温部位，如利用焦化装置直接加工高硫含酸原油，则焦化装置在高温重油管线、加热炉管、分馏塔及相应的换热器等部位，也极易发生环烷酸腐蚀。环烷酸的腐蚀形态与介质流速有关，在流速较低的部位腐蚀呈喷火口状的尖锐孔洞，在流速高的部位呈沿流向的沟槽状。

影响环烷酸高温腐蚀的主要因素有：

① 原油组成。原油组成对环烷酸腐蚀的影响主要体现在原油的酸值、原油含硫量、原油中的 $H_2S$ 和环烷酸种类上。

② 操作温度。环烷酸腐蚀的温度范围一般为220～400℃，在370℃时最大。超过400℃时，由于环烷酸的热分解导致腐蚀速度降低。

③ 流速和流动状态。介质流速和流动状态是影响环烷酸腐蚀的重要因素。流速增大时，环烷酸腐蚀速度也会线性增大。

④ 气液相状态。通常，在环烷酸气液相变化时，尤其是低于环烷酸沸点或冷凝温度时，腐蚀最强烈。

⑤ 压力。主要是通过影响环烷酸冷凝或汽化来间接影响腐蚀。

⑥ 设备材质。设备材质也是影响环烷酸腐蚀的一个主要因素。碳钢材质在高于230℃时会发生环烷酸腐蚀，而铬钼合金钢和奥氏体不锈钢抗高温环烷酸腐蚀效果很好。在设计抗环烷酸腐蚀和冲蚀的新型不锈钢时，Mo含量应保持在2%左右，现在装置普遍采用316L。

### 8.2.3 脱硫系统的腐蚀

脱硫系统低温硫腐蚀[$RNH_2$(乙醇胺)－$H_2S$－$CO_2$－$H_2O$型腐蚀]。这种腐蚀主要存在于脱硫系统的再生塔、富液管线、再生塔底重沸器等部位。腐蚀机理为在碱性条件下由胺及二氧化碳引起的腐蚀开裂和均匀减薄。在这种环境中硫化氢浓度高，同时由于溶液的pH值较大，形成的腐蚀产物为保护作用不大的多硫化铁膜。并且，由于二氧化碳的存在，在温度较高的部位(90℃以上)会按下列反应生成碳酸铁，碳酸铁又会同硫化氢生成硫化铁。

$$Fe + 2CO_2 + H_2O \longrightarrow Fe(HCO_3)_2 + H_2Fe(HCO_3)_2 \longrightarrow FeCO_3 + CO_2 + H_2O$$

$$FeCO_3 + H_2S \longrightarrow FeS + CO_2 + H_2O$$

另外，一个重要方面是在再生塔及高温胺液管线和重沸器中，由于胺、二氧化碳及设备、管线在成型加工、焊后残余应力的共同作用下，可引起焊缝和设备本体应力集中区域产生应力腐蚀开裂。

这种腐蚀形态主要存在于脱硫系统旧的管道、设备等部位。氢脆由氢本身引起钢材脆化现象。氢原子渗入钢材后，使钢材晶粒结合力下降，而造成钢材的延伸率和断面收缩率的下降或出现延迟破坏现象。若氢气由钢材中释放出去，钢材的机械性能仍可恢复。氢脆为暂时的，可通过钢材加热使氢脆消除。

### 8.2.4 焦炭塔的腐蚀

焦炭塔顶部腐蚀减薄。经长期观察，凡是顶部塔壁腐蚀较重的部位，其塔外壁均有焊接件，因塔壁外焊接件处保温效果不好，传热较快，达不到结焦温度，内壁无结焦层附着于塔壁，致使塔壁裸露而被腐蚀。塔的泡沫段内壁腐蚀较重是由于介质波动造成冲刷，使得塔壁上附着的焦层被冲刷掉，从而造成较重的腐蚀。而未被腐蚀部位都在塔内壁有一层厚薄不一的焦层保护着塔壁，隔开腐蚀介质使其免遭腐蚀。

### 8.2.5 磨损腐蚀

这种腐蚀形态主要存在于原料油管线、辐射泵出口管线、高压水管线等部位。

由于腐蚀性流体和金属表面间的相对运动而引起的金属加速破坏，称为磨损腐蚀。在高速流体的冲击作用下，金属表面的保护膜破损，破损处的金属腐蚀加剧。如果高流速和湍流状的流体还含有气泡或固体粒子，磨损腐蚀会更加严重。磨损腐蚀的形貌通常为带有方向性的沟槽、波纹、圆孔或山谷形。湍流腐蚀、空泡腐蚀都是磨损磨蚀的特殊形式。

### 8.2.6 腐蚀危害

腐蚀对于生产造成的危害有：

① 造成装置部分停工或降量生产，使生产周期缩短，企业经济效益降低；

② 造成爆炸着火和产品泄漏，导致人员伤亡和环境污染事故的发生；

③ 部分腐蚀产物进入产品，使产品带有杂质、异味或变色，造成产品质量不合格；

④ 腐蚀产物沉积在换热设备表面形成垢层，降低热效率，增加能源消耗；

⑤ 导致设备使用寿命降低，检维修费用和检修时间增加，增加装置的运行成本。

## 8.3 腐蚀防护措施

根据有关统计，中国化工业腐蚀损失约占总腐蚀损失的11%。1998年我国因腐蚀造成的损失已达到2800亿元，腐蚀严重的石油和化学工业的损失已达到300亿元左右，化工生产中因腐蚀造成的事故约占总事故的31%。“中国工业和自然环境腐蚀调查报告”指出，石油工业的间接腐蚀损失是直接腐蚀损失的3倍，而应用近代腐蚀科学知识和防腐蚀技术，腐蚀的经济损失可以降低25%～30%。因此，针对上述腐蚀现象，采取合适的防护措施就显得尤为重要。

### 8.3.1 高温氧化腐蚀防护措施

为防止高温氧化腐蚀，在工艺上应严格控制操作温度，防止超温；提高辐射炉管材质，材质由原来的1Cr5Mo提高为1Cr9Mo；定期对辐射炉管温度进行红外监测；在每次加热炉烧焦期间，要对炉管的鼓凸和管壁厚度进行一次检查，并及时维修和更换。

### 8.3.2 高温硫腐蚀防护措施

高温硫腐蚀防护措施有：

① 国内外主要从材质方面进行防腐。该部位的塔体一般采用复合板（碳钢+0Cr13等）或SUS321等不锈钢材质，塔内构件采用0Cr13、12AlMoV、碳钢渗铝等材质，管线一般使用1Cr5Mo材质。

② 由于高温硫腐蚀为均匀腐蚀，可以通过测厚等检测方法进行检测，建立长期的定期检测制度，有助于对腐蚀的监控。

③ 设计和施工过程中一定要把好关，Cr-Mo钢管道的主线管材和分支线、接管等材质以第一道法兰为界，必须使用同种钢材，从源头消除材料混用的隐患。

④ 使用高温缓蚀剂进行防腐。

⑤ 安装腐蚀挂片，对腐蚀情况进行监控。

### 8.3.3 高温烟气硫酸露点腐蚀防护措施

高温烟气硫酸露点腐蚀防护措施有：

① 适当提高排烟温度，使之高于烟气露点温度10～20℃。

② 耐硫酸露点腐蚀用ND钢。

③ 烧结合金涂层。

④ 降低燃料油（气）硫含量，加工高硫原油时少用自产燃料油。

⑤ 对空气预热器等设备采取表面防腐措施，防止露点腐蚀。

⑥ 研究应用降露点温度燃料添加剂，改变烟气组成，降低露点温度。

⑦ 加强对加热炉露点温度和燃烧状况的监测，改善燃烧状况，控制排烟温度高于露点温度。

### 8.3.4 脱硫系统 $RNH_2$（乙醇胺）$-CO_2-H_2S-H_2O$ 的腐蚀防护措施

脱硫系统 $RNH_2$（乙醇胺）$-CO_2-H_2S-H_2O$ 的腐蚀防护措施有：

① 注缓蚀剂。

② 提高设备用材等级，如渗铝管、双相不锈钢等。

③ 改进设备(管道)结构及施工工艺 。

④ 对胺液系统介质应经常分析其组成，不能仅仅进行排放置换，而应研究开发有效的净化措施，降低操作成本，减轻腐蚀。

⑤ 合理控制乙醇胺浓度。解吸压力升高会引起再生塔塔底温度上升，加重腐蚀，因此，解吸压力应控制在合理的范围内。操作温度要严格控制，为防止胺液降解，再生塔返塔温度严格控制在 123 ℃以下。

⑥ 脱硫系统设备管线在焊接完成后必须进行焊后消除应力热处理，对脱硫系统应力集中的部位应慎用高强度材料。

⑦ 定期分析胺液中铁离子的浓度，以判断腐蚀加重的程度。

⑧ 在再生塔顶的酸性气系统采用了较多的 321 类不锈钢材料，因为此部位的凝结水中含有较高浓度的 $Cl^-$，虽然凝结水的 pH 值较高( >9.0)，但也存在着应力腐蚀开裂的危险。同时，该部位在停工检修时容易生成连多硫酸应力腐蚀环境，因此，使用奥氏体不锈钢应特别谨慎。实践证明采用碳钢材料加注缓蚀剂可很好地抑制腐蚀发生，也可考虑在此部位使用碳钢衬塑材料。

**8.3.5 焦炭塔的防护措施**

各炼油企业焦炭塔存在的缺陷表现为：塔体局部变形、焊缝开裂及顶部腐蚀。防护措施主要为：

（1）防止裙座焊缝开裂措施

① 制造焦炭塔紧靠下部锥形封头的 4 段筒体所用的 20g 钢板，应按 GB 713—72《制造锅炉用碳素钢及普通低合金钢》的要求逐张检验性能；

② 减小塔体与裙座焊缝处的局部温度梯度，裙座与锥形底盖间应采用带空气囊的保温结构；

③ 塔体与裙座的连接宜采用搭接焊缝结构。这样，塔体与裙座壁间接触比较紧密，塔体的热流能较快地传递到裙座上去，以减小温度梯度；

④ 为了改善焊缝抗疲劳的性能，焦炭塔裙座焊缝高度应不小于裙座壁厚的 1.8 倍，且把焊缝表面磨光并圆滑过渡，不得留有棱角；

⑤ 在裙座的顶部开槽，槽沿圆周均布，对被开槽削弱的截面应进行稳定校核。在满足强度和稳定的条件下，应尽量减薄裙座的壁厚，以提高裙座顶部的挠性；

⑥ 为了便于使用期间和停工检修期间对塔体裙座焊缝、管嘴焊缝及塔顶平台支架加强板的焊缝进行检查，这些部位的保温结构，建议设计成便于拆卸的形式；

⑦ 应严格控制操作条件和遵守操作规程，尽量减小温度梯度和对塔的热冲击。也就是说，必须按规定的冷焦时间逐步降低塔壁温度，控制单位骤冷因数 $U_{QF}$在 0.5 ~0.8 之间；

⑧ 完善保温结构。

（2）防止塔体变形措施

① 采用与塔体分离的独立梯子平台结构，可避免或减缓塔体变形和塔顶部腐蚀；

② 在筒体上不开孔，且尽量减少与筒体相焊的连接件；

③ 因为塔体焊缝加强高度在焦炭塔操作条件下是引起应力集中产生疲劳裂纹的根源，同时也是筒体鼓凸变形的一个因素，为此规定筒体上所有对接焊缝的加强高度不得大于

1.5mm，焊缝内外侧全部磨平打光，其加强高度应为0；

④ 缝采用X形坡口以减少变形和应力；

⑤ 改进保温结构；

⑥ 提高焦炭塔筒体材质，例如：20g在400℃以上即可产生蠕变，450℃的蠕变极限为56MPa（此时相应的蠕变速率为$1\times10^{-5}$）。根据对焦炭塔塔体的受力分析可知，热应力和内压产生的应力叠加已超过56MPa，且在420℃以上持续20h以上，足以使材料发生蠕变。所以使用20g钢板易产生“糖葫芦”现象。而15CrMoR钢的475℃蠕变极限为100MPa（相应的蠕变速率为$1\times10^{-5}$），几乎是20g的2倍。这样，15CrMoR钢发生蠕变的可能性要小得多。

（3）防止焦炭塔顶部及其高温部位的腐蚀措施

① 焦炭塔由顶部到泡沫层以下200mm处采用0Cr13复合层。

② 根据对Fe－Cr合金的高温硫腐蚀研究表明：在Fe－Cr合金的表面生成的硫化物膜为三层结构：Fe－S、$FeCr_2S_4$、铁铬硫化物。由于基体中的高Cr的作用，生成尖晶石硫化物$FeCr_2S_4$，形成较致密的膜，可抑制腐蚀的继续进行。因此，在高温部位，尤其在高温含固体颗粒介质的部位采用1Cr5Mo和含铬13%以上的不锈钢。

③ 由于高温硫腐蚀为均匀腐蚀，可以通过测厚等检测方法进行检测。建立长期的定期检测制度有助于对腐蚀的监控，可以做到早发现、早处理，避免事故的发生。

④ 在高温部位管道材料混用是应当严格禁止的，尤其是在Cr－Mo钢管线上使用碳钢管件。因此，在设计和施工过程中一定要把好关，Cr－Mo钢管道的主线管材和分支线、接管等材质以第一道法兰为界，必须使用同种材料。

## 8.4 设备选材

延迟焦化装置主要设备及管道在防腐选材上应考虑的内容见表8－2、表8－3。

**表8－2 加工高硫原油延迟焦化装置主要设备的推荐用材（SH/T 3096—2001）**

| 类别 | 设备名称 | 设备部位 | | 选材 | 备注 |
|---|---|---|---|---|---|
| 塔及其他容器 | 焦炭塔 | 壳体 | 上部 | 15CrMoR+0Cr13Al(0Cr13) | 由顶部到泡沫层以下200mm处 |
| | | | | 碳钢+0Cr13Al(0Cr13) | |
| | | | 下部 | 15CrMoR | |
| | | | | 碳钢 | |
| | 分馏塔 | 壳体 | | 碳钢+0Cr13Al(0Cr13) | |
| | | 塔盘 | | 0Cr18Ni9 | 顶部5层塔盘 |
| | | | | 0Cr19Ni10 | |
| | | | | 0Cr13 | 其余塔盘 |
| | | | | 渗铝碳钢① | |
| | 吸收塔 | 壳体 | | 碳钢+0Cr13Al(0Cr13) | |
| | | 塔盘 | | 0Cr13 | |
| | | | | 渗铝碳钢① | |
| | 解吸塔 | 壳体 | | 碳钢+0Cr13Al(0Cr13) | |
| | | 塔盘 | | 0Cr13 | |
| | | | | 渗铝碳钢① | |
| | 再吸收塔 | 壳体 | | 碳钢 | |
| | | 塔盘 | | 碳钢 | |

续表

| 类别 | 设备名称 | 设备部位 | | 选材 | 备注 |
|---|---|---|---|---|---|
| 塔及其他容器 | 稳定塔 | 顶封头 | | 碳钢+0Cr13Al(0Cr13) | 含一段上部筒体 |
| | | 壳体 | | 碳钢 | |
| | | 塔盘 | | 0Cr13 | |
| | | | | 渗铝碳钢① | |
| | 粗柴油汽提塔 | 壳体 | | 碳钢 | |
| | | | | 碳钢+0Cr13Al(0Cr13) | |
| | | 塔盘 | | 0Cr13(1Cr13) | |
| | 分馏塔顶油气分离器 | 壳体 | | 抗氢致开裂碳钢② | |
| | | | | 碳钢 | |
| | 稳定塔顶回流罐 | 壳体 | | 抗氢致开裂碳钢② | |
| | | | | 碳钢 | |
| | 其他容器 | 壳体 | | 碳钢 | |
| 冷换设备 | 油-油换热器 | 介质温度<240℃ | 壳体 | 碳钢 | |
| | | | 管子 | 碳钢 | |
| | | 介质温度≥240℃ | 壳体 | 碳钢+0Cr13Al(0Cr13) | |
| | | | 管子 | 00Cr19Ni10 | |
| | | | | 1Cr5Mo或其他材料③ | |
| | | | | 渗铝碳钢① | |
| | 管壳式水冷却器 | 壳体 | | 碳钢 | |
| | | 管子 | | 碳钢 | 水侧可涂防腐涂料 |
| | 产品空冷器 | 管箱 | | 碳钢 | |
| | | 管子 | | 碳钢 | |
| | 分馏塔顶空冷器 | 管箱 | | 碳钢 | |
| | | | | 抗氢致开裂碳钢② | |
| | | 管子 | | 碳钢 | |
| | 排放空冷器 | 管箱 | | 碳钢 | |
| | | 管子 | | 碳钢 | |
| 加热炉 | 加热炉 | 炉管 | 对流段 | 1Cr5Mo | |
| | | | 辐射段 | 1Cr5Mo | |
| | | | | 渗铝1Cr5Mo① | |
| | | | | 1Cr9Mo | |

注：① 按相关产品标准选用，渗铝层必须致密、均匀，厚度达到加100μm以上。作为承压部件和换热管束时，应对其制造、焊接、检验进行严格控制，达到规定的力学性能要求；

② 详见4.0.5条；

③ 其他材料是指与并列材料的耐腐蚀性能相当，力学性能、制造加工性能以及产品质量有可靠保证的材料。国产材料诸如：0Cr2AlMo，若有可靠实验数据表明其抗高温硫腐蚀性能与1Cr5Mo相当或接近，则可以使用；

④ 设备选材栏中有多种材料时，可根据介质腐蚀性苛刻程度和经济性等因素综合分析后选用较合适的材料；

⑤ 渗铅钢管或带有涂层的换热管应在安装、检修时，采取必要的措施，以免钢表面的渗铅层或涂层遭到破坏；

⑥ 一般情况下设备壳体采用碳钢时，应选用压力容器用钢。

**表8-3 加工高硫原油延迟焦化装置主要管道推荐用材(SH/T 3129—2002)**

| 管道位置 | 管道名称 | 推荐用材 | 管道位置 | 管道名称 | 推荐用材 |
|---|---|---|---|---|---|
| 分馏塔 | 塔顶油气管道 | 碳钢 | 分馏塔顶油气分液罐 | 罐顶冷凝管道 | 碳钢 |
| 分馏塔底 | 重油至加热炉管道 | 1Cr5Mo/1Cr9Mo | | | |
| | 循环油管道 | 1Cr5Mo/1Cr9Mo | 吸收稳定各塔 | 塔顶冷凝管道 | 碳钢 |
| 焦炭塔 | 塔底高温进料管道 | 1Cr5Mo/1Cr9Mo | 其他 | $l<240$℃ 含硫油品、油气管道 | 碳钢 |
| | 塔顶高温油气管道 | 1Cr5Mo | | | |
| 加热炉 | 进口管道 | 碳钢/1Cr5Mo | | $\tau\geq240$℃ 含硫油品、油气管道 | 1Cr5Mo/1Cr9Mo |
| | 出口管道 | 1Cr5Mo/1Cr9Mo | | | |

## 8.5 防腐监测

虽然采取了合理的防腐措施，但是对腐蚀的监测仍是一个重要环节。通过腐蚀监测可以确定材料在工艺介质环境中的腐蚀速度，及时为工程技术人员反馈设备腐蚀信息，从而采取有效措施减缓腐蚀，避免腐蚀事故的发生。

通常，腐蚀监测主要有以下几个目的：

① 判断腐蚀发生的程度和腐蚀形态。

② 监测腐蚀控制方法的使用效果(如选材、工艺防腐)。

③ 对腐蚀产生的系统隐患进行预警。

④ 判断是否需要采取工艺措施进行防腐。

⑤ 评价设备管道使用状态，预测设备管道的使用寿命。

⑥ 帮助制定设备管道检维修计划。

### 8.5.1 常用腐蚀监测技术

腐蚀监测技术种类繁多，按腐蚀结果是否直接获得可以分为直接监测和间接监测两种。可直接得到一个腐蚀结果(如腐蚀失重、腐蚀电流等)的腐蚀监测称为直接监测，否则为间接监测。直接腐蚀监测技术包括腐蚀挂片、电阻探针、线性极化电阻探针、交流阻抗探针、电化学噪声探针等，间接腐蚀监测技术包括超声波检测(测厚)、射线照片、红外线温度分布图等。炼油厂常采用的腐蚀监测技术有腐蚀挂片监测、冷凝水分析检测技术、电阻探针监测、pH在线监测技术、线性极化腐蚀监测、腐蚀产物分析技术、氢探针、露点腐蚀监测、红外成像监测技术、装置停工腐蚀检查、现场腐蚀试验装置、其他新型腐蚀监测技术、管道定点测厚及设备及腐蚀管理软件。下面介绍几种焦化常见的腐蚀监测技术。

(1) 腐蚀挂片监测

目前采用的腐蚀挂片技术主要有现场腐蚀挂片监测和挂片探针监测，如焦化装置的分馏塔塔顶、进料、塔底等部位都采用这种方法。

(2) 红外成像监测技术

我国从20世纪80年代开始在石化系统采用红外成像监测技术，主要用于监测诊断加热炉、蒸汽管线以及烟气管道等设备故障，评价衬里损伤和保温效果。目前该技术正普遍应用于评估加热炉热效率。

(3) 现场腐蚀试验装置(腐蚀监测旁路)

现场腐蚀试验装置主要安装在高温设备管道腐蚀严重的部位，在装置正常开工过程中可以自由切换，进行现场腐蚀监测、腐蚀试验等，避免高温高压设备管道腐蚀监测所带来的危险。

(4) 管道定点测厚

定点测厚监测主要用于监测管道腐蚀速度，通常采用超声波测厚的方法。这种方法是利用压电换能器产生的高频声波穿过材料，测量回声返回探头的时间或记录产生共鸣时声波的振幅为信号，检测壁厚。管道测厚包括普查测厚和定点测厚。定点测厚分为在线定点、定期测厚和检修期间定点测厚。管道的普查测厚应结合压力容器和工业管道的检验工作进行。普查测厚点应包括全部定点测厚点。

① 一般原则。测厚监测主要针对设备、管道的均匀腐蚀和冲刷腐蚀，对于氢腐蚀、应

力腐蚀等应通过其他检测手段进行监测。在高温硫腐蚀环境下，应重点对碳钢、铬钼合金钢制设备、管道进行测厚监测。新建装置或新投用的设备及管道，在投用前就应确定定点测厚的位置，并取得原始壁厚数据。

② 定点测厚布点原则。

a. 易腐蚀和冲刷部位应优先考虑布点。

b. 输送腐蚀性较强介质的管道，直管段长度大于 20m 时，一般纵向安排 3 个测厚点，长度为 10 ~ 20m 时，一般安排 2 个，小于 10m 时可安排 1 个。

c. 介质腐蚀性较轻的管道一般在直管段(两个弯头间的连接管)安排 1 个测厚点，在弯头处安排 1 个测厚点。

d. 管线上的弯头、大小头及三通等易腐蚀、冲蚀部位应尽可能布置测厚点。

e. 考虑现场实际，一般不要将在线测厚点选在测厚人员不易操作的位置(腐蚀特别严重，需特别重视的部位除外)。

f. 对大小头、弯头、三通管、调节阀或节流阀后、集合管等有关管道常见结构的布点位置，可参考集团公司定点测厚布点图。

g. 管道上同一截面处原则上应安排 4 个测厚点，一般布置在冲刷腐蚀可能严重的部位和焊缝的附近(主要在介质流向的下游侧)。

③ 测厚频率的确定。

a. 当腐蚀速率在 0.3 ~ 0.5mm/a 或剩余寿命在 1 ~ 1.5 年之间时，应每 3 个月测定 1 次。

b. 当腐蚀速率在 0.1 ~ 0.3mm/a 或剩余寿命在 1.5 ~ 2 年之间时，应每 6 个月测定 1 次。

c. 当腐蚀速率小于 0.1mm/a 时，可在每次停工检修时测定 1 次。

d. 对腐蚀极为严重(腐蚀速率大于 0.5mm/a)或剩余寿命小于 1 年的部位应进行监控，对监控部位应增加测厚频率。

e. 停用设备及管道重新启用前应增加一次测厚。

f. 当原料中硫含量发生明显变化时，应适时调整测厚频率。

④ 测厚方法及数据处理。

a. 测厚仪器采用超声波测厚仪，精度不低于 0.1mm，测量误差应在 $\pm(H\% + 0.1)$ mm 范围内($H$ 为壁厚，mm)。

b. 应根据被测设备及管道的温度选择适当的探头和耦合剂。

c. 每次测厚前，应对测厚仪器进行常温标定，同时对被测对象进行表面处理，保证被测对象的材质和表面状况与标定试块基本一致。

d. 推荐采用二次测厚法，即在探头分隔面相互垂直的两个方向上(对管道测厚，探头分隔面应与轴线垂直或平行)测定两次，以最小值为准。如果两次测厚值的偏差大于 0.2mm，应重新测定。

e. 对中高温条件下(100 ~ 500℃)的测厚，所测数据比实际值偏大，应注意进行修正。

f. 测厚腐蚀速率(mm/a) = 某两次所测得的常温厚度差(mm)/对应两次测厚间隔时间(a)。

g. 剩余寿命估算：用所测得的剩余壁厚常温值减去按照 GB 150—1998 和 SH 3059—1994 所确定的最小壁厚，所得差值除以平均腐蚀速率即为钢制炼油设备及管道的剩余寿命。该剩余寿命的可靠程度取决于测厚数据的可靠程度，且只能用于均匀腐蚀，可指导确定检测频率，不宜做判废依据。

h. 定点测厚的有关数据资料，如测厚数据、管道测厚图、管道基本参数等最好用计算机软件进行管理，使数据处理规范化、科学化。

(5) 腐蚀产物分析技术

在装置运行或检修期间，对腐蚀设备进行腐蚀产物取样分析，通过定性和定量分析，结合设备实际工艺操作条件(温度、压力、介质等)，判断腐蚀产物组成，可以为确定腐蚀机理提供依据。

(6) 露点腐蚀监测

随着节能工作的不断发展，要求管式炉的排烟温度越来越低。但是，往往在空气预热器、余热锅炉等余热回收设备的换热面上产生强烈的低温露点腐蚀，甚至在不到一年的运转时间内，换热面就严重腐蚀穿孔，使管式炉不能正常运行。可以说，低温露点腐蚀已成为降低管式炉排烟温度、提高热效率的主要障碍。

由于影响烟气露点温度的因素很多，而各因素又都与实际操作条件有关，所以用理论方法进行准确计算是很困难的，一般利用经验方法确定。可以根据烟气组分求露点温度，也可以根据燃料油含硫量直接从有关曲线中查得露点温度，还可以用露点仪进行实际检测。由于影响烟气露点温度的因素很复杂，所以对于运转中的加热炉，一般都使用露点仪进行测定。

(7) 装置停工腐蚀检查

在装置停工检修期间，应对所有停工装置进行腐蚀检查，对腐蚀严重的部位进行照相，并采集腐蚀产物进行分析。对于检修中发现的腐蚀问题，有关部门要及时采取防护措施。检修结束后，要及时提交各装置的腐蚀调查报告。炼油厂存在的腐蚀形态大致可以分为全面腐蚀、局部腐蚀、应力腐蚀开裂等三种。一般讲纯化学腐蚀往往是均匀的介质腐蚀，电化学腐蚀则多呈局部腐蚀，在特定的腐蚀环境和拉应力作用下，则容易发生应力腐蚀开裂。介质(液体、气液混合物、气体、固体)流速大，则易发生冲蚀、磨蚀。

① 全面腐蚀及鉴别。多发生在温度 >240℃、含硫 >0.5%、酸值 <0.5mgKOH/g 原油或原料油环境中，活性硫化物对金属腐蚀多为全面腐蚀。如焦化分馏塔塔底等均出现过均匀减薄。鉴别方法多为肉眼检查和超声波测厚。

② 局部腐蚀及鉴别。当原油或原料油温度在 270℃ 以上，含硫 <0.5%，酸值 >0.5mgKOH/g，流速高部位易出现带有锐角边的蚀坑和蚀槽的环烷酸腐蚀。在 $H_2S-HCl-H_2O$ 腐蚀环境中，一般呈现点腐蚀，如稳定塔塔顶及塔盘等，点蚀连成片即成为坑蚀。除上述之外还有缝隙腐蚀、垢下腐蚀亦属局部腐蚀的范畴。鉴别方法:肉眼检查和腐蚀深度的测量。

③ 应力腐蚀破裂及鉴别。在 $H_2S-HCN-H_2O$、$H_2S-HCl-H_2O$、$H_2S-CO_2-HCN-H_2O$ 腐蚀环境中，碳钢呈均匀减薄、氢鼓泡、鼓泡开裂和焊缝应力腐蚀开裂。奥氏体不锈钢焊缝呈应力腐蚀开裂。如解吸塔顶塔壁、降液板、气体脱硫酸性气冷却器壳体均出现过上述腐蚀。鉴别方法：肉眼检查、放大镜检查、金相显微镜检验、着色探伤、超声波测厚等。

### 8.5.2 其他新型腐蚀监测技术

近年来，国外开发了 MICROCOR 腐蚀监测系统，它具有响应时间短(几分钟)、适用范围广(几乎可用于所有具有腐蚀的介质)等特点，兼具了 ER(电阻探针)和 LPR(线性极化探针)的优点。

采用腐蚀监测技术对装置设备管道的腐蚀控制工作起到了重要的指导作用。加大腐蚀监测技术的开发应用工作，提高腐蚀监测精确度，降低腐蚀监测成本，能够为企业创造更大的效益。随着自动化控制技术的发展和腐蚀监测仪器的不断更新，炼油厂未来的腐蚀监测会朝着实时、在线、连续、数据远程网络化管理的方向不断发展。

# 第九章 化工原材料

随着焦化原料的劣质化和高硫渣油加工量的不断增加，实现提高延迟焦化装置处理能力、延长装置的运行周期、提高焦炭塔等设备的利用率、提高目的产品收率以及减少操作费用等目的，以适应装置加工高硫高残炭渣油原料，化工原材料在延迟焦化装置中的应用显得日益重要。目前在各延迟焦化装置使用的化工原材料主要有：消泡剂、脱硫剂、缓蚀剂等。

## 9.1 消 泡 剂

延迟焦化生产过程中，原料重质油在焦炭塔转化时会产生大量泡沫，形成泡沫层。在生焦后期，随着焦床的升高，在较高的气速下泡沫层极易携带大量的焦粉随油气经大油气线进入分馏塔底，在高温条件下造成大油气线、分馏塔底和加热炉炉管结焦，严重影响装置的长周期运行和装置的安全生产。

泡沫层过高将影响焦炭塔有效容积的利用，国内外普遍采用在焦炭塔使用消泡剂的技术。早期使用的消泡剂主要成分是黏度为60000mm$^2$/s、相对分子质量95000左右的硅油，但使用这种高硅消泡剂，会使焦化汽油、柴油产生硅污染，引起下游加氢装置催化剂中毒。因此，现在消泡剂一直朝着低硅或无硅的方向发展，常用的低硅消泡剂主要组分为二甲基硅氧烷聚合物。

### 9.1.1 消泡剂的作用

消泡剂的主要作用归纳起来有以下几点：

① 抑制生产中焦炭塔内泡沫，使焦炭塔有效容积变大，提高装置加工量。

② 延长装置的运行周期，提高焦炭塔利用率。

③ 减少油气中的焦粉携带量，提高焦化轻质油的质量。

④ 减少装置内出口部位管线及设备结焦，延长焦化装置生产周期，降低能耗。

### 9.1.2 消泡剂的性质及组成

消泡剂是一些表面张力和溶解度很低的物质，当消泡剂微粒接触汽泡表面时，会降低接触点上液膜的表面张力，致使液膜变薄，同时使汽泡之间合并，最终导致汽泡破裂。由于消泡剂的疏液性不会形成泡沫稳定的定向排列，消泡剂不均匀地吸附在液膜上或顶替汽、液界面上的发泡基因，使汽、液表面张力局部下降，最终达到消泡的目的。因此，在焦炭塔中注入消泡剂，可以降低焦炭塔内的泡沫高度。

低硅消泡剂主要理化性质(以CDF－10A为例)如表9－1所示。

**表9－1 低硅消泡剂理化性质**

| 项　目 | 规格指标 | 测试方法 |
| --- | --- | --- |
| 运动黏度(40℃)/(mm$^2$/s) | 3800～4200 | GB/T 265 |
| 开口闪点/℃(不低于) | >60 | GB/T 267 |
| 密度(20℃)/(g/cm$^3$) | 0.92～0.98 | GB/T 1884 |
| 凝点/℃(不高于) | －50 | GB/T 510 |
| 储存温度/℃ | －20～40 | |

## 9.2 脱 硫 剂

随着环保法规力度的加强和新排放规定的实施，促使人们一方面改进装置，提高操作技能，另一方面选择良好的处理酸性气的脱硫剂，以满足日益激烈的竞争需要。醇胺类溶液一直是近年来工业界广泛使用的脱硫剂，工业中大量使用的醇胺类化合物有单乙醇胺（MEA）、二乙醇胺（DEA）、二异丙醇胺（DIPA）、三乙醇胺（TEA）、甲基二乙醇胺（MDEA）等。

### 9.2.1 脱硫剂的作用

脱硫剂的主要作用是脱除油品和干气中的硫化氢等含硫物。焦化干气和液态烃脱硫绝大多数采用醇胺法脱硫。

醇胺法脱硫是一种典型的吸收－再生反应过程。它以弱碱性水溶液（醇胺类）为吸收剂，在脱硫塔内吸收原料气中的 $H_2S$（同时吸收 $CO_2$ 和其他含硫杂质）。吸收了 $H_2S$ 的胺液（富液）经换热升温后，在再生塔内借助塔底的重沸器加热解吸溶解中吸收的 $H_2S$、$CO_2$，使溶液再生。再生后的胺液（贫液）经冷却后送脱硫塔循环使用，从再生塔顶出来的酸性气经冷凝分液后送硫磺回收装置以生产硫磺，其典型反应过程如下：

对硫化氢：

$$2RNH_2 + H_2S \rightleftharpoons (RNH_3)_2S$$

$$(RNH_3)_2S + H_2S \rightleftharpoons 2RNH_3HS$$

对二氧化碳：

$$2RNH_2 + H_2O + CO_2 \rightleftharpoons (RNH_3)_2CO_3$$

$$(RNH_3)_2CO_3 + H_2O + CO_2 \rightleftharpoons 2RNH_3HCO_3$$

式中 R 为醇基。上述反应均为可逆反应，在较低温度（20～40℃）、较高压力（0.6～1.2MPa）下，反应向右进行（吸收），在较高温度（>105℃）、较低压力（0.04～0.1MPa）下，反应向左进行（解吸）。

我国炼油厂干气脱硫常用的溶剂有：单乙醇胺、二乙醇胺、二异丙醇胺和甲基二乙醇胺等。早期各炼油厂脱硫常用单乙醇胺，但由于甲基二乙醇胺的诸多优点，目前许多炼油厂都纷纷改用甲基二乙醇胺代替其他溶剂。其中单乙醇胺与二乙醇胺的优缺点具体如下。

单乙醇胺的主要优点：

① 活性高、吸收能力强。单乙醇胺是醇胺类中最强的碱，它与酸性气体的反应最为迅速，气体的净化度高。

② 由于其相对分子质量在醇胺类中最小，它的单位质量或单位容积的酸气负荷交大，亦即在脱除一定量的酸性气体时，溶剂循环量较小。

③ 使用范围广，不论装置操作压力的高低、原料气中酸性气含量的多少，也不管原料气中 $H_2S$ 与 $CO_2$ 比值的大小，该溶剂均能有效使用，特别适用于 $H_2S$ 和 $CO_2$ 都需除去的场合。

④ 化学稳定性好，不易降解变质。

⑤ 价廉、易得。

单乙醇胺的缺点：

① 易与 COS、$CS_2$ 等反应生成不能在再生过程中分解的固体产物，因此，不宜用于含有上述物质较多的炼油厂气。

② 有酸性气体存在时溶剂有腐蚀性，特别是在温度和酸性气体浓度较高的场合，如换

热器、再生塔底重沸器管线等。

③ 溶剂的蒸汽压较大，因此，随净化气带走的溶剂较多，蒸发损失较大。

④ 溶液易于"发泡"，造成操作困难，使装置的处理能力下降，胺耗增大。

⑤ 对酸性气的吸收无选择性。单乙醇胺对 $CO_2$ 的吸收速度虽低于对 $H_2S$ 的吸收速度，但吸收是非选择性的。在吸收塔中 $CO_2$ 也易于被吸收，并在再生塔中与 $H_2S$ 一起解吸出来，从而影响去硫回收装置的 $H_2S$ 气体的浓度，因此，不宜用于含 $CO_2$ 多的炼油厂气。

二乙醇胺(DEA)作为脱硫溶剂，与单乙醇胺相比，其主要区别为：

① 与 COS 和 $CS_2$ 的反应很慢，比较适用于含 COS、$CS_2$ 多的炼油厂气。

② 由于溶剂的反应活性略弱，因此，气体净化度相对较差。

③ 溶剂的蒸气压低，蒸发损失小。

④ 由于二乙醇胺的相对分子质量较大，因此，单位质量的酸气负荷较低。为提高溶液的酸气负荷，一般采用较高的浓度(20% ~35%)。

近年来我国很多炼油厂选择甲基二乙醇胺(MDEA)作为脱硫溶剂。不但在新建脱硫装置中应用，而且原来使用单乙醇胺、二乙醇胺或二异丙醇胺作脱硫溶剂的也逐渐被甲基二乙醇胺代替。

甲基二乙醇胺并不具有一个理想溶剂的所有优点，但其综合性能比较优越，它的具体优点如下：

① 甲基二乙醇胺是一种叔胺，它与硫化氢的反应速度远大于二氧化碳。这种反应速率上的差异构成了甲基二乙醇胺作为选择吸收硫化氢溶剂的基础。由于选择性的提高，使再生后酸性气中硫化氢的浓度提高，有利于下游硫磺回收装置的操作。

② 甲基二乙醇胺与硫化氢、二氧化碳的反应热分别为 1.050MJ/kg 和 1.420MJ/kg。在几种醇胺脱硫溶剂中是最低的，因而在再生时酸性气容易解吸，溶剂的再生热耗低。

③ 可采用较高的溶剂浓度(常用 20% ~35%)，因此，溶剂循环量小，能耗低。

④ 甲基二乙醇胺的蒸气压低(20℃时小于 1.38Pa)，且与 $CO_2$、$CS_2$、COS 等不易发生反应，溶剂损耗小。

⑤ 甲基二乙醇胺的腐蚀性小。

甲基二乙醇胺的缺点是价格较其他醇胺类溶剂高。但由于其选择性高，能耗低，损耗小，在经济上仍然有利。原来用单乙醇胺、二乙醇胺、二异丙醇胺作溶剂的脱硫装置，不需作较大的改动，即可改用甲基二乙醇胺，而且还能适当提高处理能力。

### 9.2.2 脱硫剂的性质及组成

脱硫剂在脱硫生产中，应具有较好的选择性、硫容性、稳定性、抑泡性、再生性等多方面的特性。

一般的甲基二乙醇胺脱硫溶剂，大多为复配型溶剂，组分中除甲基二乙醇胺外，还配有一定比例的活化剂、消泡剂、稳定剂、缓蚀剂、抗氧剂等。表 9-2 是某高效脱硫剂的质量指标。

**表 9-2 高效活性脱硫剂产品质量指标**

| 名　称 | 指　标 | 检测方法 |
|---|---|---|
| 外　观 | 淡黄色黏性 | 目测 |
| 密度(20℃)/($g/cm^3$) | 1.06 ±0.01 | 按 GB 611 规定进行 |
| 黏度(20℃)/(mPa·s) | 70 ±10 | 按 GB/T 12008.8 规定进行 |

续表

| 名　　称 | 指　　标 | 检 测 方 法 |
| --- | --- | --- |
| 起沸点/℃ | 180 ±5 | 按 GB 616 规定进行 |
| 凝点/℃ | ≤ -20 | 按国际标准 ISO 1392 规定进行 |
| pH 值 | 9 ±1 | 按 GB 9724 规定进行 |

## 9.3　焦化液态烃精脱硫剂

焦化液态烃经乙醇胺脱硫处理后，仍含有微量的硫化物，使得焦化液态烃铜片腐蚀不合格，无法达到产品出厂标准，所以，有的液态烃流程在液态烃乙醇胺脱硫后加装一个精脱硫罐，内装固体精脱硫剂，以脱除焦化液态烃中的微量硫化物，从而达到产品合格出厂的条件。

### 9.3.1　焦化液态烃精脱硫剂的组成及作用

目前焦化装置使用的精脱硫剂大都是以含铁复合金属化合物为主要活性组分的一种新型高效脱硫剂。在脱除硫化氢的同时可高精度地脱除氯化氢、硫氢碳、二氧化碳等物质。

### 9.3.2　焦化液态烃精脱硫剂的性能及使用条件

① 规格性能见表 9－3。

② 使用条件见表 9－4。

表 9－3　精脱硫剂规格性能

| 外　　观 | 黄褐色条状 |
| --- | --- |
| 规格/mm | $\phi4 \sim \phi10$ |
| 堆积密度/(g/mL) | 1.0 ~ 1.1 |
| 侧压强度/(N/cm) | ≥110 |
| 穿透硫容/% | ≥30 |
| pH 值 | >12 |

表 9－4　精脱硫剂使用条件

| 温度/℃ | -10 ~ 50 |
| --- | --- |
| 压力/MPa | >0.1 |
| 气态体积空速/$h^{-1}$ | 100 ~ 5000 |
| 液态体积空速/$h^{-1}$ | 0.5 ~ 5 |
| 入口浓度/(μL/L)($H_2S$) | ≤30000 |
| 高径比 | 2 ~ 5 |

## 9.4　缓　蚀　剂

正常生产中，焦化脱硫系统工艺管线及设备的腐蚀泄漏问题较多，这对装置的安全生产及设备的运行管理带来了很大影响。现在很多工艺生产过程，采取在脱硫剂中添加缓蚀剂的方法以缓解含硫介质对设备、工艺管线的腐蚀，满足安全生产的需要。

### 9.4.1　缓蚀剂的作用

缓蚀剂的主要作用是保护金属表面不被腐蚀。其主要原理为：缓蚀剂吸附在金属表面，形成单分子的抗水保护层，使腐蚀介质不能与金属表面接触，从而起到防腐作用。但是，缓蚀剂也不能过多注入，并且缓蚀剂本身也是一种表面活性剂，注入过多，会导致油品乳化。另外，在使用缓蚀剂时，要控制好 pH 值，如果 pH 值太低，即使注入了缓蚀剂，腐蚀依然会严重，所以，缓蚀剂应当与中和剂同时注入装置。近年来，双功能的新型中和缓蚀剂已陆续投入使用，该剂是一种低碱值有机胺类复合物，与水混溶，它在金属表面形成保护膜并吸收 $H^+$ 以达到缓蚀中和的效果。

### 9.4.2 腐蚀机理

焦化脱硫系统主要属胺 - $H_2S$ - $CO_2$ - $H_2O$ 型腐蚀，主要存在于脱硫系统的再生塔、富液管线、再生塔底重沸器等部位。其腐蚀类型主要为：在碱性环境下由胺及 $CO_2$ 引起的应力腐蚀开裂和均匀减薄。

由于胺液中的 pH 值较大，硫化氢浓度高，设备和工艺管线金属表面形成的腐蚀产物为多硫化铁膜。同时由于 $CO_2$ 的存在，在温度较高部位，如富液线：塔底重沸器，铁又会与 $CO_2$ 反应，生成碳酸铁后又继续与硫化氢反应生成硫化亚铁。反应式如下：

$$Fe + 2CO_2 + H_2O \longrightarrow Fe(HCO_3)_2 + H_2$$

$$Fe(HCO_3)_2 \longrightarrow FeCO_3 + CO_2 + H_2O$$

$$FeCO_3 + H_2S \longrightarrow FeS + CO_2 + H_2O$$

除了以上这些化学助剂外，有些焦化装置还使用破乳剂等化工原材料，用于含硫污水中的油水分离，防止含硫污水带油冲击酸性水汽提装置。

# 第十章 生产技术管理

延迟焦化装置的生产技术管理内容概括起来有：工艺管理、设备管理、操作管理、质量管理、能耗物耗管理等。这些技术管理工作始终以保持装置的安全生产为中心，以提高装置产品质量、降低装置能耗、物耗为重点展开工作。作为操作人员，应该学会常用的工艺计算方法、能量平衡及能耗物耗的统计方法、班组经济核算方法、装置标定方法等以及焦化模型的建模原理，并以此为手段来指导实际操作，搞好班组的管理。

## 10.1 生产运行分析常用工艺计算

在延迟焦化装置的生产管理中，最主要的几个方面是：加工负荷，焦炭塔生焦高度的控制，产品结构及产品收率的优化，装置能耗及物耗，加热炉、富气压缩机等关键设备的安稳长运行等。与之相对应的分析方法有：加工负荷计算，焦高的计算，馏出口合格率统计，物料平衡计算及能耗统计，加热炉、富气压缩机的相关计算等。下面针对以上内容介绍几种工艺计算、分析方法。

### 10.1.1 加工能力、加工负荷和加工损失的分析

（1）加工能力

加工能力通常是指装置的设计处理能力，是指使用设计原料，依据设计的工艺及指标计算生产所能够达到的最大处理量。装置的设计加工能力按一年运行8000h来计算，近年来随着装置长周期运行，装置设计运行时间逐步向按年运行8400h设计转变。

（2）加工负荷

加工负荷是指装置实际生产的处理量与设计处理能力的比值。由于受原料和生产方案变化的影响，装置的加工负荷有时达不到100%。在分析装置加工负荷时要注意找出装置生产中的瓶颈点，因为装置的设计处理量说明了装置的生产能力，但并不能完全反映装置各个部分的实际处理能力。因此，要从加热炉、焦炭塔、分馏塔、压缩机以及稳定脱硫各部分来综合分析，才能真实全面地反映装置的生产能力。

（3）加工损失

加工损失是生产技术管理中的一项重要指标，与装置的经济效益有密切的联系，加工损失 =1 -（产品质量/原料质量）。延迟焦化装置的加工损失大多在0.3% ~1.0%之间，它与各装置的具体流程设置、产品走向及装置管理水平有关。造成加工损失的主要原因：装置冷焦时放低压瓦斯系统的不凝气、随冷焦水带出的焦粉和污油等。另外，由于原料密度和产品密度变化，特别是气体产品和焦炭密度变化造成的计量误差，有时也会反映到装置的加工损失中，因此，在分析时要特别注意这几方面因素。

### 10.1.2 焦高计算

焦高是指焦炭塔经过一个周期的生产，在除焦前塔内生成焦炭的高度，这是焦化装置日常生产中需要严格控制的一项指标。焦高测量主要通过实际测量空高得到，由焦炭塔口至底盖的总高度减去实际测到的焦层至塔口的距离即得到实际焦高，塔口至底盖的设备高度是固

定的。空高测量是通过人工测量得出的，岗位人员用带重锤的卷尺从焦炭塔塔口垂下卷尺至焦层，测量时，岗位人员应从塔口不同的位置测量三组取其平均值。为保证装置安全生产，根据设备及生产情况要严格控制焦炭塔的生焦高度，生焦高度的具体要求与各装置的设计及原料性质、处理量、循环比等有关。

焦高只能在一个生焦周期结束后才能取得，对操作调整的指导意义不大，因此，需要在生焦过程中对焦高进行预测。焦高预测可以通过焦高与原料残炭的对应关系进行关联计算得到，也可以简单地选取前一生焦周期的焦高或是原料性质相近时的焦高作为基准，然后通过残炭、处理量等数据进行校正得到，有时也可以选用一些在线数据进行关联。

例如：某焦炭塔前一生焦周期时辐射量平均为80t/h，原料残炭为21%，测量得焦高为21m。而本次生焦周期的平均辐射量仍为80t/h，但原料残炭已降至20%，那么预测其生焦高度应为：$21\times(20\%/21\%)=20\text{m}$。

事实上生产中原料的残炭及密度变化都比较频繁，处理量也在不断地调整，再加上消泡剂注入量、注入时间的变化，利用上述方法预测的焦高往往与实际焦高存在较大的差距，因此，有的装置发展了以焦炭塔料位数据为基准进行预测的方法。这种方法实际是以生焦速度作为比较基准的。

例如：某焦炭塔前一生焦周期生焦高度为21m，从切换四通阀开始生焦到焦层料位显示至18m的时间为$t_1$。而本次生焦周期从切换四通阀到焦层料位显示至18m的时间为$t_2$，那么，可以预测其焦高应为：$21\times(t_1/t_2)$。

### 10.1.3 循环比的计算

在生产中通常根据原料性质和生产目的来决定循环比的大小，一般装置循环比控制在0.1~0.5。如果处理的原料较重且易结焦或装置需要增加轻油收率，就需要采用较大的循环比，有的装置循环比大于1.0。对于原料残炭较低或装置需要增加处理量、降低焦炭收率时，宜采用较低的循环比。国外大多采用低循环比操作，有的循环比小于0.05。

$$循环比=循环油量/处理量$$

在分馏塔底液面保持一定的前提下，可将上式简化为：循环比=(辐射量-对流量)/对流量

### 10.1.4 产品收率及质量预测

产品收率分析可以从加热炉辐射出口温度、焦炭塔压力，循环比以及原料性质等几方面来考虑。通常的预测方法有Gary法和Baid法。

#### 10.1.4.1 Gary法

Gary法是以进料的康氏残炭值($CCR_f$)为计算基准，适用于原料密度(20℃)不超过$0.9465\text{kg/m}^3$的直馏减压渣油。计算公式如下：

焦炭收率/%：$COKE=1.6(CCR_f)$

气体($<C_4$)收率/%：$Gas=7.8+0.144(CCR_f)$

焦化石脑油收率/%：$NaO=11.29+0.343(CCR_f)$

焦化瓦斯油收率/%：$TGO=100-(COKE+Gas+NaO)$

焦化柴油收率/%：$CDGO=0.648(TGO)$

焦化蜡油收率/%：$CGO=0.352(TGO)$

#### 10.1.4.2 Baid法

Baid法适用于直馏减压渣油焦化过程的产率关联。

① 适用范围：

焦炭塔操作压力：0.24～0.31MPa；

焦化反应温度：430～440℃；

循环比：0.1。

② 固定数据：

产品的切割：石脑油 $C_5$～204℃馏分，焦化柴油204～343℃馏分，焦化蜡油343～510℃馏分；

焦化干气组成：氢气1.6%，$CH_4$54.2%，$C_2H_4$6.1%，$C_2H_6$38.1%；

*LPG* 组成：$C_3H_6$16.8%，$C_3H_8$36.1%，$C_4H_8$20.3%，$iC_4H_{10}$7.7%，$nC_4H_{10}$19.1%；

③ 需用的焦化原料油数据：硫含量 $S_f$,%；氮含量 $N_f$,%；康氏残炭值 $CCR_f$,%；相对密度 $SG_f$。

④ 产品计算公式：

硫化氢收率/%：$H_2S = 0.25S_f$

干气收率/%：$RG = 3.5 + 0.1CCR_f$

*LPG* 收率/%：$LPG = 4.3 + 0.044CCR_f$

焦化石脑油收率/%：$NaO = 11.38 + 0.335CCR_f$

焦炭收率/%：$COKE = 1.60CCR_f$

总瓦斯油收率/%：

$TGO = 100 - (H_2S) - (RG) - (LPG) - (NaO) - (COKE)$

⑤ 产品性质估算：

a. 焦化石脑油：

硫含量/%：$S_n = 0.14(S_f)$

氮含量/%：$N_n = 0.01(N_f)$

b. 焦化柴油：

硫含量/%：$S_c = 0.45(S_f)$

含氮($N_c$)/%：$N_c = 0.24(N_f)$

c. 焦化蜡油：

硫含量/%：$CGO = 0.82(S_f)$

氮含量/%：$NCGO = 0.63(N_f)$

### 10.1.5 生焦率的计算

由于生焦率直接影响到焦炭塔的生焦高度，对装置的安稳长运行影响重大，因此，是延迟焦化生产中重点监测的数据。虽然 Gary 法和 Baid 法中都有生焦率的关联式，但由于使用条件的限制，实际应用时会有一定的差别。下面介绍另一种对于直馏渣油，预测生焦率的普遍关联式：

$$COKE = aCCR + b$$

式中 *CCR*——进料的康氏残炭值,%；

*COKE*——焦炭收率,%；

*a*、*b*——经验常数，可以从表10-1中选取。

表 10-1　生焦率经验常数表

| 序号 | $a$ | $b$ |
|---|---|---|
| 1 | 1.66 | 2 |
| 2 | 0.85 | 10 |
| 3 | 0.9 | 11.6 |

### 10.1.6　对收率的校正

由于循环比对产品分布的影响较大，相同原料在不同循环比下生产，产品的收率会有较大的差别，因此，在预测时需要用循环比对收率进行校正。

基准：循环比为 0.2 时，校正系数 $\lambda$ 为 1.0。

校正公式：$\lambda = 1.36 + 0.21\ln R$

式中　$\lambda$——循环比的校正系数；

$R$——循环比。

例如：在循环比为 0.2 时，焦炭的收率为 19.0%；当循环比提高到 0.4 时，相应的焦炭产率为：

$$COKE = (1.36 + 0.21\ln 0.4) \times 19\% = 1.168 \times 19\% = 22.2\%$$

### 10.1.7　加热炉的计算

加热炉是为焦化反应提供反应热的主要设备，也是焦化装置的关键设备，其运行质量直接影响到装置的能耗水平和生产能力。因此，我们把关于加热炉的工艺计算作为重点进行介绍。

（1）过剩空气系数的概念及计算

过剩空气系数是燃料燃烧时实际空气需要量与理论空气需要量之比值，用 $\alpha$ 表示，即：

$$\alpha = 实际空气用量/理论空气用量$$

在合理控制炉子燃烧的条件下，烧油时过剩空气系数应控制在 1.3，烧气时控制在 1.2，过剩空气系数太小会使火焰发飘，热分布恶化。过剩空气系数太大会降低火焰温度，降低辐射热的吸收率，将使炉效率降低。经测算，过剩空气系数每降低 10% 可使炉子热效率提高 1~1.5 个百分点。由于过剩空气系数对炉效率影响很大，故在操作中应注意控制炉子的燃烧条件，使过剩空气系数的数值不超过允许范围。在进行加热炉核算时，如已知烟气分析结果，可根据下列公式计算：

$$\alpha = \frac{21}{21 - 79\dfrac{O_2}{N_2}}$$

式中　$\alpha$——过剩空气系数；

$O_2$、$N_2$——烟气中氧、氮的体积分数，%。

如果知道烟气中的氧含量也可以用图 10-1 直接查出 $\alpha$ 值。

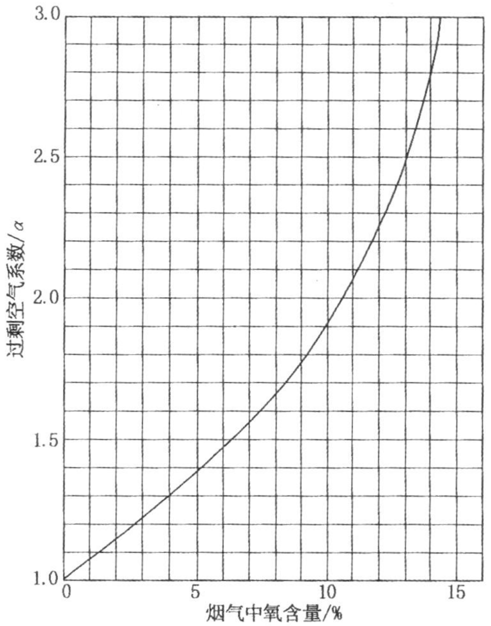

图 10-1　过剩空气系数与烟气中氧含量关系图

过剩空气系数计算式：

$$\alpha = \frac{21 + 0.116O_2}{21 - O_2}$$

$$\alpha = \frac{100 - CO_2 - O_2}{100 - CO_2 - 4.76O_2}$$

式中　$\alpha$——过剩空气系数；

$O_2$、$CO_2$——烟气中氧、二氧化碳的体积分数,%。

(2) 理论空气量计算

燃料完全燃烧时所需的空气量为理论空气量。液体燃料所需理论空气量可用下式计算：

$$L_0 = \frac{2.67C + 8H + S - O}{23.2}$$

$$V_0 = \frac{L_0}{1.293}$$

式中　$L_0$——燃料的理论空气量，kg 空气/kg 燃料；

$V_0$——燃料的理论空气量(体积)，$Nm^3$空气/kg 燃料。

气体燃料所需理论空气量可用下式计算：

$$L_0 = \frac{0.0619}{\rho}\left[0.5H_2 + 0.5CO + \sum\left(m + \frac{n}{4}\right)C_mH_n + 1.5H_2S - O_2\right]$$

式中　$\rho$——气体燃料的密度，$kg/Nm^3$。

气体组成均为体积分数。

对于不知道化学组成的液体或气体燃料，也可以由燃料发热值 - 理论空气量图中查得所需的理论空气量。

(3) 加热炉的效率计算及检测

由于加热炉是焦化装置中耗能最大的设备，因此，对于加热炉需要定期进行检测，以保持或不断提高加热炉的运行效率。在加热炉的检测中，最主要的就是对其效率的检测，检测的方法主要有正平衡法和反平衡法。

在检测前首先要确定检测的体系，简单地说就是要划分出检测的范围，即使是同一台炉，如果体系划分不同，其热平衡的计算项目就会不同，在此基础上的热效率也不相同。因此，只有对加热炉的体系范围作出明确的划分，才能使加热炉的热效率具有可比性。

虽然采用正、反平衡法都能够相对准确地检测加热炉的效率，但需要采集大量的加热炉操作数据，计算的工作量也非常大。因此，平时在生产中大多采用简便的计算公式来计算加热炉的效率。下面就逐一介绍简便计算和正反平衡计算的方法：

① 加热炉效率简便计算公式：

$$\eta = 97 - (8.3 \times 10^{-3} + q_5 \times \alpha) \times (T_{GAS} + 1.35 \times 10^{-4}(T_{GAS})^2) + 1.1$$

式中　$q_5$——散热损失,%(立式方箱炉取3%，圆筒炉取4%)；

$\alpha$——过剩空气系数,%；

$T_{GAS}$——排烟温度,℃；

$O_2$——氧含量(体积)/%(如氧含量是5%，则该值取5)。

例：某焦化加热炉为卧管立式炉，排烟温度140℃，氧含量为5%，求其效率。

解：a. 求出过剩空气系数：

$$\alpha = (21 + 0.116O_2)/(21 - O_2) = (21 + 0.116 \times 5)/(21 - 5) = 1.349$$

b. 求出效率：

$\eta = 97 - (8.3\times10^{-3} + q\times\alpha)\times(T_{GAS} + 1.35\times10^{-4}(T_{GAS})^2) + 1.1 = 97 - (8.3\times10^{-3} + 0.03\times1.349)\times(140 + 1.35\times10^{-4}(140)^2) + 1.1 = 91.143\%$

② 反平衡法计算综合效率公式：

$$\eta = \left(1 - \frac{Q_{ss}}{Q_{GG}}\right)\%$$

式中 $\eta$——管式炉综合效率,%；

$Q_{ss}$——损失能量，kJ/h；

$Q_{GG}$——供给能量，kJ/h 。

③ 反平衡法计算检测内容：

a. 燃料耗量、温度、压力；

b. 燃料油或燃料气的组成或热值；

c. 雾化蒸汽耗量、温度、压力；

d. 鼓风机、引风机等辅助设备的电耗；

e. 排烟温度、氧含量、可燃气体含量、有害气体含量；

f. 炉体外表面散热热流；

g. 大气温度和供风量；

h. 如采用外供热源预热空气，需测定空气入炉温度和流量。

具体的检测计算方法可参见《管式加热炉》(中国石化出版社)。

④ 正平衡法计算综合效率公式：

$$\eta = \frac{Q_{YX}}{Q_{GG}}\times100\%$$

式中 $\eta$——加热炉综合效率,%；

$Q_{GG}$——总供给能量，kJ/h；

$Q_{YX}$——所有被加热介质从入口状态加热到出口状态所吸收的热量，kJ/h。

⑤ 正平衡法计算检测内容：

a. 加热介质的密度、组成、特性因数、相对分子质量等(通过实验测定)。

b. 加热介质的流量，进、出炉温度和压力。

c. 被加热介质通过加热炉的汽化率(很难准确测出，一般取估算值)。

d. 单位被加热介质发生反应的反应热量(通过实验测定)。

e. 燃料耗量、温度和压力。

f. 燃料油或燃料气的组成或热值。

g. 雾化蒸汽耗量、温度和压力。

h. 大气温度和供风量。

i. 如采用外供热源预热空气，需测定空气入炉温度和流量。

j. 鼓风机、引风机等辅助设备的电耗排烟中有害气体含量。

具体的检测计算方法可参见《管式加热炉》(中国石化出版社)。

由正平衡和反平衡热效率计算及检测内容可以看出，反平衡检测项目相对较少，检测数据较为精确，计算相对简单；而正平衡检测项目多，有些数据很难准确测出(如被加热介质通过加热炉的汽化率、被加热介质发生反应产生热量)，计算也较为复杂。所以，加热炉的检测或效率计算大多以反平衡为主，如果加热炉被加热介质在加热过程中无相变，热负荷能比较准确测定，则采用正平衡法和反平衡法两种方法同时进行检测及计算综合效率，并可对测试及计算结果进行比较。如果加热炉被加热介质在加热过程中有相变或发生吸热、放热反应，则宜采用反平衡法进行检测及计算综合效率。在检测中还应注意：

① 在全部测试过程中，自始至终应使操作保持稳定状态。

② 每次检测的持续时间不小于4h，第一次取数据之后，每隔2h取1次，至少取三组数据。每一组数据应在30min内收集完毕。

③ 所连续取得的三组数据间的误差应符合检测数据误差限制范围规定，否则检测应继续进行下去。

④ 燃料、烟气组成分析及低发热量分析的取样工作应与其流量、温度测量、记录同时进行。取样之后，应及时进行组成分析和低发热量测定。

⑤ 使用原始数据表记录测试的各项数据。

⑥ 根据所收集的三组数据，取三组数据算术平均值作为最后测定数据。

### 10.1.8 焦炭塔空塔线速计算

焦炭塔空塔线速也是焦化生产中需要着重控制的参数之一，空塔线速对泡沫焦携带、分馏塔底结焦以及辐射泵的安全运行都有较大的影响。下面举例说明计算方法。

例：① 假设为二炉四塔的装置，急冷油流量不算在内，加工损失计算在焦炭中。

② 焦炭塔油气相关数据见表10－2。

表10－2 焦炭塔油气数据表（可根据分析数据计算得到）

| 项目 | 富气 | 汽油 | 柴油 | 蜡油 | 循环油 | 水蒸气 | 合计 |
|---|---|---|---|---|---|---|---|
| 流量/(t/h) | 11.7 | 21.21 | 42.33 | 24.75 | 55.37 | 2.4 | 157.83 |
| 平均相对分子质量 | 27 | 110 | 220 | 380 | 650 | 18 | |
| 摩尔数/(kmol/h) | 433.33 | 192.82 | 192.41 | 65.13 | 85.18 | 133.33 | 1102.21 |

③ 焦炭塔顶温420℃，底温492℃，焦炭塔半径3m，顶压0.28MPa绝压，计算空塔线速。

解：计算焦炭塔平均温度：$(420+492)/2=456$℃

一台焦炭塔的油气摩尔数：$n_1=1102.21/2=551.11$kmol/h

一台焦炭塔的油气体积流量：$v=nRT/p$

$v=551.11\times10^3\times8.314\times(456+273)/(0.28\times10^6)=11929.4\text{m}^3/\text{h}=3.31\text{m}^3/\text{s}$

焦炭塔的截面积 $S=\pi R^2=3.14\times9=28.26\text{m}^2$

空塔线速 $u=v/s=3.31/28.26=0.117$m/s

### 10.1.9 产品质量分析及馏出口合格率计算

对延迟焦化装置而言，其主要产品包括：汽油、柴油、蜡油、富气或干气、焦炭、液态烃等，其常规分析项目包括：

汽油：密度、馏程、蒸气压（有吸收稳定部分）；

柴油：密度、馏程；

蜡油：密度、馏程、凝点、残炭；

富气：密度、组成；

石油焦：挥发分、水分、灰分、硫含量；

脱前干气：硫化氢含量；

脱后干气：硫化氢含量、组成；

液态烃：硫化氢含量、总硫、组成、腐蚀、残留、油渍(有吸收稳定、脱硫及精脱硫部分)。

根据各炼油厂流程不同，焦化产品的用途各不相同，分析内容会略有差异。在对产品质量进行控制时，最主要的指标就是馏出口合格率，一般要求馏出口合格率在98%以上。

$$馏出口合格率 = (合格样品数/样品总数) \times 100\%$$

### 10.1.10 换热的计算

(1) 换热量的计算

热的传递是由于换热器管壁两侧流体的温度不同而引起的，温度差是传热的推动力。温差越大，则在单位时间内通过单位传热面所传递的热量越多，即换热器的热负荷越大。另外，换热器的传热还受两侧流体的物理性质(如导热系数、黏度、密度、比热容、体积膨胀系数等)、流动速度和流动状态，以及传热表面的污垢层厚度、传热表面本身的物理性质和几何形状等因素的影响。因此，换热的基本公式可以表述为：

$$Q/A = K\Delta t_m \text{或} Q = KA\Delta t_m$$

式中 $Q$——换热量或热负荷，W；

$A$——传热面积(以管外表面积为基准)，$m^2$；

$\Delta t_m$——对数平均温差，℃；

$K$——总传热系数(以管外壁表面积为基准)，是各项热阻之和的倒数，$W/m^2℃$。

除相变过程外，两侧流体的温度和温差沿传热面是变化的，并与冷热介质的流动方向有关，逆流时换热 $\Delta t_m$最大，顺流时最小。

另外，换热量或热负荷 $Q$ 还可由热平衡计算求得：

$$Q = \omega C_P (T_1 - T_2) \text{或} Q = \omega(i_l - i_2)$$

式中 $\omega$——流体的流率，kg/h；

$C_P$——流体的比热，kJ/kg℃；

$i_1$——流体的入口热焓，kJ/kg；

$i_2$——流体的出口热焓，kJ/kg；

$T$——温度，℃(下标1，2－分别指进口和出口条件)。

(2) 对数平均温差的计算

换热过程中，两侧流体的温度和温差是沿传热面而变化的，用算术平均值或其他平均值计算的温差所得误差太大，采用对数平均温差相对准确。计算公式如下：

$$\Delta t_m = \frac{\Delta t_h - \Delta t_c}{\ln\dfrac{\Delta t_h}{\Delta t_c}} = \frac{(T_1 - t_2) - (T_2 - t_1)}{\ln\left(\dfrac{T_1 - t_2}{T_2 - t_1}\right)}$$

式中 $\Delta t_m$——对数平均温差，即热端温差与冷端温差的对数平均值，℃；

$T_1$、$T_2$——热流进出口温度，℃；

$t_1$、$t_2$——冷流进出口温度，℃。

在两侧流体的流动方向不同(逆流)和相同(顺流)时，$\Delta t_h$和 $\Delta t_c$可按以下方式求出：

逆流：

$$\begin{array}{r} T_1 \rightarrow T_2 \\ -\ \underline{t_2 \leftarrow t_1} \\ \Delta t_h \quad \Delta t_c \end{array}$$

顺流：

$$\begin{array}{r} T_1 \rightarrow T_2 \\ -\ \underline{t_2 \rightarrow t_1} \\ \Delta t_h \quad \Delta t_c \end{array}$$

**例**：有一管壳式换热器，热流进口温度为105℃，出口为50℃，冷流体进口温度为20℃，出口为40℃，当冷热流体为逆流时，求该管壳换热器的平均温差。

**解**：冷热流体逆流时：热流体为：105℃→50℃，冷流体为：40℃→20℃

所以：

$$\Delta t_h = 105 - 40 = 65℃$$

$$\Delta t_c = 50 - 20 = 30℃$$

$$\Delta t_m = \frac{\Delta t_h - \Delta t_c}{\ln \frac{\Delta t_h}{\Delta t_c}} = \frac{65 - 30}{\ln \frac{65}{30}} = 45.5℃$$

**答**：该管壳换热器的平均温差为45.5℃。

实际生产中使用的换热器很少是纯逆流或纯顺流的，其中常伴有各种交叉曲折的流动方式。为此，通常采用的方法是先按纯逆流的情况计算，然后再根据实际流动情况加以校正，即有效平均温差是：$\Delta T = F_r \Delta t_m$。

$F_r$ 值可由有关换热器计算资料中查得，一般要求 $F_r$ 值不得小于0.8，若低于0.8时应增加管程数或壳程数，或者用几个换热器串联，必要时还应调整温度条件。

### 10.1.11　气体的压缩功及其计算

气体的压缩就是把原动机如蒸汽透平输出的机械功转化为气体的压力能的过程。气体压缩过程中的能量消耗，不仅与气体的流量和压缩前后的压力、温度有关，还与压缩过程中的热量传递方法和压缩机的结构特性等因素有关。气体在等温或等熵绝热过程(也就是可逆压缩过程)中，压缩耗功最少。但因为存在漏气损失、阻力损失等因素，实际的压缩过程不可能是完全可逆的。因为气体经压缩后温度升高，体积受温度影响，实际压缩功肯定比可逆压缩功大，气体的实际压缩过程实际上是一个多变过程。

**例**：某焦化装置离心压缩机的操作数据为：一级入口：0.04MPa(表)，33℃；二级出口：1.41MPa(表)，139℃；富气入口流量：17969Nm³/h，试计算其轴功率。

**解**：(1) 计算压缩机在入口温度压力条件下的流量与压缩比

$$\text{压缩比}\ \varepsilon = P_d / P_s = (1.41 + 0.1)/(0.04 + 0.1) = 10.79$$

根据理想气体状态方程：

$$P_{标} \times V_{标} / T_{标} = P_s \times V_s / T_s$$

$$1 \times 17969/(273 + 0) = (0.04 + 0.1) \times V_s/(273 + 33)$$

$$V_s = 14386.5\text{m}^3/\text{h} = 239.8\ \text{m}^3/\text{min}$$

(2) 计算绝热指数 $K$ 及多变指数 $m$

富气分析数据见表10-3。

**表10-3　富气分析数据**

| | $X_i$ | $MCP_i$ | $M_i$ | $MCP_iX_i$ | $M_iX_i$ |
|---|---|---|---|---|---|
| $H_2$ | 9.56 | 29.15 | 2.016 | 2.791 | 0.193 |
| $N_2$ | 5.18 | 29.15 | 28.016 | 1.51 | 1.451 |
| 甲　烷 | 43.37 | 37.59 | 16.042 | 16.30 | 6.957 |
| 乙　烷 | 15.53 | 57.88 | 30.068 | 8.99 | 4.670 |
| 乙　烯 | 2.39 | 41.86 | 28.052 | 1.00 | 0.670 |
| 丙　烷 | 7.08 | 81.98 | 44.094 | 5.80 | 3.122 |
| 丙　烯 | 3.18 | 62.79 | 42.078 | 2.00 | 1.338 |

续表

| | $X_i$ | $MCP_i$ | $M_i$ | $MCP_iX_i$ | $M_iX_i$ |
|---|---|---|---|---|---|
| 异丁烷 | 0.61 | 108.40 | 58.120 | 0.66 | 0.335 |
| 正丁烷 | 2.26 | 108.40 | 58.120 | 2.45 | 1.314 |
| 正异丁烯 | 1.44 | 94.19 | 56.104 | 1.36 | 0.808 |
| 反丁烯 | 0.24 | 92.10 | 56.104 | 0.21 | 0.135 |
| 顺丁烯 | 0.18 | 85.81 | 56.104 | 0.17 | 0.101 |
| $C_5$ | 2.17 | 138.14 | 72.146 | 3.00 | 1.566 |
| $CO_2$ | 0.18 | 38.69 | 44.010 | 0.07 | 0.079 |
| CO | 0.26 | 29.15 | 28 | 0.08 | 0.073 |
| $H_2S$ | 6.37 | 35.66 | 34.076 | 2.27 | 2.171 |
| $M_w=\sum M_iX_i=25.003$ | | | $M_wC_p=\sum MC_{Pi}X_i=48.647$ | | |

注：$X_i$—百分比；$MCP_i$—混合气体定压分子比热容 kJ/kgmol·K；$M_i$—各组分相对分子质量。

根据表 10－3 的数据，绝热指数 $K=M_wC_p/(M_wC_p-8.314)=1.206$

查《压缩机与驱动机选用手册》中的图Ⅱ－6－3 可得多变效率 $\eta_p=0.774$

由 $\eta_p=[m/(m-1)]/[k/(k-1)]$可得：多变指数 $m=1.283$

（3）计算压缩机所消耗的功率

离心式压缩机所消耗的多变功率为：

$$N=0.0167\times P_s\times V_s\times Z\times\frac{m}{m-1}[(\varepsilon)^{\frac{m-1}{m}}-1]$$

式中 $P_s$——压缩机一级入口压力，kPa；

$P_d$——压缩机二级出口压力，kPa；

$V_s$——压缩机一级入口流量，$m^3/min$；

$Z$——压缩系数，$Z=1$；

$N$——压缩机的多变功率，kW。

以操作数据为例进行计算，结果如下：

已知：$P_s=0.140MPa$，$V_s=239.8m^3/min$，$\varepsilon=10.79$，$\eta_p=0.774$，$m=1.283$，可得：

$N=0.0167\times140\times239.8\times1\times1.283/(1.283-1)\times[10.79(1.283-1)/1.283-1]/0.774=2265.6kW$，取传动效率 $\eta_c=1$，机械效率 $\eta_g=97\%$。

故离心压缩机轴功率为：

$$N_d=N/(\eta_c\times\eta_g)=2302.4/(0.97\times1)=2335.7kW$$

从气体压缩功的计算公式中可以看出对气体压缩功有影响的因素是：

① 气体的进口温度。压缩功与进口温度(或进口体积)成正比，进口温度愈低，气体体积越小，压缩功越少。

② 压缩比。在气体的质量流速保持不变的情况下，不管是等温压缩、绝热压缩还是多变压缩，压缩功仅与压缩比 $\varepsilon$ 成正比，而与前后压力绝对值无关。压缩比越大，压缩功越多。

③ 气体的相对分子质量。对于同样质量流速的气体，压缩功与气体的相对分子质量成反比。而当气体的体积相同时，其压缩功都是一样的。

④ 气体分段压缩、设置中间冷却器是降低压缩功耗的重要途径。分段压缩可以降低单级压缩比，而冷却器能够降低气体进入的温度，这两者都可以降低压缩功耗。

# 10.2 生产过程的用能分析

在焦化装置生产过程中要消耗大量的能量，所谓能耗就是计算对象在生产过程中所消耗的燃料能量和蒸汽、电力、水以及其他可追源至燃料的能量的总和。过程中的传热、传质、流体流动、化学反应的能量利用和变化是用能分析的基础。影响过程能耗的因素很多，能耗的大小是管理、技术和经济诸多因素的综合体现。

焦化反应是高温操作，原料的加热温度较高，需要消耗大量的燃料。近年来为了提高装置的经济效益，在节能降耗方面采取了一系列的改进措施，比如：对加热炉实施先进控制；降低辐射泵出口压力；提高低温位热量的回收率；使用变频技术；延长装置的生产周期，提高装置处理量。通过这些措施的实施，焦化装置的能耗有了显著的降低。在能耗管理中最常用的分析方法是能量平衡分析。

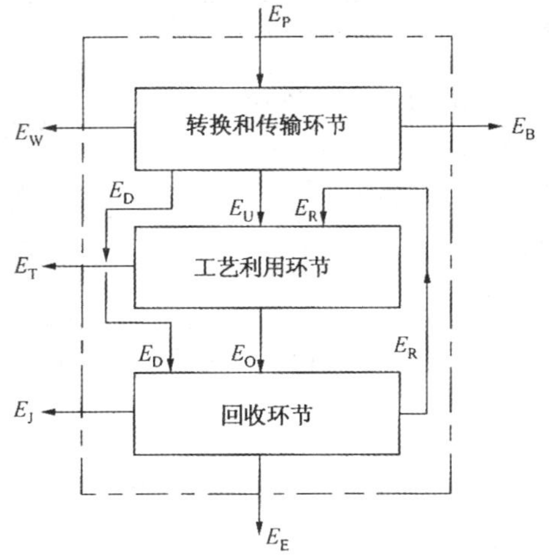


图 10－2　用能原理图

$E_P$—总供入能；$E_W$—直接损失能；$E_B$—直接输出能；$E_u$—有效供能；$E_R$—回收循环能；$E_T$—热力学能耗；$E_O$—待回收能；$E_E$—回收输出能；$E_J$—排弃能；$E_D$—回收能

### 10.2.1 能量平衡分析

所有炼油生产过程用能都可以归结为能量的转换和传输、工艺利用以及能量回收三个环节，三者之间互相联系互相影响，但系统中总的能量供入和排出在数量上守恒。各部分具体关系如图 10－2 所示。

（1）能量的转换和传输环节

供入体系的总能量 $E_p$ 包括燃料化学能、电能及蒸汽的能量等。通过加热炉、压缩机、机泵等设备转换，一部分成为工艺过程所需的有效供能 $E_u$，其形式可以是热能和机械能或其他形式的能量，有时还可能直接输出一部分能量 $E_B$，同时也必然有一部分能量损失，成为直接损失能 $E_W$。

（2）能量的工艺利用环节

这是用能过程的核心，进入这一环节的能量通过与各单元过程（分馏、吸收）相应的设备，完成其工艺过程。供入此环节的能量除了转换和传输环节的有效供能 $E_u$ 之外，还有回收环节回收的能量 $E_R$。在这一环节中，热力学能耗 $E_T$ 是不能回收的，而剩余部分则有可能回收，称之为待回收能 $E_o$。

（3）能量的回收环节

能量的回收环节由大量的传热过程构成，主要设备是各种换热器、蒸汽发生器以及冷却器等。此环节回收的能量有两部分：一是回收循环能 $E_R$，用于体系内部，构成工艺总用能 $E_N$ 的一部分；二是回收输出能 $E_E$，用于体系外或转换环节。未回收的能量均以散热、冷却、物流排弃等方式排入环境，即 $E_J$。

对上述三个环节，可以分别提出三个主要的评价指标：即转换和传输环节中的能量利用率 $\eta_U$；工艺利用环节中工艺总用能 $E_N$；回收环节的能量回收率 $\eta_R$。计算公式如下：

$$\eta_U = \frac{E_U + E_B + E_D}{E_P} = 1 - \frac{E_W}{E_P}$$

$$E_N = E_U + E_R$$

$$\eta_R = \frac{E_R + E_E}{E_O + E_D} = 1 - \frac{E_J}{E_O + E_D}$$

以上这种能量平衡分析，对于节能的技术改进方向具有很好的指导作用。为了更直观地反映用能过程，便于评价和改进，能量平衡分析通常采用“能流图”的形式来表示。能流图是按照三个环节的次序，由上至下表示能流的供入、排出、循环，注明各类能源的数值，数值大小对应于能流的宽度，从而一目了然地展示出用能情况及相互关系。通过计算能量利用率 $\eta_U$、工艺总用能 $E_N$和能量回收率 $\eta_R$，分析直接损失能 $E_w$、回收循环能 $E_R$以及排弃能 $E_{Ag}$的组成及所占比例，就可以清楚地知道各环节中节能的重点和挖潜的技术措施。此外，通过对比同类装置的能流图，可以找出能量利用水平的具体差异，指出造成差别的原因和部位，对节能工作具有明确的指导意义。

### 10.2.2 合理用能基本原则

合理用能的总原则是“按质用能、按需供能”。能量不但有数量多少，还有质量高低之分，同样数量的能量，做功能力却大为不同。1kJ 功和 1kJ 热量，从热力学第一定律来看数量相等，但从热力学第二定律来看，它们的质量不相当，功的质量高于热。功可以全部转化为热，而热不可能全部变为功。因此，能量总的来说分为三类：

高级能：理论上可以完全转化为功的能量，如机械能、电能等。

低级能：理论上不能全部转化为功的能量，如热能和物质的内能、焓等。

僵态能：完全不能转化为功的能量，如大气、大地、天然水域具有的，环境温度下的热能等。

在能量中可以转化为功的那部分能量称为有效能，如高级能全部是有效能，僵态能不含有效能。单位能量所含的有效能称为能级 $\Omega$:

$\Omega$ = 有效能/能量，因此高级能量 $\Omega = 1$，低级能量 $0 \leqslant \Omega \leqslant 1$，僵态能量 $\Omega = 0$。

从热力学第一定律来看，世界上能量不会减少。能源危机的实质就是有效能危机。由高级能变成低级能称为能量的贬值，能量贬值意味着做功能力的损耗。在石化生产中，能量贬值现象是普遍存在的，如传热过程，高温热能贬值成低温热能；节流过程，高压液体变成低压液体，两者都有做功能力的损耗。因此，合理用能就是要对能量质量进行保护和管理，尽可能减少能量贬值，避免不必要的贬值。具体措施有：

① 要能尽其用，防止能量无偿降级。

a. 要尽量避免高压蒸汽节流降温、降压使用，或过热蒸汽加水降温使用。

b. 要避免保温不良造成的热损失与冷损失。

c. 充分利用流体的压力做功。

② 合理组织能量多次利用。一般情况下，用能应遵循先降压后降温的顺序。用热则应用高温热源加热高温物料，中温热源加热中温物料，低温热源加热低温物料。如图 10－3 所示。

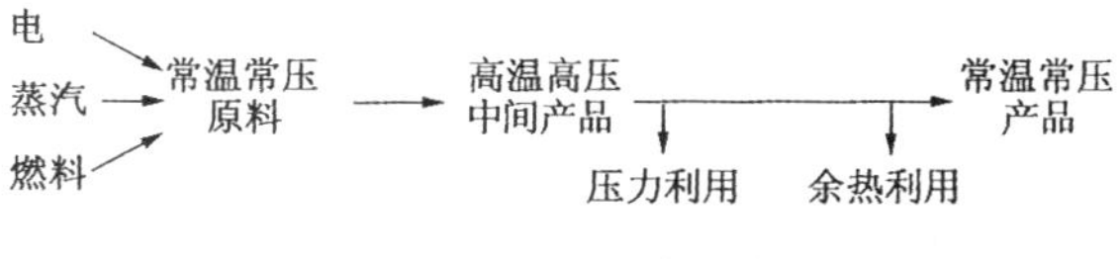


图 10－3 用能顺序示意图

③ 改变用能结构合理使用能源。

④ 变低温热能为高温热能。

### 10.2.3 延迟焦化装置能耗构成

炼油装置的能耗是指装置每加工 1t 原料所消耗的能量，以千克标油/吨(kgEO/t)为单位。因每套装置所采用的设备、工艺条件不同，其能耗存在一定的差别，特别是带稳定、脱硫系统和不带稳定、脱硫系统的装置其能耗更是不具备可比性。延迟焦化是通过将原料加热至一定的温度使其进行反应的，所以，其主要的能量消耗是在加热炉部分。表 10－4 是某套焦化装置的能耗组成。

**表 10－4 焦化能耗数据表**

| 项　目 | 新鲜水 | 循环水 | 软化水 | 凝结水 | 电 | 1.0MPa 蒸汽 | 3.5MPa 蒸汽 | 燃料气 | 总能耗 |
|---|---|---|---|---|---|---|---|---|---|
| 能量单耗/(kgEO/t) | 0.01 | 0.81 | 0.19 | －0.29 | 4.46 | －16.29 | 15.71 | 17.35 | 22.71 |

从表 10－4 中可见加热炉的燃料消耗占了总能耗的 80% 以上。

此外，从延迟焦化的生产过程，我们还可发现焦化装置耗能具有如下一些特点：

① 总输入能多。加热炉炉出口温度一般控制在 490～505℃，其原料升温需要大量的能量；富气进入吸收稳定前需要升压，需要消耗富气压缩机的动力。

② 低温位的热量较多。分馏塔及焦炭塔部分都有大量的低温位热量，但由于其温度不高，回收的难度较大，但回收后至少可降低装置能耗 5kg 标油/t 左右，对降低装置能耗的作用很大。

③ 生产初期和生产末期的用能有所不同。随着装置生产时间增长，加热炉的炉管会出现不同程度的结焦，在加热原料时需要消耗更多的燃料。

### 10.2.4 工艺条件对能耗的影响

(1) 原料性质的影响

原料性质中对能耗影响最大的是原料的残炭和黏度。当原料残炭上升时，原料的生焦倾向增大，控制反应所需的热量会发生变化，生焦高度增加，除焦难度增加，时间延长，造成高压泵等除焦设备电耗、水耗上升。另外，原料的黏度增大，会导致原料泵电耗的增加。

(2) 反应温度的影响

当原料确定后，反应温度就成为反应过程中最重要的操作参数，调节反应温度就可以控制反应进行的深度。适宜的反应温度是根据原料性质、生产工况来确定的。反应温度的高低会直接影响到加热炉的热负荷，由于加热炉的能耗占整个装置能耗的 80% 以上，因此，反应温度的高低对装置的整体能耗影响较大。

(3) 不同加热炉对能耗的影响

我国目前延迟焦化装置使用的加热炉有两种，一种是卧管单面辐射立式炉，另一种是卧管双面辐射立式炉。

① 单面辐射加热炉。单面辐射加热炉在较早设计的焦化装置中应用较多，其主要特点是结构简单，沿炉管长度方向受热较均匀，便于炉管内清焦等。但由于加热时为单面辐射，因此炉管受热不均匀，面向火焰侧的温度较高，而背向火焰侧的温度较低，平均热强度不高。同时由于单面辐射加热炉设计均为注水，注水量占处理量的 3%～4%，注水的汽化潜热大，相对降低了渣油的取热量，因此，其能耗相对较高。

② 双面辐射加热炉。双面辐射加热炉是近年发展的技术，一般采用双面辐射及多室多程设计，现在新建的延迟焦化基本都使用这种炉型。由于双面辐射加热炉，炉管的表面温度

均匀，辐射炉管采用多点注汽，辐射、对流取热比例合适，烟气预热回收充分。另外，双面辐射炉连续运转周期相对较长，因此，能耗相对较低。

### 10.2.5 延迟焦化装置与其他装置的热联合

焦化装置的低温位热量较多，尤其是分馏塔顶部油气，许多装置通过技术改造对这部分热量进行了回收，典型的就是分流塔顶油气与除盐水换热。从分馏塔顶部出来的油气需要冷却，分离出汽油、富气及含硫污水，油气的温度一般在100～120℃之间。设计上大都利用空冷和水冷将油气冷却至40℃左右。如果通过改造，将这部分热量用于加热公用工程系统的除盐水，不仅可以回收热量还可以节约空冷用电及冷却用循环水，节能优势明显。其他如：顶循、柴油、稳定汽油等部位的低温热源，也可加热除盐水加以利用。

## 10.3 班组经济核算

班组经济核算是指在企业实行内部承包的基础上，将工作量(加工量、产品产量及其他班组完成的工作)、成本、费用、盈亏、质量、安全等责任指标分解，直到班组或个人，借以控制费用，降低成本、提高经济效益的一种管理模式。它是企业全面经济核算的重要组成部分，是责任会计的一种具体应用形式。班组经济核算是企业经济核算的基础，是全面经济核算的重要组成部分，是企业会计核算的继续和发展，它对班组的经济活动具有一定的指导作用，能够明确班组承担的经济责任，提高企业的经济效益，促进班组实行民主管理，有利于班组管理水平的提高，有利于职工队伍素质的提高。延迟焦化装置的班组经济核算主要包括以下内容。

### 10.3.1 班组物料核算

班组物料核算的主要内容就是核算本班生产中处理的原料数量、得到的产品数量，并对各项数据进行分析。

① 在核算原料数量时要注意应包括加工的所有原料，比如渣油、油浆、沥青、污泥、浮渣等。由于涉及装置间的供料，这部分物料的计量表大多为质量流量，不使用质量流量计的可以用其他计量方式进行计量。

例如，某装置一个班的原料核算数据如表10－5。

表10－5 焦化物料数据表

| 项目 | | 8:00 | 16:00 |
|---|---|---|---|
| 原料 | 渣油/t | 4184478 | 4185971 |
| | 洗涤油/t | 52145 | 52152 |
| | 污油/t | 10353 | 10375 |

渣油量应为：4185971－4184478＝1493t

洗涤油量应为：52152－52145＝7t

污油量应为：10375－10353＝22t

原料量为：1493＋7＋22＝1522t

② 在核算产品时应把所有的产品都包括进来，比如汽油、柴油、蜡油、重蜡油、焦炭、富气、低压瓦斯等。有稳定脱硫系统的还要包括液态烃，另外，凝缩油、污油等也应包括在其中。在计算时要注意液体、气体产品的密度变化，特别是气体产品的密度变化较大，计算时需要乘以系数。

例如，某装置一个班的产品核算数据如表 10－6。

**表 10－6　焦化物料数据表**

| 项　　目 | | 8:00 | 16:00 |
|---|---|---|---|
| 产　　品 | 干气/$m^3$ | 58024431 | 58119398 |
| | 汽油/t | 926856 | 927179 |
| | 柴油/t | 1489145 | 1489591 |
| | 蜡油/t | 683560 | 683678 |
| | 液态烃/t | 86759 | 86797 |
| | 酸性气/$m^3$ | 1805409 | 1818659 |

如测定出干气的密度为 $0.9\times10^{-3}kg/m^3$，则干气量应为：

$$(58119398-58024431)\times0.9\times10^{-3}=85t$$

除了产品量之外，其余的归入损失内，如果损失有较大的变化就应对生产过程进行检查。生产过程没有异常，就应对各计量表进行校验，特别是要对气体产品的密度进行分析。

### 10.3.2　班组消耗统计

消耗统计是对生产中所使用的水、电、汽、风等公用工程物料进行统计，统计项目上要按实际生产情况确定。比如蒸汽系统有的使用 1.0MPa 蒸汽，有的使用 3.5MPa 蒸汽，还有的使用其他等级的蒸汽，因此，要逐项与实际对照。另外，对燃料气组成变化较大的装置，应对密度进行实时校正，以保证统计的准确性。

某装置一个班的消耗数据见表 10－7。

**表 10－7　焦化消耗数据表**

| 项　　目 | | 8:00 | 16:00 |
|---|---|---|---|
| 水 | 新鲜水/t | 21849.9 | 21857 |
| | 循环冷水/t | 9348332 | 9359546 |
| 电 | 用电量/kW·h | 30089.2 | 30090.7 |
| 汽 | 蒸汽(1.0MPa)/t | 34884 | 34897 |
| | 蒸汽(3.5MPa)/t | 789017 | 789280 |
| 其他 | 燃料气/$m^3$ | 6397675 | 6407459 |

根据化验分析，燃料气的密度为 $0.91\times10^{-3}kg/m^3$，因此，燃料气的用量应为：

$$(6407459-6397675)\times0.91\times10^{-3}=8.9t$$

## 10.4　装置标定

装置标定是工艺技术管理的一项重要基础工作，一般下列情况下需对装置进行技术标定或考察：生产装置进行重大技术改造前为获取基础数据；生产装置进行重大技术改造后的考核和评价；为解决生产装置存在的重大问题；进行重大生产方案调整、应用新原料、生产新产品；主要生产装置化工原材料首次工业应用前、后；新装置投产后，为了考核生产能力、技术经济指标。正常情况下，生产装置原则上每 3 年需要进行一次标定。

### 10.4.1　标定方案的编写

不同目的的标定其标定方案的格式会有所不同，但基本上都应包括以下几方面的内容：

① 目的。说明标定的主要目的，需要考察的主要内容。

② 标定时间和范围。具体说明参加标定的装置或设备有哪些，标定的时间范围。

③ 职责。说明标定工作的组织单位，数据整理和报告编写单位，明确采样、分析、计量仪表的负责单位以及能耗、消耗数据采集统计的负责单位。

④ 工作程序。首先是准备工作，包括相关仪表的校验、有关记录的准备；然后是标定要求，包括原料指标的确定、生产方案的选择、产品质量的控制以及分析频次；其次是标定方法，包括装置的运行方式、标定的具体步骤；最后是注意事项，说明标定过程中可能出现的问题以及对策措施。

⑤ 标定报告的完成时间。

### 10.4.2 标定数据的采集

标定数据的采集关系到标定结果的准确性，标定的重点各有不同，但都要做到以下几点：

① 标定时数据的采集频率要比正常生产时记录数据的频率要高，一般为两小时一次，也有的是一小时一次。

② 标定数据的内容要包括装置的所有控制参数。

③ 标定时馏出口分析的频率不得少于正常生产时的频率。

④ 标定数据中应包括水、电、汽、风等公用工程的消耗量。

### 10.4.3 标定报告的编写

标定报告就是对标定的结果进行分析评价。标定报告主要包括概况、标定条件、标定操作条件、标定数据、工艺核算、技术分析、存在问题以及结论与建议。

① 概况。主要介绍装置的规模、工艺特点、主要流程、生产方案、已实施的技改技措以及标定的主要目的等内容。

② 标定条件。包括原料性质、组成，装置负荷，标定方法。

③ 标定期间主要操作条件。包括操作参数、化验分析数据、能耗数据的汇总。

④ 工艺核算。根据标定的目的，对装置的处理能力、产品质量控制能力、能耗及生产瓶颈等各方面进行分析计算。

⑤ 技术分析。根据操作条件和工艺核算的结果，对各方面核算的内容进行分析。

⑥ 存在问题。从技术分析的结果中指出装置存在的主要生产瓶颈。

⑦ 结论与建议。针对存在的问题，结合工艺核算、技术分析的结果，提出解决问题的方法，需要进行的操作改进和设备改造的建议等内容。

# 第十一章　安全与环保

## 11.1　装置的安全卫生

焦化装置是炼油厂中重要的重油加工装置，其主要特点是：介质温度高、自燃点高、硫含量高，容易引起烫伤、泄漏、着火和硫化氢中毒等事故，因此，装置的安全与防护就显得非常重要。

**11.1.1　职业安全卫生标准**

装置的职业安全卫生设计应遵守中国石化总公司《石油化工企业职业安全卫生设计规范》(SH 3047—93)。

**11.1.2　延迟焦化过程的危险性分析**

评价石化装置的危险应从其加工原料的危险性、装置中危险物料的藏量、工艺条件、过程的复杂程度以及操作方式、控制方式来考虑。焦化装置加工的原料为渣油，其工艺特点是高温、高硫，因此，主要危险在于火灾、爆炸和中毒。

(1) 工艺过程的复杂性

焦化装置是将渣油经热裂化转化为气体、轻质、中质馏分油及焦炭的加工过程。该工艺过程由于以渣油为原料，又具有高温的特点，加热炉、焦炭塔、分馏塔下部物料温度都在350℃以上，高于其自燃点，所以其火灾的危险性较大。

(2) 物料的可燃性

焦化装置的物料绝大部分是易燃易爆的烃类化合物，其中还有一些爆炸下限 <10% 的气体和闪点 <28℃ 的液体，以及自燃点低于其操作温度的物料，焦化装置可燃物性质见表11－1。

**表11－1　可燃物性质表**

| 名　称 | 性　质 | 闪点/℃ | 爆炸极限/%(体积) | | 自燃点/℃ | 火灾危害类别 |
|---|---|---|---|---|---|---|
| | | | 下　限 | 上　限 | | |
| 减压渣油 | 可　燃 | >120 | — | — | 220～240 | 丙B |
| 干　气 | 易燃易爆 | — | 3 | 13 | 650～750 | 甲 |
| 燃料气 | 易燃易爆 | — | 3 | 13 | 650～750 | 甲 |
| 凝缩油 | 易燃易爆 | — | 1.5 | 11 | 470～510 | 甲A |
| 汽　油 | 可　燃 | >28 | 1.4 | 7.6 | 510～590 | 甲B |
| 柴　油 | 可　燃 | 45～120 | — | — | 320～330 | 丙A |
| 蜡　油 | 可　燃 | >120 | — | — | 300～330 | 丙B |
| 石油焦 | 可　燃 | — | — | — | — | 丙B |

(3) 装置的危险等级

装置的火灾危险分类等级为甲类。

(4) 装置主要危险源

由于装置内各系统的生产条件不同，因此，每一部分的危险性也各不相同，具体如下：

① 加热炉：为高温、明火及噪声较大的设备，最高温度可达800℃以上。常见的事故

有：点火不慎，回火烧伤；炉膛内可燃气置换不彻底，造成炉膛爆炸；炉管结焦造成局部过热烧穿或炉管回弯头箱漏油引起着火等。

② 辐射进料泵、重蜡油泵：为高温的转动设备，如泵体漏油容易引起火灾。

③ 液态烃泵：液态烃容易泄漏，形成易燃、易爆气体。

④ 富气压缩机：噪声大，介质泄漏，易形成易燃、易爆气体。

⑤ 瓦斯分液罐：瓦斯泄漏容易形成易燃、易爆气体。

⑥ 分馏塔顶回流罐和吸收解吸平衡罐：介质及含硫污水 $H_2S$ 含量高，一旦泄漏易引起 $H_2S$ 中毒。

⑦ 蜡油、重蜡油等换热器：为高温设备，容易泄漏引起火灾。

⑧ 焦炭塔：为高温设备，且其料位计为放射性物质，容易引起泄漏着火和放射源伤人事故。

⑨ 切焦水泵：为高压设备，一旦管线、法兰泄漏，高压水喷出，容易伤人。

⑩ 分馏塔：为高温设备，一旦泄漏易引起火灾。

⑪ 高温渣油管线：输送介质为高硫高温渣油，易产生高温硫腐蚀和应力腐蚀等，引起管线穿孔泄漏着火。

⑫ 焦炭塔的除焦岗位为危险岗位，一是要防止除焦过程中水龙带破裂造成高压水伤人事故，二是在焦炭塔冷焦温度过高卸盖时引起烫伤和 $H_2S$ 中毒。因此，在操作过程中应加倍小心，切实做好防护工作。

（5）中毒危害

在焦化装置的生产过程中会产生硫化氢、二氧化硫等有毒物质。由于这些有毒物质又是存在于一定的操作压力下，因此，一旦泄漏，极易引起人员中毒乃至死亡。

焦化装置中主要的有毒有害物质及其性质列于表 11－2。在这些有毒有害物质中，以硫化氢的中毒事故最为常见，其毒性最大，造成的伤害事故往往比较严重。硫化氢中毒主要是由呼吸道吸收而引起的全身中毒，它是一种化学窒息性气体，一旦接触浓度大于 $700mg/m^3$ 时就会产生急性中毒。其主要症状为：先出现气急，继而引起呼吸麻痹，如发现不及时或发现后不立即采取有效方法，就会发生死亡事故。另外，吸入硫化氢浓度极高时，往往会造成电击样窒息死亡。

（6）放射源的危害及防护

不同的放射源对人体作用，使其吸收能量产生电离、激发的原理不同，但最终导致的电离与激发的结果是相同的。电离辐射是射线对人体形成损伤的根本原因，其基本原理是一方面电离辐射通过直接作用使生物分子电离，激发产生生物大分子自由基，导致生物大分子损伤。另一方面电离辐射使水分子电离，激发产生化学活性很强的自由基，这些水分子自由基作用于生物大分子也会产生生物大分子自由基，导致生物大分子损伤。生物大分子损伤后会产生生化变化，使细胞死亡或产生突变。如果损伤是可逆的生理改变，生物体自身产生的生物酶可以修复。一般来说，电离辐射直接作用的发生概率很小，只要在防护安全剂量范围内，或受轻微损伤人体可以通过自身调节进行恢复，不会对人体产生伤害。

对射线防护主要采取三类措施，分别为时间防护、距离防护和屏蔽防护。时间防护就是指暴露在射线影响范围内的时间尽量缩短，不要超过规定值；距离防护就是指在放射源影响范围之外进行作业；屏蔽防护指在放射源外加装屏蔽装置，防止射线泄漏。

表 11－2　装置内常见危险化学品性质

| 物料名称 | 密度/（$kg/m^3$） | 爆炸极限/%（体积） | 最高允许浓度/（$mg/m^3$） | 外观与性状 | 危害性 | 急救措施 |
|---|---|---|---|---|---|---|
| 二氧化硫 | 2.69 | — | 15 | 无色气体，具有窒息性，特臭。溶于水、乙醇 | 不燃。易被湿润的表面吸收生成亚硫酸、硫酸。对眼及呼吸道有强烈的刺激作用。大量吸入可引起肺水肿、喉水肿、声带痉挛而窒息 | 皮肤接触：立即脱去污染的衣着，用大量流动清水彻底冲洗<br>眼睛接触：立即提起眼睑，用流动清水或生理盐水冲洗<br>吸入：迅速脱离现场至空气新鲜处。保持呼吸道通畅。如呼吸困难，给输氧。如呼吸停止，立即进行人工呼吸 |
| 硫化氢 | 1.50 | 4.0～46.0 | 10 | 无色气体，低浓度时有强烈臭鸡蛋气味。高浓度时因嗅觉麻痹反而闻不到臭味。溶于水、乙醇 | 易燃，与空气混合能形成爆炸性混合物，遇明火、高热能引起燃烧爆炸。比空气重，能在较低处扩散到相当远的地方，遇明火会引起回燃。本品为强烈的神经毒物，对黏膜有强烈刺激作用，吸入或经皮肤吸收可致死，对眼及呼吸道黏膜有强烈的刺激作用 | 皮肤接触：立即脱去污染的衣着，用大量流动清水彻底冲洗<br>眼睛接触：立即提起眼睑，用流动清水冲洗 10min 或用 2% 碳酸氢钠溶液冲洗<br>吸入：迅速脱离现场至空气新鲜处，注意保暖，保持呼吸道通畅，必要时进行人工呼吸，就医 |
| 液态烃 | — | 2.25～9.65 | 1000 | 无色气体或黄棕色油状液体，有特殊臭味 | 极易燃，与空气混合能形成爆炸性混合物。遇热源和明火有燃烧爆炸的危险。其蒸气比空气重，能在较低处扩散到相当远的地方，遇明火会引着回燃。对人身有麻醉作用 | 皮肤接触：若有冻伤，立即就医治疗<br>吸入：迅速脱离现场至空气新鲜处。保持呼吸道通畅。如呼吸困难，给输氧。如呼吸停止，立即进行人工呼吸 |
| 汽油 | 700～900 | 1.3～6.0 | 350 | 无色或淡黄色易挥发液体，有特殊臭味。不溶于水、易溶于苯、二硫化碳、醇、脂肪 | 极易燃，其蒸气与空气混合可形成爆炸性混合物。遇热源和明火极易燃烧爆炸。其蒸气比空气重，能在较低处扩散到相当远的地方，遇明火会引着回燃 | 皮肤接触：立即脱去污染的衣着，用肥皂水或清水彻底冲洗<br>眼睛接触：立即提起眼睑，用流动清水或生理盐水冲洗至少 15min<br>吸入：迅速脱离现场至空气新鲜处，保持呼吸道通畅，必要时进行人工呼吸或就医<br>食入：给饮牛奶或用植物油洗胃和灌肠 |
| 柴油 | 840 | — | — | 稍有黏性的棕色液体。不溶于水，溶于醇等多数有机溶剂 | 易燃，其蒸气与空气混合可形成爆炸性混合物。遇热源和明火易燃烧爆炸。其蒸气比空气重，能在较低处扩散到相当远的地方，遇明火会引着回燃 | 皮肤接触：立即脱去污染的衣着，用肥皂水或清水彻底冲洗<br>眼睛接触：立即提起眼睑，用流动清水冲洗至少 15min<br>吸入：迅速脱离现场至空气新鲜处，保持呼吸道通畅，必要时进行人工呼吸或就医<br>食入：禁止催吐。如果发生呕吐，让病人前倾或左侧位躺下，保持呼吸道通畅，防止吸入呕吐物。仔细观察病情，就医 |

### 11.1.3 事故的防范

#### 11.1.3.1 安全控制的基本策略

任何事故均不是孤立的事件，而是一系列互为因果关系的事件相继发生的结果。导致事故发生的最直接的原因是人的不安全行为和物的不安全状态。物的不安全状态是指使事故发生的物体条件，如可燃物与助燃物共存并遇明火而发生火灾，又如因制造缺陷或腐蚀损伤导致设备耐压失效爆炸。人的不安全行为是指人违反安全规则或安全原则，使事故有可能或有条件发生的行为，如人的误操作或违规操作导致危险物料泄漏等。因此，事故预防的核心应是防止人的不安全行为，消除物的不安全状态，中断事故连锁的进程而避免事故的发生。

装置生产的危险主要来源于被加工原料所具有的危险性，以及加工所需要的工艺条件。国内外生产装置预防事故的基本策略大致相同，即在可预见的各种情况下，保持对危险物料和设备的安全控制。预防事故的措施主要包括：

① 在加工过程中，将危险物料或产品封闭在设备和管道中，使其与可助燃的空气及明火源隔绝，为此要求设备、管道、控制系统、动力供应系统具有所需要的可靠性。

② 设立紧急切断系统和紧急泄压系统，保证非正常工况下危险物料能够安全排出并处置。

③ 设立危险物料泄漏检测系统和通风排放系统，对可能出现的泄漏进行实时检测；一旦泄漏被检出，立即采取切断、强制排风等措施，防止形成爆炸气体或可燃气体积聚。

④ 杜绝如雷击、静电等非受控火源；装置内的明火源，如加热炉等，以及裸露的高温管线应受到严格控制。

⑤ 设定必要的安全距离，将不同的危险设备或区域分隔，以便一旦某一设备或部位发生事故时减少其影响，降低损失，避免事故扩大；配备必要的消防和防护设施。

#### 11.1.3.2 安全措施及劳动卫生

为防止事故的发生，延迟焦化装置在设计、生产过程中都采取了一定的措施，保证人员及装置生产的本质安全，操作人员必须严格执行安全操作的有关规定。具体的措施有：

(1) 设计中采取的主要安全措施

① 采用先进可靠的工艺技术和合理的工艺流程。

② 根据《爆炸和火灾危险环境电力装置设计规范》GB 50058—92 的规定，按装置的爆炸危险环境和火灾危险环境进行区域划分。

③ 装置内带压设备设有紧急事故泄压排放系统，安全阀泄放液体排入放空罐，排放气体密闭排入火炬系统。

④ 可燃气体的排放，进入密闭火炬系统。

⑤ 生产中可能导致不安全因素的操作参数，设置相应的控制报警仪表。装置内主要机械设备设有联锁停车措施。

⑥ 生产仪表及其他电气设备按所处区域的防爆等级选用防爆型号。装置内可能泄漏可燃气体、硫化氢气体的危险区域设置可燃气体、硫化氢气体检测报警仪。在中控室内设置可燃气体报警仪、火灾检测报警器，在变配电室设置事故通风设施。

⑦ 装置内所有框架、管架 4m 以下立柱设有防火层。并设有消火栓、水炮、消防蒸汽管、软管站及灭火器等消防设施用于火灾扑救。

⑧ 装置内关键转动设备均设有备机，以确保装置安全生产。

⑨ 生产仪表及其他电器设备按所处区域的防爆等级选用防爆型号。在变配电室设通风设施。

（2）安全色及安全标志

装置内危险部位应设置警示牌，提醒操作人员注意。

（3）防高温烫伤措施

高温管道（表面温度>60℃）选用适当的保温材料作隔热处理，在生产中可能引起操作人员烫伤的高温设备，采取隔热保护措施。

（4）设置移动式小型灭火设备，包括推车式泡沫灭火器，手提式干粉灭火器以及移动式泡沫箱。

（5）抗震、防雷措施

装置内的建构筑物及大型框架设备采取相应的抗震、防雷、防静电措施。

（6）总平面布置

新建装置的平面布置严格执行防火规范的要求。加热炉位于全年最小风频的下风向，装置周围设有环形消防通道。建筑物间距离符合防火及通风、采光有关规定。装置内设置检修及消防通道，保证消防车和急救车能通往可能出现事故的地方。

#### 11.1.3.3 高硫介质采样、脱液注意事项

对于延迟焦化装置来说，由于加工的原料中硫含量较高，因此，各设备内介质的硫化氢含量也较高，在日常的采样操作中不可避免地要接触到硫化氢，为保证人身安全应注意以下几点：

（1）含硫气体采样

在延迟焦化装置中，未经过脱硫的气体其硫化氢的浓度都远远大于人的致死浓度（$1000mg/m^3$），采样时必须做好安全防护工作。

首先，要检查采样器是否完好。如果采样器在采样过程中破裂或出现其他意外，就会造成非常严重的后果。在进行脱硫前气体或液态烃采样时应佩戴必要的防护器材，站在上风向，并在其他操作人员的监护下完成采样。采样过程中，手阀应慢慢打开，不要开得过大，一些手阀受硫化氢的腐蚀，会比较难以打开，打开后先排至碱液罐以吸收介质中的硫化氢，然后再进行采样。采样点应设置在较为空旷的地方，防止硫化氢等有害气体的积聚。

（2）酸性气体采样

焦化酸性气的硫化氢含量在70%以上，其危险性比未经脱硫的气体还要高。因此，采酸性气时应使用密闭的采样容器，采样程序与含硫气体采样相同。

（3）含硫污水采样

含硫污水中含有硫化氢、氨等有毒有害物质，危险性也较大，采样时必须佩戴必要的防护器材，人站在上风向，手阀不能开得过大，以免污水溅出。置换的污水应排入地沟，不得乱排乱放。

（4）脱液排凝

延迟焦化装置设备内的介质都含有一定量的硫化氢等有毒有害物质，因此，在脱硫排凝时应尽量选择密闭脱液。脱液程序与含硫气体采样程序相同，并且脱液排凝过程中人不得离开。

#### 11.1.3.4 脱硫系统的钝化处理

由于脱硫部分接触的介质含硫量较高，停工后设备内部会有大量的硫化亚铁。设备打开后，与空气接触，硫化亚铁会迅速自燃烧坏设备。因此，装置停工后，需要对脱硫系统进行钝化处理。处理的具体步骤如下：

① 退净系统内的物料进行除臭作业。

② 除臭、吹扫结束后，按要求配制钝化液并注入系统。

③ 根据现场情况对设备分段或全部进行循环，要求每台设备都参与循环，并且要保持一定的循环时间。

④ 循环时间满足要求后，还应对钝化残液进行分析，达到要求后方可停止循环。

⑤ 钝化残液应按规定进行处理，不得随意排放。

## 11.2 装置的环境保护

延迟焦化的原料范围非常广泛，主要包括减压渣油、减粘裂化渣油以及炼油厂其他重油，原料中含有较多的硫化合物、氮化合物和重金属。在装置生产过程中，这些物质将会转移到产品、工业废水中，有的还会随烟气和焦粉排放到周围环境中。此外，大功率运转机械会产生噪声污染。所以，焦化装置污染物一般具有以下的特点：

① 水的污染。主要是油、COD 等。

② 大气的污染。主要是加热炉烟气中硫化合物、氮化合物和一氧化碳，焦池中的焦粉以及泄漏和无组织排放的烃类等气体。

③ 噪声的污染。加热炉吹灰器、燃烧器、除焦设备以及大功率压缩机、空冷风机和电机运转时发出的噪声。

### 11.2.1 污染物的排放状况

(1) 废水

装置在设计时基本都会按照清污分流原则进行系统划分，正常生产时会产生含硫污水、含油污水、冷焦水、切焦水等。其中，含硫、含油污水污染物的浓度较高，是主要的污染源。表 11－3 是国内某焦化装置废水污染源的数据。

表 11－3 废水污染源数据表

| 排放点名称 | 性质 | 水量/(t/h) | 有害物浓度/(mg/L) | | | |
|---|---|---|---|---|---|---|
| | | | 油 | 硫 | 酚 | COD |
| 机泵冷却水 | 含油 | 60 | 19.8 | 1.5 | 0.8 | 255 |
| 冷焦水 | 含油、焦粉 | 65 | 300 | 2.5 | 1.63 | 385 |
| 切焦水 | 含油、焦粉 | 20 | 5.8 | 2120 | 0.2 | 85 |
| 分馏塔顶分离罐 | 含硫 | 12 | 1% | 3900 | 650 | 18700 |
| 放空冷却器排水 | 假定净水 | 25 | — | — | — | — |
| 循环热水排水 | 假定净水 | 40 | — | — | — | — |
| 含油污水 | 含油 | 6 | 200%～3% | 12.9 | 19.0 | 1297 |

(2) 废气

焦化装置产生的废气主要有燃料燃烧时产生的废气以及冷焦、除焦过程中产生的废气。其中的污染物浓度较低，冷焦水中还会带有少量油分。表 11－4 是国内某焦化装置加热炉排放烟气的数据。

表 11－4 加热炉排放烟气数据表

| 排放点名称 | 排气高度/m | 排放量/($Nm^3$/a) | 燃料种类 | 有害物浓度/(mg/L) | | | |
|---|---|---|---|---|---|---|---|
| | | | | $SO_2$ | $SO_3$ | $NO_x$ | 烟尘 |
| 加热炉烟气 | 45 | $3\times10^8$ | 脱硫瓦斯 | 12.5 | 2.67 | 135.9 | 0.45 |

### 11.2.2 污染源及治理

#### 11.2.2.1 污水的来源及治理

(1) 污水的来源

① 含硫污水。主要来源于分馏塔顶油气分离罐脱水、富气洗涤水(或富气冷凝水)、稳定塔顶油气分离罐脱水。这种污水中除含有大量硫化物、氨、氮外，含酚量也较多。

② 含油污水。如污油罐脱水、机泵冷却水、冲洗地面水等。

(2) 污水的治理

① 含硫污水的治理。装置产生的含硫污水都是集中排放到含硫污水系统集中处理。目前含硫污水的预处理方法主要有空气氧化法、催化空气氧化法、烟气和蒸汽汽提法。蒸汽汽提法又分为常压汽提和加压汽提、双塔净化和单塔净化以及氨回收等工艺。蒸汽汽提法适用于污水中硫化氢、氨含量变化幅度较宽的工况。目前，国内外多采用蒸汽汽提法处理含硫污水，并回收硫或氨资源，有的还将处理后的净化水返回各装置作富气洗涤水循环使用，以节约软化水。

② 含油污水处理。炼油厂对含油污水大多采用隔油、浮选、生化曝气、砂滤的二级处理工艺。为了提高净化效果，有的采用活性炭吸附(或臭氧氧化)等三级深度处理工艺。

#### 11.2.2.2 废气的来源及治理

(1) 废气的来源

焦化装置的废气主要来源于三个方面:

① 加热炉燃烧产生的废气。

② 冷焦过程中产生的废气。

③ 除焦时顶盖打开后产生的废气。

(2) 废气的治理

① 加热炉燃烧时产生的废气都由烟囱排向大气。控制其污染的主要手段是做好燃料的脱硫工作，一般要求焦化瓦斯脱后硫含量低于20mg/m$^3$。操作上控制好燃烧中的硫、氮含量，采用低氮氧化物的燃烧器能减少加热炉废气对大气的污染。

② 冷焦时的废气主要是由于冷焦后出焦炭塔的冷焦水温度过高，进入冷焦水池或冷焦水罐后，水及部分油气自然蒸发引起，因此，降低冷焦温度是减少冷焦废气产生的主要方法。有的装置区采用碱液吸收和胺液吸收方法加以处理，取得了一定成效。

③ 除焦时排放废气主要是因为冷焦后部分焦层温度较高，水及油气蒸发所致。降低并充分冷却焦层是减少除焦废气的主要方式，采取的主要手段有延长冷焦时间、降低冷焦水温度、改善冷焦水质、卸开顶盖后立即上水除焦等。

从焦化装置“三废”的来源、组分及影响范围来看，污染治理最主要的就是对冷焦水的处理。

### 11.2.3 冷焦水的处理

在生产过程中，当焦炭塔内焦层达到一定高度后，就要切换四通阀，老塔转到新塔生产，同时老塔进行吹汽、给水、溢流等冷焦操作。由于冷焦水直接冷却高温焦炭，所以冷焦水中会含有大量油、硫、酚、有机酸及重金属等多种物质，若直接排放至污水处理场，会对污水处理场造成较大的冲击。另外，焦炭塔冷焦溢流时，由于溢流冷焦水温度较高(有时可达150℃)，如夹带了泡沫和焦粉的冷焦水进入半敞开或全敞开式水池中，会有大量油气、恶臭组分及水蒸发到大气中，给周边环境造成影响。为此，国内许多厂家在冷焦水的循环使用方面进行了有益的探索，进行技术改造，取得了显著效果。下面着重介绍其中较为典型的两种工艺。

（1）冷焦水密闭循环工艺

传统的焦化冷焦水冷却系统采用敞开式排放、平流式隔油池隔油、凉水塔冷却降温、水泵提升注水冷焦的循环处理流程，隔油池、污油池都设置于地面下。这种处理工艺，最大的缺陷就是在冷焦过程中，塔顶高温溢流水100℃以上夹带着油沫和焦粉沿溢流管排入隔油池，使隔油池、凉水塔上空“白烟”弥漫，冷焦过程中产生的硫化物也随高温蒸汽挥发出来，恶臭难闻，严重污染周围环境，隔油池内聚积的油层，影响冷焦水质量，堵塞凉水塔填料，影响冷焦时间。图11－1为开放式冷焦水的循环流程。

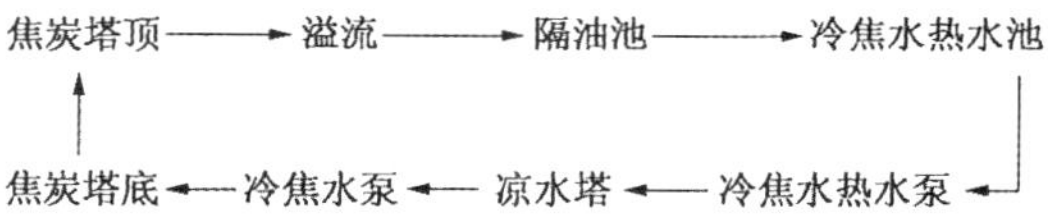

图11－1　开放式冷焦水流程

为消除恶臭，改善环境，就应该采用相应工艺方法来解决上述问题，冷焦水密闭循环工艺改造的主要内容有：

① 用密闭的冷焦水罐代替敞开的冷焦水池。

② 采用冷却技术使高温冷焦水在进入冷焦罐前冷却至100℃以下。

③ 使用旋流除油器去除冷焦水中的浮油，并定期对冷焦水罐进行隔油。

④ 用空冷代替凉水塔减少油气泄漏。

经过改造后，冷焦水除油效果和温度都能达到工艺和环保要求，周边大气恶臭问题得到明显改善。目前在中国石化集团内已有14套焦化装置采用了冷焦水密闭循环处理技术，清洁生产水平有了较为明显的提高。

（2）冷焦水回用工艺

除冷焦水密闭循环处理工艺外，有的装置采用冷焦水回用工艺。由于冷焦水的排出时间集中、瞬时排量大，如送至污水处理场必然难以处理，未处理好的冷焦水送回焦化装置后，易造成冷焦水回用水水质差，影响下一塔的冷焦，所以有的装置靠被迫补充大量新鲜水来维持生产，新鲜水消耗大，采用冷焦水回用工艺，可在一定程度上解决以上问题。其具体内容如下：

① 增加放空池、隔油池、吸水池、热水塔、冷水塔、热水池、冷水池、污油池、焦泥池。

② 增加放空塔、冷却塔。

③ 增加相关机泵、刮油刮泥机。

④ 增加污油罐。

冷焦水回用流程如图11－2所示。

采用冷焦水循环回用流程，每年减少高浓度污水排放80万吨，节约新鲜水用量80万吨，回收污油1000吨。不仅降低了油、酚、COD等污染物排出量、提高了总排出口水质合格率，还可回收大量的污油和焦粉。

**11.2.4　炼油厂浮渣的处理**

炼油厂浮渣是汇集到污水处理厂的悬浮物、油类等有机物经化学药剂聚合而形成的，通常的处理方法是将含水浮渣过滤筛选，分离出固体浮渣，然后将其堆放填埋或送入焚烧炉焚烧。但堆放填埋容易造成大气及周边环境的二次污染，而焚烧则需要大量的设备投入和燃料消耗（每处理1kg浮渣需要9kg的燃料油），并且焚烧产生的废气废渣同样会对环境造成污染。根据焦化装置的工艺特点，许多炼油厂都尝试将浮渣引入焦炭塔处理，逐渐形成了低耗、无污染的炼油厂浮渣处理新工艺。在这项工艺中，主要有两种方法，一种是将浮渣引入焦炭塔顶处理，另一种是把浮渣引至焦炭塔底处理。下面分别介绍这两种方法：

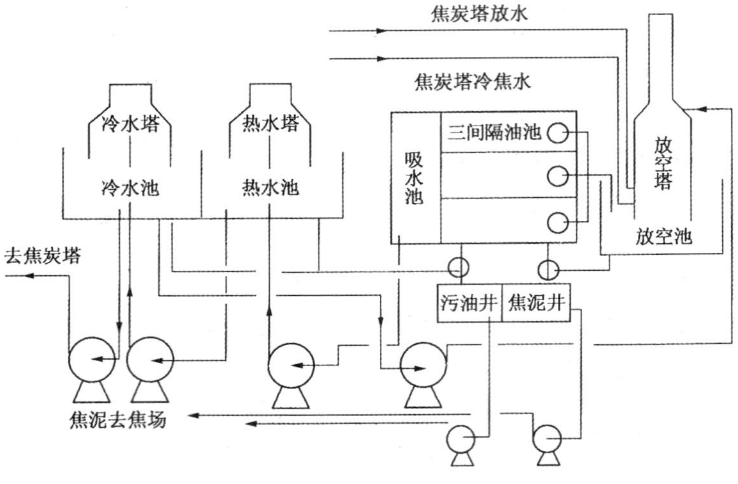


图 11-2　冷焦水回用工艺流程

（1）塔顶处理法

这种方法是将预处理后的炼油厂浮渣引入正在生产的焦炭塔顶。具体流程如图 11-3 所示。

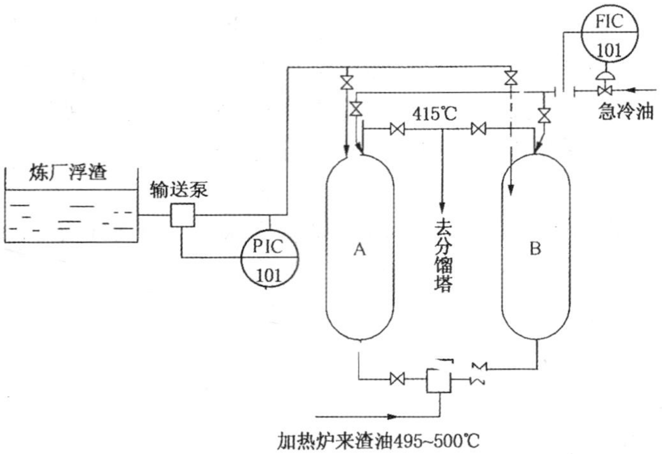


图 11-3　炼油厂浮渣入焦炭塔顶处理流程

炼油厂浮渣进入焦炭塔后，与上升的高温油气直接接触，浮渣中的水分、油分迅速汽化蒸发，固体物质则沉入焦层。由于炼油厂浮渣的温度较低，从塔顶进入的浮渣实际上已取代部分急冷油的作用。但使用这种处理方法要注意：

① 应对炼油厂浮渣成分进行分析，控制好回炼量以防止焦炭灰分超标，对质量要求较高的焦炭应禁止回炼。

② 由于浮渣中固体杂质较多、水分多，因此，应选择合适的输送泵，保持流量、组分

的稳定，防止回炼量大幅变化，影响焦炭塔顶压力及温度。

回炼时，应注意因焦炭塔顶浮渣注入量过大，引起焦炭塔顶压力超高或焦炭塔顶法兰因热胀冷缩而发生泄漏。

（2）塔底处理法

这种方法是将预处理后的炼油厂浮渣在小给水前由塔底注入老塔（冷焦塔）内，具体流程如图 11－4 所示。

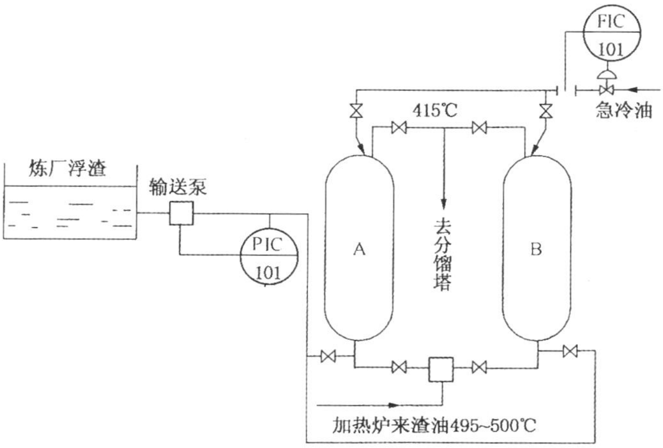


图 11－4　炼油厂浮渣入焦炭塔底处理流程

进入焦炭塔内的浮渣在塔底 400℃左右的高温焦床中骤热汽化，浮渣中 90% 的水、轻烃汽化形成气流，并携带浮渣中 300℃以上的重烃及灰分等组分，沿焦床中的油气孔迅速上升。在塔顶因体积膨胀，流速下降，固体灰分及难以汽化的重烃沉降进入泡沫层。在使用这种方法时也应注意：

① 浮渣进入塔底处理时，老塔的塔顶温度必须高于 350℃。

② 合理控制浮渣的处理量。

③ 浮渣处理时应在浮渣注入点注汽保护。

④ 保持浮渣的流动性。

### 11.2.5　稳定脱硫停工时的除臭处理

对于带有稳定脱硫系统的焦化装置，在停工时必须对这一部分进行特别的除臭处理。由于原油经过处理后，大部分的硫会进入渣油，因此，焦化原料的硫含量一般都比较高。在经过焦化反应后，又会有大量的硫化氢、硫醇等聚集在稳定脱硫系统的设备中，如果停工时不进行除臭处理，在管线、设备吹扫时，大量恶臭气体外泄，会给周边环境带来很大影响。除臭处理的具体步骤如下：

① 退净系统内的物料。

② 按要求配制除臭液并注入系统。

③ 根据现场情况对管线或设备分段或全部进行循环，要求每台设备都能循环到，并且保持一定的时间。

④ 循环时间满足要求后，还应对除臭残液进行分析，达到要求后方可停止除臭循环。

⑤ 除臭残液应按环保要求进行处理，不得随意排放。

## 11.3 装置安全环保规定

**11.3.1 进入受限空间作业规定**

① 在硫化氢浓度超过 10mg/m$^3$的场所作业，应选用佩戴合适的气防器材再进行作业。

② 停工检修，凡用惰性气体置换过硫化氢的设备，应当设法用空气再置换，使氧含量不低于 20%(体积)。

③ 需要进行检修的设备，事前应将上下人孔(法兰、阀门)打开，构成气体对流条件，保持自然通风良好。氮气吹扫过的系统必须将氮气入口加上盲板并打开上下人孔和排放口，进入容器设备的，必须经化验分析合格，办理“受限空间作业许可证”，并要有专人监护。

④ 自然通风不良的设备，作业前应向设备内吹入空气，或戴长管式防毒面具。

⑤ 进入容器设备要佩戴安全带，容器外面有人监护看守，并规定好联络信号，定时联络，以防意外。

⑥ 对作业设备做好隔离工作，加好进出设备工艺管线上的盲板。

⑦ 接到求救信号或联络不通，监护人员要佩戴气防器具，设法迅速将作业者从设备里救出移至空气新鲜的地方，情况严重时应立即联系气防站。

⑧ 如抢救有困难，应立即联系医院抢救，严禁未采取安全措施情况下单独去抢救。

⑨ 发生窒息，要立即将中毒者移至空气新鲜处进行人工呼吸，打急救电话或气体防护站电话，并向生产管理部门或有关部门报告。

⑩ 装置内凡需进人的设备，均应用氮气或蒸气进行一定时间的置换和吹扫，直至氧含量分析合格，办理“受限空间作业许可证”后，方可进入。

⑪ 在进入设备前，应从各不同点取样分析氧含量及其他气体成分，以确认设备为是否存在有毒有害气体。

⑫ 设备打开后，不允许立即进入，应将人孔尽量打开，以保证最大限度地对流通风，流入新鲜空气，待分析合格后方可进入。

⑬ 设备、容器进人检修前，必须 2 人以上操作，设备外留人防护，以防发生意外事故。

⑭ 有毒有害气体泄漏时，泄漏点附近不要站人，特别是下风口。

⑮ 需要在有害气体环境内工作时，应戴经过正确选择的防毒面具。防毒器具应经常检查，以确保使用时处于良好状态。

⑯ 发生中毒事故后，应先将患者送至新鲜空气通风良好之处，并立即通知医院急救。

**11.3.2 焦化单元安全、环保、健康注意事项**

① 高温油具有易燃、易漏的特性，其中，加热炉对流出口油、辐射出口油、分馏塔底循环油以及分馏塔蜡油、重蜡油、焦炭塔甩油等均属高温油。

② 加热炉、焦炭塔及分馏塔底高温渣油会因流动不畅而易结焦，影响长周期生产。

③ 日常生产过程中，应加强对高温油系统的设备、管线、法兰等检查，发现泄漏及时处理，防止因自燃而引起事故的进一步扩大。

④ 高温油系统的设备、管线保温损坏时，应及时修复，以免接触引起烫伤，局部未保温处，操作时应特别注意。

⑤ 在高温系统的任何部位上，不能烘烤衣服、手套、食物等。

⑥ 高温油品外甩出装置时，应注意冷后温度不能超过工艺指标规定要求。

⑦ 污油罐、分液罐脱水操作时，作业人员不得擅自离开，并根据脱水情况及时关闭脱水阀。

⑧ 应定期置换冷切焦水。污水外排时应排至炼油厂含油污水系统，同时应根据要求控制外排污水流量。

⑨ 注意分馏塔顶分液罐界面，确保含硫污水含油等指标的稳定。

⑩ 发现 $H_2S$ 等有毒气体泄漏，应立即向班组长汇报，在做好个人防护的同时迅速切断泄漏源。

**11.3.3 稳定脱硫单元安全、环保、健康注意事项**

① 精心操作，保证各操作参数不超工艺指标。

② 认真巡检，发现问题及时向班组长或技术人员汇报。

③ 严格工艺纪律，严禁凝缩油、液态烃、胺液等随意排放，并及时消除跑、冒、滴、漏现象。

④ 发现 $H_2S$、脱前干气、酸性气、液态烃等有毒气体泄漏，应立即向班组长汇报联系处理，处理时要做好防护措施，防止 $H_2S$ 中毒。

⑤ 脱水作业应有 2 人以上，操作时，作业人员不得擅自离开，直至脱水完毕关闭脱水阀。

⑥ 掌握必要的消气防知识，熟悉消防器材、空气呼吸器的使用方法及本岗位消防器材的配置。

⑦ 发现 $H_2S$、可燃性气体报警仪报警，应到现场进行检查处理，并作好记录。

⑧ 冬季要做好机泵、冷却器等工艺管线及设备的防冻防凝工作。

⑨ 积极提出安全合理化建议，及时消除装置中影响安全、环保、健康的各种不利因素。

⑩ 定期开展防 $H_2S$ 中毒、液态烃泵泄漏反事故演习。

**11.3.4 除焦岗位安全、环保、健康注意事项**

① 顶盖上及大油气线处严禁放置一切易燃物品(包括衣服及食品烘烤)。

② 底盖机油泵启动前，一定要盘车，盘车正常后再启动。

③ 卸底盖前检查焦炭塔冷却后温度及焦炭塔底压力，确认焦炭塔内放水干净后方可作业，防止热水喷出伤人。

④ 除焦过程中，要严防高压水伤人。

⑤ 除焦开始后，底盖机平台禁止有人作业。

⑥ 除焦完毕后，需对高压除焦胶管作定期检查。

⑦ 不允许过早打开除焦塔顶盖，防止塔顶恶臭气体逸出污染环境。

⑧ 除焦作业中，不用的喷嘴要上好安全帽，并做好岗位间停水、上水联系，以防高压水喷出伤人。

⑨ 做好焦炭塔试压、预热时的检查工作，发现泄漏及时汇报处理。

⑩ 做好夜间值班巡检，防止焦炭塔顶、底盖及高温法兰泄漏着火，防止焦池内焦炭自燃着火。

**11.3.5 行车岗位安全、环保注意事项**

① 行车作业必须严格执行《岗位操作法》和《行车维护保养制度》。

② 行车司机必须做好开车前和停车后(包括运行中)的检查、保养工作，做到发现问题及时修理，严禁带病运行。

③ 行车只准从事焦炭装载作业，如情况特殊需作他用，必须事先征得设备负责人同意，未经同意严禁其他吊装作业。

④ 行车司机在作业期间必须精力集中，不得做与工作无关的事。班组长要掌握组内成员的身体和精神状况，合理调配上车人员的组成，严禁酒后操作。

⑤ 遇4~6级风及雨、雪、雾等天气时行车按二挡车速操作；遇6~8级大风及大雨、大雪、大雾等恶劣天气时行车按一挡车速操作；遇8级以上大风天气在生产许可的情况下暂停作业。

⑥ 在汽车装载焦炭作业时，要求汽车驾、乘人员必须离开驾驶室，否则不予装车。

⑦ 火车、汽车在进行运焦作业时，装载重量分布要均匀，避免单边偏重。

⑧ 行车在同时进行焦炭装皮带输送和装火车作业时，应注意输焦系统清篦机的运行情况，避免与清篦机碰撞，并禁止有人在清篦机上行走、清扫和作业。发现有人时，立即停止作业，并及时联系相关人员进行处理。

⑨ 焦炭输送过程中，焦炭输送岗位人员或检修人员及其他人员需上清篦机作业的，必须事先由焦炭输送岗位班组长与焦化行车岗位班组长联系，经焦化装车岗位班组长告知行车停运后，方能上清篦机作业；作业完成后焦炭输送岗位班组长应及时通知焦化行车岗位班组长，恢复行车运行。行车在装皮带输送作业前焦炭输送岗位人员应对清篦机作开机前的例行检查。

⑩ 如有多辆行车运行时，两车之间应保持≮3m的安全间距；运行区域范围内，行车下部禁止站人和作业；抓斗在移动过程中，必须与地面障碍物保持间距在0.5m以上。

⑪ 行车的操作室内和走道上应配备灭火器。

⑫ 行车司机上、下车时，必须将工具、茶杯等物品放入背包内，在行车出、入口与登车斜梯对准后，方能行走和上、下车。

⑬ 行车除遇突然故障或停电外，检修时必须停在指定的位置，切断电源挂上警示牌。

⑭ 行车在6级大风天气停车时，必须用卡轨器卡紧，防止被大风吹动车体。

⑮ 行车修理所用临时照明电压应在36V以下；在潮湿环境下作业，所用临时照明电压不得超过12V。

⑯ 行车检修时，应切断电源，挂上“禁止合闸”警示牌。地面相应位置要设围栏，并挂“禁止通行”和“防止落物”等禁示牌。

⑰ 行车轨道相关栏杆及平台应定期检查，发现问题及时汇报相关技术人员处理。

**11.3.6 空气呼吸器的使用方法**

① 背上器具，调节肩带松紧，扣紧腰带，打开气瓶阀门，观察压力表读数，要求气瓶压力不低于24MPa。

② 放松头带，从下向上把面罩套在脸上，下巴腭进入面罩凹形槽内，先收紧颈带，再收紧中带和顶带，使面罩与脸部紧密结合。

③ 深呼吸促使需求阀自动开启，使用中要注意观察压力表读数，当气瓶压力降至5MPa时，报警哨会不断发出声音，这时说明瓶中气体已快用完，必须立即离开毒区。

④ 使用完毕，向前拔出紧带上的锁定片，使收紧带松开，取下面罩，关闭需求阀，解开腰带，卸下呼吸器，关闭气瓶阀门，放掉减压阀至面罩中的余气，使压力表回零。

**11.3.7 装置停工检修安全注意事项**

① 要严格遵守上级安全部门的安全规章制度。

② 装置停工检修应按停工计划安排进行，停工前应制订停工方案并组织班组进行学习讨论，工作任务要落实到各班组。

③ 设备、管线吹扫必须预先制订吹扫方案，内容包括：吹扫流程、吹扫介质、吹扫时间和负责人，应严格按照吹扫方案认真进行吹扫，不留死角，并在吹扫后签名确认。吹扫时应统一指挥，加强联系，做到不憋压、不跑油、不冒油、不串油、不乱排放。

④ 设备打开人孔，应先开最上层，然后自上而下顺序进行，有压力设备绝不允许进行拆法兰等作业。检修时，进入塔、容器前应在氧含量和测爆分析合格后，办理好进塔入罐作业票，并需留人在外监护方能进行进塔入罐作业。

⑤ 停工吹扫完毕。应将进出装置的管线按规定要求加上盲板，并做好记录。

⑥ 进入设备和设备动火前，必须在作业前1h取样分析，合格后方可进人和动火。

⑦ 参加检修的人员，必须进行安全教育，并考试合格。进入装置一律要佩戴安全帽和防护用品，高空作业系好安全带。进入设备作业必须在设备外留人监护，设备内照明必须用安全灯。

⑧ 检修中必须严格管理和执行用火规定。

⑨ 禁止用汽油或溶剂洗刷机具、零配件和衣物，使用过的废油不准倒入地下水井，应倒入回收桶。

⑩ 检修期间，消防道路要保持畅通，消防器材、防毒器材应定点放置，处于良好备用状态。

⑪ 装置停工吹扫时，给汽要缓慢，防止蒸汽烫伤，吹扫换热器等设备时，要防止水击。

⑫ 拆卸设备、容器、管线等法兰、压盖、丝堵时，要慢慢松开，防止残压喷出伤人。

⑬ 佩戴好安全帽，防止撞伤，异物砸伤。高空作业时，工具要携带好，防止脱落伤人，人离地面2m以上工作时，要系安全带。

⑭ 装置内动火严格按照“三不动火”要求，必须由安全负责人批准，即按动火审批制度办理动火手续后，方可动火，看火人不得擅离动火现场。

**11.3.8 装置的停工环保注意事项**

① 装置停工及吹扫，应严格执行环保有关规定及要求，出现问题及时与环保部门联系。

② 焦化系统停工后，退油要彻底，吹扫时应将管线内存油吹入塔、容器内，再用泵送至罐区，严禁随意往地沟、地面排放油品。

③ 吸收稳定系统、干气、液态烃脱硫系统在吹扫前，在退净物料后应先进行脱臭处理，再进行水冲洗、蒸汽吹扫，最后作钝化处理。

④ 含硫污水罐停用后，先要排尽罐内的污油，将污水送至污水汽提装置后，再对该罐进行脱臭循环处理。

⑤ 为配合冷焦水储存池、焦池的检修，应用泵将切焦水、冷焦水抽尽，抽水前应注意检查放水流程，在征得环保部门同意后才可将切焦水、冷焦水排入含油污水系统。

⑥ 停工吹扫期间，对排出地面的污染物，应本着谁污染谁负责的原则，由班组自行组织处理。

⑦ 装置停工前，胺液经再生后，应全部退入装置内的胺液储罐内存放。

⑧ 装置停工后，注意检查各环保设施，发现问题应及时登记并向有关人员汇报，以便在大修中及时整改。

⑨ 装置停工吹扫前，为避免含油污水进入雨水（明沟）系统，应检查清污分流流程，避

免停工吹扫等过程中的污水污染雨水(明沟)系统。

**11.3.9 装置开停工盲板的管理**

① 在装置开工前，对照停工检修盲板清单及停工期间的盲板实际拆装情况，结合开工要求，在开工方案中列出需加拆具体盲板的清单，并在清单中明确盲板位置、规格(直径/压力等级)等信息，对有特殊材质要求的盲板应在备注栏中加以说明。

② 结合装置开工实际进程，按照盲板清单组织好盲板的拆装、确认并填写好“装置开停工盲板确认登记表”。

③ 装置开工并转入正常生产后，要求将正常生产期间进行的拆装盲板作业，及时在“装置日常生产动态盲板确认登记表”中登记。

④ 现场盲板要求设立明显可靠的标志(包括盲板编号牌、警示色等)。

⑤ 对盲板外侧的禁动阀门、管线及装置边界阀等设备，要求设置明显可靠的警示色、挂禁动牌，并加强巡检与监控，避免施工或现场操作过程中跑冒事故发生。

⑥ 在实施系统盲板拆装作业前，盲板所在单位应先对涉及设备或管线内介质进行处理。对隔离困难并涉及其他使用单位(或系统)的有关盲板拆装，先由所在单位提出申请，再由有关单位予以实施。

⑦ 开停工过程中实施拆装的盲板，要求盲板所在单位合理安排盲板拆装作业时间，对盲板拆装作业做出预安排并交施工单位。

⑧ 做好盲板拆装前的现场条件确认与交底工作，盲板施工作业前必须办理检修作业票。

⑨ 对需进人作业的各类设备容器，原则上均应采取盲板隔离措施。对确因场地、时间等条件限制而无法实现盲板隔离的设备容器，应结合现场具体情况采取其他可靠的替代隔离措施，防止介质互窜，并加强现场作业过程监控与防护，设明显的警示与禁动标志。

⑩“装置开停工盲板确认登记表”、“装置日常生产动态盲板确认登记表”应妥善保存，保证盲板拆装管理的可追溯性，提高装置盲板管理质量。

**11.3.10 事故类别**

① 火灾事故：在生产过程中，由于各种原因引起的火灾，并造成人员伤亡或财产损失的事故。

② 爆炸事故：在生产过程中，由于各种原因引起的爆炸，并造成人员伤亡或财产损失的事故。

③ 设备事故：由于设计、制造、安装、施工、使用、检维修、管理等原因造成机械、动力、电气、电信、仪器(表)、容器、运输设备、管道等设备及建(构)筑物等损坏造成损失或影响生产的事故。

④ 生产事故：由于违章指挥、违章作业和违反劳动纪律或其他原因造成停产、减产以及跑油、跑料、窜料引起的事故。

⑤ 交通事故：车辆在行驶过程中，由于违反交通规则或因机械故障等造成车辆损坏、财产损失或人身伤亡的事故。

⑥ 人身事故：员工在劳动过程中发生的与工作有关的人身伤亡和急性中毒事故。

⑦ 放射事故：放射源丢失、失控、保管不善，造成人员伤害或环境污染的事故。

# 参 考 文 献


1 李春年编．渣油加工工艺．北京：中国石化出版社，2002

2 林世雄编．石油炼制工程(第二版)．北京：石油工业出版社，2002

3 陆庆云主编．硫化催化裂化．北京：烃加工出版社，1989

4 张德义主编．含硫原油加工技术．北京：中国石化出版社，2003

5 侯芙生主编．炼油工程手册．北京：石油工业出版社，2003

6 中国石化集团公司职业技能鉴定中心编．延迟焦化操作工．北京：中国石化出版社，2007

7 中国石油和石化工程研究室编．炼油设备工程手册．北京：中国石化出版社，2003

8 梁朝林，沈本贤主编．延迟焦化．北京：中国石化出版社，2007

9 王骥程，祝和云主编．化工工程控制工程．北京：化学工业出版社，2003

10 徐成裕，邓新军，傅钢强编．焦化装置焦炭塔技术问答．北京：中国石化出版社，2006

11 [美] 刘裔安著．工业用水节约与废水减量．北京：中国石化出版社，2005

12 Pierre R Roberge（著），吴荫顺等译．腐蚀工程手册．北京：中国石化出版社，2003

13 [美] T Kuppan(著)，钱颂文等译．换热器设计手册．北京：中国石化出版社，2004

14 钱家麟主编．管式加热炉．北京：中国石化出版社，2005